AF532737

Georg Josef Wilhelm | Helmut Rieger

Naturnahe Waldwirtschaft mit der QD-Strategie

Georg Josef Wilhelm | Helmut Rieger

Naturnahe Waldwirtschaft

mit der QD-Strategie

Eine Strategie für den qualitätsgeleiteten und schonenden Gebrauch des Waldes unter Achtung der gesamten Lebewelt

2., aktualisierte und erweiterte Auflage

98 Abbildungen
4 Tabellen

Georg Josef Wilhelm: Ministerialrat Georg Josef Wilhelm war Forstplaner und Forstamtsleiter und ist in der Forstabteilung des rheinland-pfälzischen Umweltministeriums für Waldwirtschaft,Waldplanung, Waldnaturschutz und Waldforschung zuständig.

Helmut Rieger: Forstdirektor Helmut Rieger war Standortkartierer, Forstplaner und Waldbautrainer und gibt nun im aktiven Ruhestand in den Wäldern seine Erfahrung weiter.

Inhaltsverzeichnis

Wirtschaftliche Gesichtspunkte 165

Qualifizieren – Dimensionieren 181

Spielräume, Leitplanken, Aussichten

Service 199

Hinweis!
Bei der Bezeichnung der Baumarten gilt folgende Sprachregelung:
Einzahl: Art (z. B. Buche, Vogelkirsche, Traubeneiche, Waldkiefer)
Mehrzahl: mehrere Arten der Gattung (z. B. Eichen, Linden, Ahorne)

Vorwort

Zur Waldbewirtschaftung gibt es eine Vielzahl von Büchern. Wozu soll nun noch ein weiteres Buch hinzukommen? Stehen Mehrwerte in Aussicht, die erheblich sind, bisher aber im Wald nicht im möglichen Umfang erzeugt und geschöpft wurden? Gibt es in der Waldbewirtschaftung Verfahren, die besonders unaufwändig und schonend sind, bisher aber nicht oder nicht konsequent angewendet wurden? Gibt es womöglich gar von der Keimung eines Baumes bis zu seinem Ausscheiden aus dem Waldökosystem eine Bewirtschaftungsweise, die Mehrwert mit geringem Aufwand ermöglicht? Nichts weniger als die Herausforderung einer solchen, in sich schlüssigen und geschlossenen Bewirtschaftungslinie ist Gegenstand des vorliegenden Buchs.

Dieses Buch wurde in einer Zeit verfasst, in der die Endlichkeit der Schätze dieser Erde ins Blickfeld gerückt ist. Es ist in einer Zeit entstanden, in der die Wirkungen des Menschen auf die Lebensgrundlagen dieser Erde spürbar werden. Es ist in einer Zeit geschrieben, in der sich immer mehr Menschen fragen, ob die Zukunft in noch mehr Verbrauch oder in immer besserem Gebrauch liegt. Es hat seinen räumlichen Hintergrund in West- und Mitteleuropa und handelt von einer Möglichkeit, die Wälder der Tief-, Hügel- und Berglandstufen in einem Raum schonungsvoll zu bewirtschaften, der von der Ostsee bis zu den Alpen und vom Atlantik bis zur Oder reicht.

Dieses Buch richtet sich nicht nur an jene, die von Berufs wegen mit der Bewirtschaftung von Wald betraut sind oder die über Wald Verfügungsrechte aus Eigentum innehaben. Es ist vielmehr für alle geschrieben, denen ein bestimmter Wald oder der Wald überhaupt am Herzen liegt, ein Wald, aus dem Nutzen für den Menschen gezogen wird, dies aber so, dass er als Ökosystem mit allen seien Lebewesen unversehrt bleibt oder doch, wo er nicht mehr unversehrt ist, in seiner Entwicklung zu einem intakten Lebensraum nicht behindert wird.

Die Grundgedanken dieses Buches wuchsen in einer Gegend, in der unter sonst gleichen Ausgangsbedingungen Hochwälder, durchgewachsene Mittelwälder und Waldsukzessionen auf engem Raum vorkommen. Es knüpft an das an, was lange vor uns Michaelis (siehe Literaturverzeichnis Nr. 117), Guinier (15), Wilbrand (204), Jobling (82, 87) und de Saint-Vaulry (160) aufgefasst haben. Allein schon in Achtung vor diesen alten Meistern verbietet sich jeder Anspruch auf eine Urheberschaft, begründet sich aber andererseits der Gedanke an eine gewisse Zeitlosigkeit. In Nordamerika finden Verfahren zur gezielten Förderung von Auslesebäumen seit etwa 50 Jahren verstärkte Beachtung (138, 143).

Nicht alle Wälder, in denen dicke Bäume stehen, empfinden wir als besonders schön. Aber in fast allen besonders schönen Wäldern wachsen dicke Bäume. Nicht alle dicken Bäume sind besonders wertvoll. Aber fast alle besonders wertvollen Bäume sind dick. Nicht jede Waldwirtschaft, die mit geringem Aufwand einhergeht, ist besonders erfolgreich. Aber jede Waldwirtschaft, die besonders erfolgreich ist, geht mit geringem Aufwand einher.

Reichhaltig und vielfältig aus dem Wald zu schöpfen, ohne dass sich der Wald erschöpft, weder sorglos noch sorgenvoll, wohl aber voll Sorgsamkeit mit dem Wald umzugehen, dazu soll dieses Buch anleiten.

Die Autoren widmen ihr Buch den Mbuti, die es über Jahrtausende geschafft haben, den zentralafrikanischen Regenwald zu gebrauchen ohne etwas zu verbrauchen.

1

Wald und Mensch

Der Mensch lebte ursprünglich im und mit dem Wald. In wenigen Jahrtausenden und enorm beschleunigt in den letzten Jahrzehnten hat die zahlenmäßig vervielfachte Menschheit Lebensweisen entwickelt, die durch schieren Verbrauch bestimmt sind. In schonendem Gebrauch kann der Mensch aus den Wäldern hochwertige Güter und Leistungen beziehen, ohne die natürlichen Existenzgrundlagen für alles, was lebt und damit auch für sich selbst zu gefährden. Welch eine Herausforderung, unter bester Einpassung in die natürlichen Abläufe aus dem Wald umfassend zu schöpfen, ohne dass der Wald sich auch nur im Geringsten erschöpft.

1.1 Wald als Lebensgemeinschaft

Wälder sind Ökosysteme*, in denen Bäume wachsen. Bäume bauen im Laufe ihrer oft langen Lebenszeit reichlich Biomasse bis tief in den Boden und weit über die Erdoberfläche auf. Mit ihrer über viele Jahre voranschreitenden und schließlich oft sehr großen Raumbesetzung wirken Bäume stark auf die Lebensbedingungen der anderen Lebewesen im Waldökosystem.

Bäume besetzen aber diese ober- und unterirdischen Räume nicht allein, sie bieten selbst auch Raum und damit Biotop*, der von Mikroorganismen, Pflanzen, Pilzen und Tieren in reicher Vielfalt belebt wird. Im Wald wird die Verfügbarkeit von Wasser, Nährstoffen, Sauerstoff, Kohlendioxid, vor allem aber von Licht ganz erheblich von den Bäumen beeinflusst. Bäume wirken in fortgeschrittener Entwicklung deutlich auf die mikroklimatischen Bedingungen ihrer Umgebung.

Wald ist mehr als eine Ansammlung von Bäumen.

Wald ist weitaus mehr als eine Ansammlung von Bäumen. Für das Ökosystem sind vielmehr die tief und weit verflochtenen Wechselbeziehungen seiner umfangreichen Artenausstattung (Biozönose*) prägend, die wiederum mit der am Standort gegebenen Kombination der Lebensgrundlagen (Biotop*) in Bezug steht. „Man muss sich abgewöhnen, immer ausschließlich an Bäume zu denken, wenn von Wald gesprochen wird", mahnte schon Karl Rebel (155).

Die vielfältigen Wechselbeziehungen zwischen der Lebewelt in Waldökosystemen reichen bis zu engen körperlichen Verbindungen mit oft existenzieller Bedeutung für die beteiligten Organismen. Bäume betrifft dies beispielsweise im Zusammenspiel mit Pilzen beim Aufbau von Mykorrhizen* (45).

Die im Tagesgang wechselnden Strahlungsbedingungen, die witterungsbedingten Schwankungen innerhalb des Jahresgangs, das Wachsen, Absterben und die Fortbewegung von Organismen bedingen ständige Veränderungen im Ökosystem. Die vielen kleinen, zuweilen unmerklichen Ereignisse, wie ein Spätfrostereignis oder ein kleinräumiger Hagelschlag, die in den scheinbar regelmäßigen Lauf der Dinge eingreifen, stellen im Waldökosystem ebenso Störungen* dar, wie spektakuläre, tiefgreifende und flächenwirksame Veränderungen durch Überflutung, Schnee, Eis, Sturm oder Feuer, die augenblicklich oder binnen weniger Stunden eintreten.

1.2 Der Mensch als Waldnutzer

Seit etwa zwei **Jahrmillionen** geht der Mensch **im** Wald um. Er ist von seinen körperlichen Voraussetzungen her gewissermaßen ein Lebewesen der Tropen, die er wohl nur durch die Entwicklung von wärmeerhaltender Kleidung und die Beherrschung des Feuers verlassen konnte.

Seit **Jahrtausenden** geht der Mensch **mit** dem Wald um. Nach seiner Entkoppelung vom Wald hat der Mensch diesen auf großen Flächen schwer beeinträchtigt, nicht selten sogar verwüstet. In Mittel- und Westeuropa schickt sich der Mensch seit **Jahrhunderten** an, den Wald oder vielmehr das, was davon verblieben ist und was er daraus „gemacht" hat, seiner Bewirtschaftung zu unterziehen. Diese Bewirtschaftung zielt in erster Linie auf die Bedürfnisbefriedigung des Menschen ab und nimmt dabei auf die übrige Lebewelt bestenfalls nachrangig Rücksicht. Seit **Jahrzehnten** wird in Anspruch genommen, dass die Bewirtschaftung des Waldes auf wissenschaftlicher Grundlage erfolgt.

Vor der Bewirtschaftung des Waldes stand das Maß seiner Veränderung über jahrhundertelange Zeiträume in engem Zusammenhang mit der Siedlungsdichte des Menschen. In den letzten Jahrzehnten stehen diese Veränderungen mit dem erweiterten räumlichen Handlungsfeld nahezu jedes einzelnen Menschen, mit der Spezialisierung seiner Handlungen und mit dem inzwischen teilweise weltweiten Zusammenspiel dieser Handlungen im Zusammenhang.

Die Bewirtschaftung des Waldes durch den Menschen setzte keineswegs immer als vernunftgeleitete Fortentwicklung aus einer zureichenden Fülle heraus an. Ausgangspunkt der Bewirtschaftung waren in Mittel- und Westeuropa dagegen nicht selten Wälder, die völlig heruntergekommen waren, wenn nicht gar Restbestockungen weniger Bäume oder Heiden mit verarmten Böden (61).

Ein interessantes Beispiel, wie eine einzelne Baumart mit bestimmten Holzeigenschaften über viele Jahrtausende vom Menschen zum Zweck des jagdlichen Nahrungsmittelerwerbs genutzt und dann zu Kriegszwecken übernutzt wurde, liefert die Eibe. Im Spätmittelalter standen auf den britischen Inseln Langbögen aus Eibenholz im Zentrum einer damals besonders erfolgreichen Kriegstaktik.

Nachdem dort die Eibe durch Übernutzung nahezu verschwunden war, griff die regelrechte „Weg"nutzung der Eibe nach und nach auf das gesamte europäische Festland über. In Verbindung mit Fernhandel in Richtung England war bis Ende des 16. Jahrhunderts die Ausplünderung der Eibe in ganz Mittel- und Westeuropa, mit der Schweiz als Ausnahme, bis auf wenige Relikte in unzugänglichen Lagen abgeschlossen.

Trostlose Zustände standen an der Wiege der Forstwirtschaft.

Anschließend war die Eibe, die geographisch und ökologisch eine sehr weite natürliche Verbreitung in vielen Wäldern hatte (107), für den Menschen entbehrlich. Nachdem diese Baumart regelrecht verbraucht war, wurde sie nicht mehr gebraucht.

13-jährige Eibe im Blütenteppich des Zweiblättrigen Blausterns (*Scilla bifolia* L.)

Später wurden dann die Beutegreifer der großen Pflanzenfresser weitgehend ausgerottet. Wie es heute bei uns um die Eibe bestellt ist, die bevorzugt verbissen wird, ist so allgemein bekannt, dass hierzu weitere Ausführungen unnötig sind.

Das Beispiel der Eibe verdeutlicht, wie Menschen in rücksichtsloser Übermacht schon in der vorindustriellen Zeit andere Arten an den Abgrund führten, wenn sie ein Nutzungsinteresse hatten. Wehe manch anderer Art, wenn sie als nutzlos, wie die zum Beispiel die Birke, oder gar als schädlich, wie zum Beispiel der Eichelhäher, galt. Dann konnte nur noch eine robuste Vermehrungsdynamik die Ausrottung verhindern.

Selbst unter Nutzungs- und Nützlichkeitserwägungen handelte der Mensch oft erst dann, wenn die für ihn unbedingt erforderlichen Walderzeugnisse, vor allem die Nutzhölzer, nahezu erschöpft waren, auch nicht mehr aus immer ferneren außereuropäischen Wäldern (z. B. im kolonialen Überseeraum) im nötigen Umfang herbeigeschafft werden konnten und durch andere Erzeugnisse, wie zum Beispiel Kohle, nicht oder noch nicht ersetzt werden konnten. Dieser in jeder Hinsicht, ökologisch, ästhetisch und natürlich auch ökonomisch trostlose Zustand wird häufig als die Wiege der Forstwirtschaft bezeichnet.

Heute geht es in diesem dicht vom Menschen besiedelten Raum regelmäßig darum, im Wald und mit dem Wald viele verschiedene Bedürfnisse zur gleichen Zeit und am gleichen Ort zu befriedigen. Dies erfordert den Abgleich ganz unterschiedlicher und zuweilen gegensätzlicher Interessen vieler zugangs- oder gar verfügungsberechtigter Einzelpersonen und Gruppen. Vor diesem Hintergrund kann die Bewirtschaftung des Waldes von zwei grundverschiedenen Ansätzen her erfolgen.

1.2.1 Wald bauen

Seit langem geübt und weithin vorherrschend ist der Ansatz, die Bedürfnisse des Menschen absolut zu setzen und den Wald bis hin zu seiner weitestgehenden Abwandlung und Rückführung (Degradation) jeglichen menschlichen Ansprüchen anzupassen. Dabei werden Baumgruppierungen (Bestockungen) künstlich geschaffen, denen regelmäßig die Eigenschaft fehlt, im natürlichen Störungsregime* ohne weiteren Einsatz zu bestehen und sich ohne jedes Zutun erneuern zu können (209).

In diesen Bestockungen fehlt es mit großer Wahrscheinlichkeit an der hinreichenden Verwobenheit einer artenreichen Lebewelt, die zur Selbstorganisation* befähigte Ökosysteme kennzeichnet. Dieses Lebensnetz geht weit über das hinaus, was derzeit durch den Begriff der Biodiversität* umrissen wird. Diese Verwobenheit überschreitet das, was unser heutiger Wissensstand fasst, wenn nicht sogar den Rahmen dessen, was innerhalb der Grenzen unserer heutigen Auffassung von Wissenschaft überhaupt ergriffen werden kann.

Ein besonders augenfälliges Beispiel, wie ganze Lebewelten außer Betracht bleiben, findet sich aktuell im Zusammenhang mit einer Folgenabwägung der verstärkten Nutzung von Waldholz zur Energieerzeugung. So geht zum gegenwärtigen Zeitpunkt eine entschieden vertretene und auf wissenschaftlicher Grundlage argumentierte Auffassung davon aus, dass die Stoffbilanz aus Nährstoffaustrag und Nährstoffrückführung durch Ausbringung von Holzasche ausgeglichen werden könne, ohne dass dies mit nennenswerten ökologischen Nachteilen verbunden sei.

In einer verkürzten Sicht des natürlichen Ablaufes bleibt dabei die ganze Vielzahl der Organismen unberücksichtigt, die in der Zerkleinerung, Zersetzung, Humifizierung* und Mineralisierung* abgestorbener Biomasse ihre Lebensgrundlage finden (216).

> Die Verwobenheit der Lebewelt überschreitet das, was Wissenschaft erfassen kann.

Zu dieser seit langem und weit verbreiteten Einstellung des Menschen im Umgang mit dem Wald passt der hergebrachte Begriff „Waldbau"* sehr gut (40). Es geht dabei in der Tat im Wesentlichen darum, vom Menschen organisierte Baumbestände „anzubauen" und in einem bestimmten Entwicklungsgang möglichst störungsarm im Sinne der Vorteilserwartungen der Handelnden zu „steuern", gegebenenfalls auch „auf-, ab- und umzubauen".

All dem liegt eine Auffassung von Funktionieren im technischen Sinn und eine daraus abgeleitete Vorstellung von Beherrschbarkeit zugrunde. Es ist dies letztlich die Illusion der Perfektion, die der Wirklichkeit, in der lebende Organismen entstehen, vielfältig miteinander verwoben wirken und vergehen, völlig fremd ist.

Nach Kahlschlag wurde vor der Pflanzung von Kiefernsämlingen der Steilhang gerieft (rechts unten im Bild).

1.2.2 Wald schonend gebrauchen

Der alternative Ansatz stützt sich auf die spontanen Vorgänge in Waldökosystemen. Er ist ganz darauf ausgerichtet, die Ansprüche des Menschen innerhalb des Selbstorganisationsspielraums des Waldökosystems zu befriedigen. Dies schließt von vornherein solche menschlichen Einwirkungen aus, welche die Lebensgrundlagen des Ökosystems auf lange Sicht schwer beeinträchtigen oder gar dauerhaft herabsetzen können. Eine im vollen Wortsinn grundlegende und doch vielfach unterschätzte Bedeutung kommt hierbei dem Boden* zu.

> Schonender Gebrauch geht mit geringsten Einwirkungen einher.

Im Übrigen werden bei diesem Ansatz jegliche Einwirkungen nach Art, Häufigkeit und Intensität nur in dem Rahmen des zur Erfüllung menschlicher Ansprüche minimal Notwendigen gesetzt und dies unter möglichst engem Bezug auf spontan ablaufende Entsprechungen. Flächenwirksame Eingriffe werden ebenso unterlassen wie zeitlich anhaltende. Der Aufwand an Energie wird minimiert (1). Der Eintrag von Stoffen wird auf Ausnahmen beschränkt, die auf den Ausgleich von Fehlwirkungen gerichtet sind.

Für diesen Ansatz ist die Bezeichnung „Waldbau“ in ihrer Begriffsverwandtschaft zum „Acker-, Feld- oder Weinbau“ nicht passend; viel eher könnte er mit dem Begriff „schonender Waldgebrauch“ bezeichnet werden. Dieser Waldgebrauch* kommt ganz ohne Vorgaben aus, die die Waldentwicklung steuern und im Rahmen modellhafter Vorstellungen beherrschen wollen.

Gesunder, unverdichteter Waldboden; welch ein wertvolles Gut ...

Alles, was für eine gezielte Einflussnahme auf die Wuchsentwicklung eines Baumes maßgeblich ist, lässt sich unmittelbar aus der sorgfältigen Begutachtung dieses Baumes in seiner belebten und unbelebten Umgebung ableiten. Zählen und Messen sind dabei für das laufende waldwirtschaftliche Handeln nicht erforderlich, wohl aber für die periodische Prüfung der Nachhaltigkeit.

Zählen und Messen sind beim Handeln im Wald entbehrlich.

„Förderlich kann es sein, wenn man sich als Teil der Waldgemeinschaft fühlt und nicht als außen stehender Dirigent. Dann versteht man leichter, wie die anderen Lebewesen um einen herum reagieren können, “ schreibt ein erfahrener Praktiker (105).

In einer auf Verbrauch orientierten, vom Menschen scheinbar zunehmend bestimmten Wirklichkeit, erscheint ein schonender Waldgebrauch in seiner absoluten und umfassenden Form als reine Utopie. Es kann nicht vermieden werden, dass verbrauchende Eingriffe zunächst fortbestehen oder fallweise sogar neu auftreten.

Äußerst fragwürdig erscheint im anderen Extrem aber auch, ob unter einer mit fortwährend hohem und womöglich weiter wachsendem Verbrauch einhergehenden Lebensweise des Menschen die lebenserhaltenden Regelkreise der Erde hinreichend wirksam bleiben können.

Die Zweifel werden durch das Verschwinden von Arten genährt, das mutmaßlich durch das Wirken des Menschen über das natürliche Maß der Evolution hinaus erheblich beschleunigt wird. In diesem Licht stellt sich unausweichlich die Frage, unter welchen Bedingungen der Mensch selbst als Art verschwindet. Denn utopisch erscheint auch die Vorstellung, dass der Mensch die Erde in einer ganz und gar von ihm beherrschten und geregelten Wirklichkeit als letzte und einzige Art beleben könnte.

Ein wichtiger Bereich, in dem heute im bewirtschafteten Wald Lebensgrundlagen verbraucht werden, betrifft die Erschließung durch Straßen, Wege und Rückegassen*. Er steht im Zusammenhang mit der vom Menschen immer weiter vorangetriebenen rollenden Fortbewegung zunehmend größerer Massen und dies mit zunehmender Geschwindigkeit.

Rollende Fortbewegung hat in natürlichen Abläufen keine wesentliche Bedeutung. Für die linienförmigen Verdichtungsfolgen dieser Fortbewegungsweise auf den Boden* kann dementsprechend nicht mit Ausgleichswirkungen in den Ökosystemen gerechnet werden. „Der einzige Boden, der ohne ökologisches Risiko für die Zukunft als Widerlager für den Fahrzeugantrieb genutzt werden kann, ist der bereits befahrene, das heißt durch Vorverdichtung in seiner Funktion geschädigte Boden“ (70). In der Tat ist in Mittel- und Westeuropa der weitaus größte Anteil der ebenen bis mäßig geneigten Waldbodenfläche befahren und damit geschädigt.

Die unnatürlichen ökologischen Störeinflüsse des Netzes an Linien, auf denen schwere Lasten rollend oder auf Gleisketten bewegt werden, können zwar heute und auf weite Sicht nicht völlig vermieden werden. Sie verdienen aber auf das Maß beschränkt zu werden, das mit Blick auf die aktuelle und absehbare kulturelle Wirklichkeit als unvermeidlich angesehen werden darf.

Solange die Aussicht auf eine Regeneration dieser Schäden, in welchen Zeiträumen auch immer, besteht, müssen weitere Fahrbewegungen strikt an dieselben Linien gebunden werden. Im Sinne einer solchen Feinerschließung* erhebt sich freilich die Frage, welcher Waldflächenanteil dauerhafter Bodenverdichtung mit schweren Beeinträchtigungen des Bodenluft- und -wasserhaushaltes preisgegeben werden darf (46).

Mit dem Ressourcenverbrauch des Menschen geht außerdem die Verfrachtung natürlicher, aber auch die Entstehung und Verbreitung naturfremder Stoffe einher. In diesem Zusammenhang stehen Belastungen durch Stofffreisetzungen aus Maschinen und Fahrzeugen und dies vor allem in Form von Abgasen und Schmiermittelverlusten. Auch hierdurch müssen nicht kompensierbare Störwirkungen auf die Ökosysteme in Kauf genommen werden, die es zu minimieren gilt, wenn sie schon nicht ganz vermieden werden können.

Die Negativliste der eindeutig verbrauchenden Einflüsse des Menschen im Wald, die das nachhaltige natürliche Leistungsvermögen der Ökosysteme einschränken und fortdauernd beeinträchtigen, kann je nach Wirtschaftsweise mehr oder weniger umfangreich sein. Menschliche Handlungsweisen, die nicht dem Verbrauch, sondern dem Gebrauch zuzuordnen sind und damit strengsten Maßstäben der Nachhaltigkeit genügen, lassen sich nicht mit letzter Sicherheit bestimmen.

Knapp 30 Jahre nach dem Kahlschlag sind auf schwach lehmigem Sand noch die Fahrspuren zu sehen; minderwüchsige Buchen sind nur im Zwischenspurbereich aufgekommen.

Wohl aber ist es möglich, solche menschlichen Einflussnahmen zu identifizieren, die mit sehr großer Wahrscheinlichkeit gebrauchenden Charakter haben. Dabei ist es wichtig, den Stand der Wissenschaft zu berücksichtigen, vor allem aber, in den Waldökosystemen sachverständig zu beobachten. Gebrauchender Umgang mit dem Wald sucht stets in natürlichen Erscheinungen ähnlicher Art, Intensität, Häufigkeit und Verteilung eine näherungsweise Entsprechung.

Naturnahe Waldwirtschaft gebraucht, ohne zu verbrauchen.

Hierin liegt die spezifische Herausforderung der naturnahen Waldwirtschaft bei der Erzeugung und Bereitstellung von Gütern und Leistungen zur Befriedigung menschlichen Bedarfs (s. a. 150). Diese Bedarfsdeckung muss sich streng auf das Maß beschränken, das die natürliche Leistungsfähigkeit des in Anspruch genommenen Ökosystems wahrt (52).

Eine besonders hohe waldwirtschaftliche Erfolgsneigung darf dann erwartet werden, wenn die Einflussnahme in das Ökosystem zur Erreichung eines bestimmten Ergebnisses sehr gering gehalten werden kann. Dem Erfolg ist zuträglich, wenn sehr geringe Anteile an der Stoffproduktion des Ökosystems ausreichen, um sehr große Ergebnisanteile zu erbringen. In diesem Fall ist auch das waldökologische Risiko gering, das **Gebot des schonenden Gebrauchs** (119) zu verletzen.

1.3 Walderzeugnis Holz

Weit über den Rohstoff Holz hinaus wurde in Mittel- und Westeuropa in der Vergangenheit eine große Vielfalt von Pflanzenerzeugnissen für den Lebensbedarf des Menschen aus dem Wald entnommen (43). Sieht man von unserem Raum und von Nordamerika ab, so kommt der Gewinnung von Nichtholzerzeugnissen vielerlei Art in den Wäldern der Welt bis in unsere Gegenwart eine hohe Bedeutung zu.

Zu allen Zeiten sammelten Menschen in unseren Wäldern zu ihrer Ernährung die ganze Vielfalt der essbaren oder zur Erzeugung von Nahrungsmitteln nutzbaren Früchte (Himbeeren, Brombeeren, Heidelbeeren, Walderdbeeren, Bucheckern und viele andere), außerdem Pilzfruchtkörper und auch bestimmte Kräuter (Bärlauch, Scharbockskraut, Sauerampfer und andere). Was heute als Freizeitbeschäftigung in einem meist geringen Umfang fortbesteht, hatte bis in die Jahre nach dem Zweiten Weltkrieg für viele Menschen eine wichtige Bedeutung und wurde über den örtlichen Rahmen hinaus zum Teil gewerbsmäßig betrieben (184).

In großem Umfang wurden Laubstreu, Gras, Eicheln und Bucheckern zur Haltung und Ernährung des Viehs eingesetzt (42). Im Extremfall wurden hierzu sogar Laubbäume geschneitelt* oder entlaubt. Zu medizinischen Zwecken wurden bestimmte Kräuter (zum Beispiel Roter Fingerhut) geerntet. Die Gewinnung der Rinde von Waldbäumen bestimmte als unersetzliche Grundlage der Gerberei die ganz eigene Wirtschaftsform des Lohwaldbetriebes*.

In vielen Fällen folgten die Entnahmen einfach nur günstigen Gelegenheiten (Himbeersammeln in bald sich schließenden Störungslücken). Keineswegs waren aber diese Waldnutzungen unter dem Aspekt der Nachhaltigkeit immer unbedenklich. Zugunsten bestimmter Nutzungsmöglichkeiten wurde die Waldentwicklung in frühen Sukzessionsstadien* zurückgehalten (Waldweide*), für andere wurden sogar schwerste Beeinträchtigungen der standortökologischen Grundlagen des Waldwachstums in Kauf genommen (Streunutzung*).

Stets waren diese menschlichen Einwirkungen aber gering im Vergleich zur völligen Beseitigung der Waldökosysteme und ihrer Ablösung zunächst durch landwirtschaftliche Nutzflächen für die Nahrungsmittelerzeu-

Etwa 100 Jahre nach Beendigung intensiver Streunutzung verarmter Buchenwald auf Oberem Buntsandstein in der Ortsrandlage von Bierbach an der Blies; spärliche Bodenvegetation aus Ordenskissen und Rentierflechte.

gung. Dann folgte die Freisetzung von Flächen für die industrielle Produktion und für den Güterverkehr.

Diese beiden Entwicklungen, die erste bereits vor gut 1.000 Jahren, manchenorts sogar seit über 6.000 Jahren, die letzte seit rund 150 Jahren und zum Teil weiter fortschreitend, haben nicht nur natürliche Ökosysteme beseitigt, sondern ganze Landschaften umgeprägt und dabei in den Menschen Wirkungen hinterlassen, die bis zur Forderung am Festhalten an diesen naturfremden Umprägungen (sogenannter Kulturlandschaftsschutz) als einem Selbstzweck reichen.

Triebfeder und Voraussetzung dieser Entwicklungen ist die unbedingte Selbst-Hochschätzung des Menschen unter Billigung der Geringschätzung aller anderen Lebewesen immer dann, wenn ansonsten ein tatsächlicher oder auch nur vermuteter Vorteil für den Menschen ins Spiel kommt. Längst ist in Mittel- und Westeuropa die Existenzbedrohung des Menschen durch Nahrungsmangel eine Vergangenheit, die hier im heutigen Lebensgefühl keine Rolle mehr spielt.

Auf den höheren Ebenen der Bedürfnishierarchie erzwingt nun der Drang zu immer mehr Gütern und Leistungen für immer mehr Menschen die Effizienzsteigerung aller Erzeugungsabläufe. Dabei wurde in weiten Bereichen der Einsatz der bescheidenen Körperenergie von Menschen und domestizierten Tieren durch technische Systeme abgelöst. Die Mechanisierung hat weithin den Charakter einer überhaupt nicht mehr hinterfragten Selbstverständlichkeit entwickelt.

Die Mechanisierung, eine nicht mehr hinterfragte Selbstverständlichkeit.

In der Fortfolge der oben umrissenen Entwicklung konnte sich in den letzten Jahrzehnten und bis zum heutigen Tag in den mittel- und westeuropäischen Wäldern nur mehr der Rohstoff Holz als Walderzeugnis behaupten, das für die Güterwirtschaft des Menschen von nennenswerter Bedeutung ist.

Freilich hat sich auch der Einsatz des Holzes mit der Zeit tiefgreifend verändert. Verschwunden sind tatsächlich eine Vielzahl überkommener Verwendungssorten* aus einer Zeit, in der man nur wenig bearbeitetes Rohholz für die verschiedensten Zwecke benutzte. Oft treten an die Stelle dieser Holzverwendungen heute mannigfaltige Kunstprodukte, die mit erheblichem Energieeinsatz gefertigt werden. Soweit Holz überhaupt noch deren Bestandteil ist, findet es sich nach Zerkleinerung mit anderen Roh- und Werkstoffen vermischt.

Die Wertdifferenzierung des Holzes hat über die Jahrhunderte Bestand.

Interessanterweise hat sich allerdings die Wertdifferenzierung des Holzes hinsichtlich seiner qualitätsbedeutsamen Merkmale im Laufe der vergangenen Jahrhunderte im Grunde nicht geändert. Erfahrene Forstleute aus der lange vergangenen Kaiserzeit würden zur Bewertung dargebotene Hölzer zum heutigen Tag völlig zutreffend in die aktuelle Wertreihenfolge sortieren.

Welches sind nun die maßgeblichen Gütemerkmale des Holzes, die über all die Zeiträume stürmischen Wandels eine so erstaunlich beständige Gültigkeit besitzen?

Da sind zunächst die Hölzer zu nennen, die von geringer Dimension, von schlechter Form oder fäulebehaftet sind. Ihre klassische Verwendung als Brennmaterial flackert in diesen Jahren gerade wieder einmal unter der neuen Überschrift „Bioenergie“ auf. Holz als Energieträger tritt dabei heute in Wettbewerb mit Holz als Rohstoff für die Sparten Papier, Zellstoff, Platten und morgen womöglich zunehmend mit Holz als Rohstoff für die Chemie. All diesen Verwendungen ist ein weitgehender Aufschluss des Holzes als Ausgangsmaterial für Produkte gemein, die ihre stoffliche Grundlage kaum noch erkennen lassen.

Die übliche Maßeinheit dieser geringwertigen Hölzer ist ihre Masse, gemessen in Tonnen in absolut trockenem Zustand, wobei die einzelnen Holzarten keine großen Wertunterschiede aufweisen. In diesem Zusammenhang ist jedoch waldwirtschaftlich sehr sorgfältig abzuwägen, ob bereits der Eigenwert dieser Hölzer als Biomasse, die im Ökosystem verbleibt, den aus ihrer Nutzung erzielbaren Reinerlös übersteigt.

Von höherem Wert sind Hölzer, die gesägt werden können, um in ihrem natürlichen Gewebeverband zu vielen verschiedenen Verwendungen herangezogen zu werden. Der Wert sägefähiger Hölzer weist je nach der Holzart erhebliche Unterschiede auf. Innerhalb der einzelnen Holzarten bestehen zum Teil nur geringe (zum Beispiel bei Fichte, Tanne, Douglasie), zum Teil aber auch sehr große Wertdifferenzierungen (zum Beispiel bei den Eichen). Für die meisten Verwendungen, sei es im Konstruktions- oder im Sichtbereich, ist das Vorhandensein von Ästen und im gegebenen Fall deren Größe, Anzahl und Beschaffenheit (gesund, tot, fest verwachsen, lose, faul) für den Wert von besonders hoher Bedeutung.

Bestimmende Maßeinheit für sägefähige Hölzer ist üblicherweise ihr Volumen, gemessen in

Elsbeerstammabschnitt mit einem Mittendurchmesser von 53 cm, der bei der Deutsch-französischen Wertholzsubmission 2007 einen Erlös im weltweiten Spitzenbereich erzielte.

Festmeter* ohne Rinde bis zu einem Zopfdurchmesser*, der von ihren weiteren Verwendungsbereichen abhängt und im Bereich zwischen 10 und 14 cm bei den meisten Nadelhölzern, dagegen zum Teil bis 25 cm bei einigen Laubhölzern liegt.

Höchsten wirtschaftlichen Wert erreichen jedoch sonst fehlerarme Hölzer, die völlige Astfreiheit in über 12 cm breiten astfreien Mantelstärken* erreichen und zu hochwertigen Messerfurnieren* für Sichtverwendungen im Möbel- oder Innenausbau verarbeitet werden können. Ihren vollen Wert, der im Übrigen sehr großen Unterschieden je nach den einzelnen Holzarten und außerdem Modeströmungen unterliegt, erreichen furniertaugliche Hölzer allerdings erst bei astfreien Mantelstärken von über 20 cm.

Das Leitmerkmal wertvollen Holzes ist die Astfreiheit.

Unter Umständen werden für das Vorhandensein besonderer Holzstrukturmerkmale, wie zum Beispiel Riegelung*, Maserung* oder Flammung*, besonders hohe Preise gezahlt, die ein Mehrfaches dessen erreichen können, was für sonst gleiche, sogenannte schlichte Hölzer angelegt wird.

Als Maß dient ihr Volumen, gemessen in Festmeter* ohne Rinde bis zu einem Zopfdurchmesser von oft mehr als 35 cm, wobei bei einigen Baumarten (zum Beispiel Eichen, Vogelkirsche) bei der Wert- und Ausbeutebeurteilung berücksichtigt werden muss, dass der Splint* nicht verwertbar ist.

Hölzer geringen Gebrauchswerts erzielen meist erntekostenfreie Erlöse, die nur unbedeutend sind. Unter bestimmten, mitunter aber nur kurzzeitigen Marktbedingungen, können für diese Hölzer aber auch Preise gezahlt werden, die nahe an die Erlöse für Hölzer in minderer Sägequalität heranreichen.

Vergleicht man jedoch die erntekostenfreien Erlöse für Hölzer in mittlerer Sägeholzqualität mit denjenigen für Hölzer in Furnierqualität, so stellt man im Querschnitt der Baumarten und Modeerscheinungen Verhältniswerte fest, die stets zwischen 1 : 3 und 1: 15 und höher liegen.

Für die waldwirtschaftliche Ausrichtung bieten diese Wertverhältnisse eine wichtige Grundlage, die allerdings um einige Gesichtspunkte erweitert werden muss. Wertholzerzeugung verspricht vor allem dann überragende waldwirtschaftliche Erfolgsaussichten, wenn sie ohne nennenswerten Mehraufwand möglich ist, wenn sie sich in die Selbstorganisationsspielräume* der Waldökosysteme einfügt und dementsprechend keine erhöhten Risiken eingeht.

Dabei gilt stets, dass aus durchmesserstarken, astfreien Stämmen alles hergestellt werden kann, was aus schwächeren und astbesetzten Stämmen möglich ist, nicht aber umgekehrt. Im Sinne dieser Substitutionsregel (44) kann man aus starken, astfreien Wertstämmen nicht nur Edelfurniere, sondern ohne Weiteres auch Streichhölzer herstellen, aus dünnen, astbesetzten Stämmen aber keinesfalls Edelfurniere.

So macht es sich naturnahe Waldwirtschaft leicht, wenn sie für die Werterzeugung aus Holz die Wachstumsfähigkeit von wenigen, sehr gut zweckgeeigneten Bäumen mit ganz geringem Aufwand sehr wirkungsvoll zur Entfaltung bringt und dabei einen hohen Mehrwert bereits aus einer sehr geringen Holzmenge ermöglicht.

Die QD-Strategie steht für hohen Mehrwert mit geringem Mehraufwand.

Die im Folgenden dargestellte waldwirtschaftliche Strategie Qualifizieren – Dimensionieren (die sogenannte QD-Strategie) geht davon aus, dass aus einer Teilmenge von nur 20 % der Gesamtwuchsleistung* eines Waldes, die auf das Volumen der breiten astfreien Holzmäntel entfällt, über 80 % des Reinerlöses aus Holzbereitstellung* und Holzverkauf erzielt werden kann (212).

Die waldwirtschaftliche Ausrichtung auf diese Zielperspektive wird an Beispielen für Einflussnahmen auf den Entwicklungsgang von Bäumen im Rahmen dieser Strategie verdeutlicht.

1.4 Entwicklungsphasen

Bäume durchlaufen charakteristische Phasen, die durch bestimmte physiologische und ökologische Vorgänge geprägt werden. Im Sinne des Strebens nach multifunktionaler Mehrwerterzeugung in bestmöglicher Einpassung in die natürlichen Abläufe können in diesen Phasen waldwirtschaftliche Maßnahmen veranlasst sein, um ganz bestimmte Zwischenziele zu erreichen.

Zur Bezeichnung der Entwicklungsphasen werden in der QD-Strategie Begriffe verwendet, die wichtige waldwirtschaftliche Teilschritte auf dem Weg zum Mehrwert charakterisieren. In ihrer Zeitfolge werden die **Etablierung**, die **Qualifizierung**, die **Dimensionierung** und die **Reife** durchlaufen. Zuletzt wird die **Alters- und Zerfallsphase** erreicht, die im Interesse, den vollen Naturablauf mit seiner ganzen Artenvielfalt und -vernetzung zu gewährleisten, unbedingt hinreichend vertreten sein muss.

Die Entstehung von Wald setzt voraus, dass sich nach erfolgter Verjüngung* junge Bäume schließlich auch etablieren. Diese sind nach Keimung, Stockausschlag*, Wurzelbrut* oder Pflanzung zunächst noch nicht in Beziehung getreten, müssen sich aber häufig von Anfang im Wettbewerb mit anderen Pflanzen behaupten und unterliegen zudem einem mehr oder weniger großen Verbissdruck seitens der Pflanzenfresser*. Die Etablierung eines Jungbaumes betrachten wir als abgeschlossen, wenn er sich gegenüber seinen Konkurrenzpflanzen endgültig durchgesetzt hat.

Anschließend treten die Jungbäume in die Aufschwungphase ihrer vegetativen Entwick-

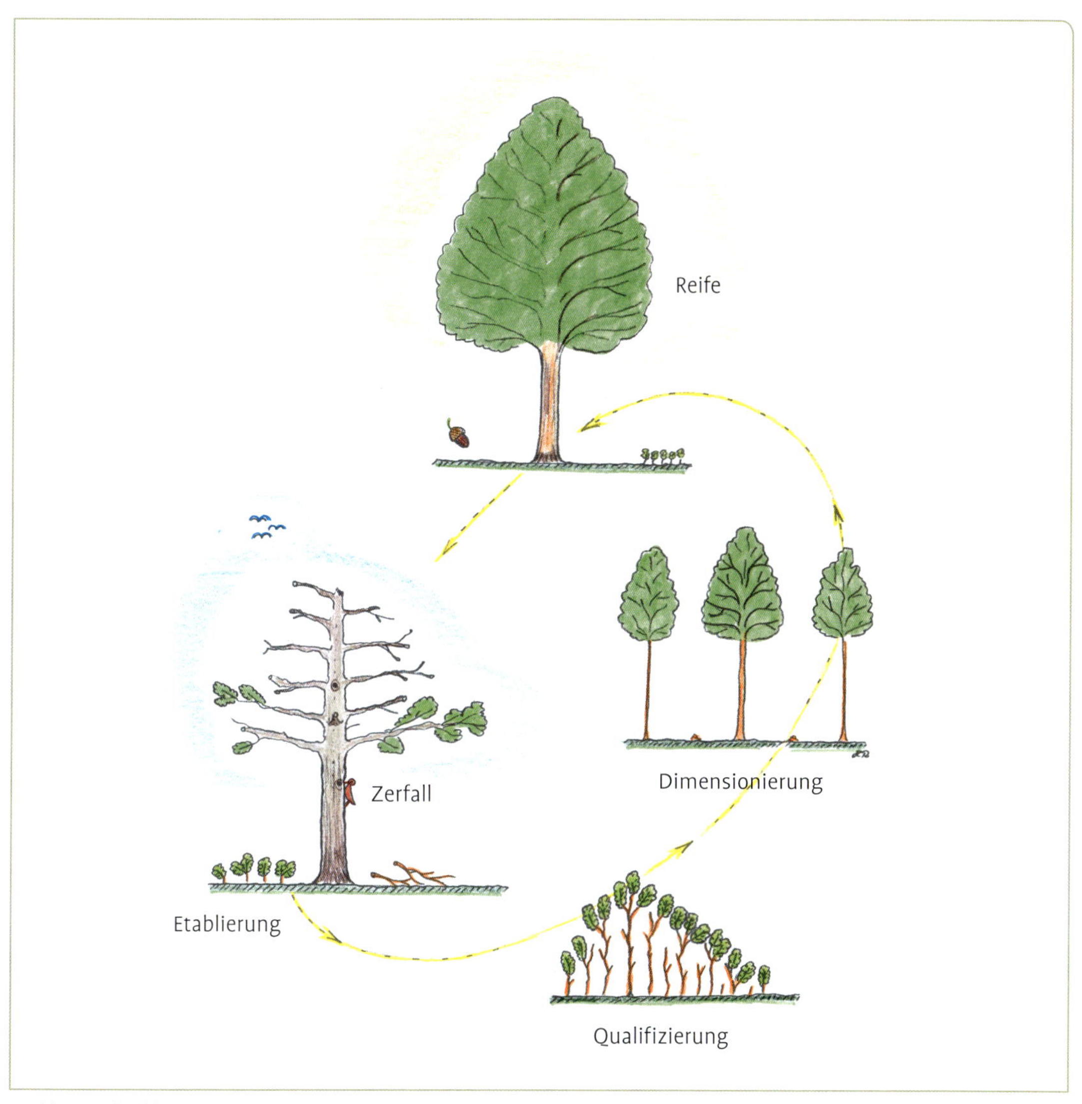

Waldwirtschaftliche Entwicklungsphasen.

lung. Sobald sie untereinander in unmittelbaren Kontakt treten, setzt im Regelfall ein harter Verdrängungswettbewerb ein. Die Bäume maximieren ihr Höhenwachstum. Untere Äste sterben ab, und die Kronenansätze verlagern sich noch oben. Dabei entsteht die Grundvoraussetzung für Wertholzerzeugung, der grünastfreie Wertstammbereich. Dieser Entwicklungsabschnitt von Bäumen wird daher als **Qualifizierungsphase** bezeichnet.

Im Zuge des Verdrängungswettbewerbes scheiden Bäume aus und geben damit ihren Standraum* frei. In der Folge orientieren die verbleibenden Bäume ihr weiteres Wachstum in der Zeit ihrer mit stürmischem Höhenwachstum einhergehenden Vollkraft in zunehmendem Maße auch auf seitliche Raumeroberung. Unter Berücksichtigung der jeweiligen Strahlungsverhältnisse ist die Kronenausbreitung maßgebend für die Entwicklung des Dickenwachstums aller Sprossachsen*. Die Kronenexpansion bestimmt also ganz entscheidend die Dimensionsentwicklung der wertvollen astfreien Holzmäntel*. Waldwirtschaftlich bezeichnen wir diesen Entwicklungsabschnitt von Bäumen deshalb als **Dimensionierungsphase**.

Schließlich lässt das Höhenwachstum nach. Damit ist auch die Möglichkeit zur seitlichen Kronenerweiterung weitgehend erschöpft. Die Bäume neigen nunmehr zu nachbarlicher Verträglichkeit. Der bis dahin gewonnene Wuchsraum bestimmt den Durchmesserzuwachs. Waldwirtschaftlich bezeichnen wir diesen Entwicklungsabschnitt, in dem die Bäume durch Blühen und Fruchten viel in ihre Fortpflanzung investieren, als **Reifephase**.

Entwicklungsphasen: Alles zu seiner Zeit.

Ginge es allein um die Holzerzeugung, so könnte der Phasenzyklus mit einem Generationenwechsel bereits geschlossen werden, wenn der höchste Mehrwert im Holzkörper erreicht wäre. Der Baum würde dann geerntet werden.

Dieser in der herkömmlichen Wirtschaftsweise weit verbreitete, ja sogar typische, sehr verkürzte Kreislauf beraubt jedoch eine Vielzahl von Arten und ganze Lebensgemeinschaften ihrer Existenzgrundlage und klammert waldökologische Regelkreise und Naturabläufe aus, die zu ihrer vollen Entfaltung ein Mehrfaches an Zeit benötigen.

Deshalb erfordert naturnahe Waldwirtschaft in hinreichendem Umfang Bäume in der Alters- und Zerfallsphase, auch wenn wir nie umfassend verstehen, ob überhaupt, in welcher Weise und in welchem Maße für den Menschen hieraus Vorteile und Nutzen entstehen. Dies ist auch nicht ausschlaggebend, wenn die Welt nicht nur für den Menschen da ist, sondern für alles, was lebt.

1.5 Im Wald schöpfen, ohne zu erschöpfen

Wenn man von den Bereichen der alpinen Höhenstufe, von tiefen Gewässern und blanken Felsen absieht, sind die Zeiger der Natur in Mittel- und Westeuropa nahezu überall ganz auf Waldentstehung und -entwicklung, auf Sylvigenese* ausgerichtet. Wo dennoch keine Wälder wachsen, hat dies immer mit dem Menschen zu tun, dessen es dagegen durchaus nicht bedarf, damit Wälder wachsen (77).

Das bedeutet gleichwohl nicht, dass Forstleute überflüssig sind. Sie sind in spezialisierten menschlichen Gesellschaften, die anspruchsvoll kombinierte Produkt- und Leistungsanforderungen an die Wälder stellen, geradezu unentbehrlich (196).

Die Anforderungen an die Vielfalt der Produkte, die der Mensch aus dem Wald bezieht, haben sich in unserem Raum im Laufe des vergangenen Jahrhunderts erheblich reduziert. Dagegen hat sich in den vergangenen Jahrzehnten ein immer größeres Bedürfnis gerade der Menschen, die in verstädterten Freizeitgesellschaften leben, nach einem breiten Fächer an Wirkungen und Leistungen des Waldes entwickelt.

Ruhe, Erholung, Selbstfindung, Abenteuer, sportliche Betätigung, künstlerische und geistige Inspiration, nicht zuletzt auch Umweltbildung finden eine wichtige Bezugsgrundlage im Wald. Dabei ist interessant, dass die Umweltbildung bedeutungsvolle Anknüpfungspunkte

Gelegentlich liest man, Efeu könne Bäume strangulieren. Das stimmt nicht. Tatsächlich zerreißen Bäume durch ihr Dickenwachstum die Verwachsungen von Efeustämmen.

in der menschlichen Nutzung von Walderzeugnissen findet, die einer längst vergangenen Geschichte angehören (219).

Welch eine berufliche Herausforderung für Forstleute, aus dem Wald zur Befriedigung menschlicher Bedürfnisse an Erzeugnissen und Leistungen umfassend zu schöpfen und zwar so, dass sich der Wald in keiner Weise erschöpft.

Mit Blick auf das Thema Sylvigenese* ergeben sich in bewirtschafteten Wäldern vor allem Wirkungsfelder, die in der waldwirtschaftlich motivierten Ernteentnahme von Bäumen oder aber im Untergang von Bäumen nach natürlichen Störungen ihren Ausgang nehmen. Diese Wirkungsfelder sind vornehmlich auf einen Generationenwechsel im Wald gerichtet, der eine Entwicklung zu zuträglichen Bedingungen für die künftige Befriedigung menschlicher Bedürfnisse nehmen soll.

Ein Wald für den Menschen und für alles, was lebt.

Im gleichen Sinn kann auch die Wiederbewaldung von Flächen waldwirtschaftlich begleitet werden, die ihre Waldeigenschaft zuvor verloren hatten und anderweitig vom Menschen in Anspruch genommen worden waren oder aber von Flächen, die zum Beispiel nach Anlandungen in der Flussaue in eine primäre Sukzession* eintreten, die auf Waldentstehung gerichtet ist.

Der Spielraum für waldwirtschaftliche Einwirkungen ist unter dem Postulat des schonenden Gebrauchs auf einen bestimmten Handlungsrahmen beschränkt. Innerhalb dieses Rahmens müssen die spontanen Abläufe im Ganzen bestimmend bleiben, und ungewöhnliche, ökosystemfremde Störwirkungen müssen unterbleiben.

Solche Einwirkungen beziehen sich auf waldwirtschaftliche Zielsetzungen, die allein aus den spontanen Abläufen heraus nicht erreicht werden könnten. Diese Abläufe werden im

Vielhundertjähriger Eibenwald in Dorset, Südwest-England.

günstigsten Fall nur beschleunigt, verstärkt oder allenfalls geringfügig anders ausgerichtet. Keinesfalls aber dürfen spontane Abläufe tiefgreifend geändert oder gar ganz abgebrochen werden. Den Einwirkungen im Sinne der QD-Strategie sind Handlungsweisen fern, für die Begriffe wie „waldbauliche Steuerung“, „Baumartenwahl“, „Anbau“, „Neukultur“, „Jungbestandspflege“ und „Endnutzung“ kennzeichnend sind.

2

Waldwirtschaftliche Entwicklungsphasen

Von der Keimung bis zu ihrem Absterben durchlaufen die Bäume Entwicklungsabschnitte, die durch Raumeroberung, durch Anstrengungen zur geschlechtlichen und ungeschlechtlichen Fortpflanzung und durch das Ringen um die Wahrung der Lebenskraft gekennzeichnet sind. Aus waldwirtschaftlicher Sicht unterscheidet die QD-Strategie nach den Entwicklungsphasen der Etablierung, der Qualifizierung, der Dimensionierung, der Reife. Die Alters- und Zerfallsphase betrifft die Bäume, die nicht zur Nutzung bestimmt sind und im Ökosystem endgültig verbleiben.

2.1 Etablierung: Punktwirksamkeit in Klumpen

Die Verjüngung ist ein wichtiger Ablauf im Generationenwechsel von Wäldern und zur Wiederbewaldung von Freiflächen. Sämlinge, Wurzelschösslinge, Ableger oder Stockausschläge stellen sich oft spontan ein. Manchmal muss die Verjüngung aber unterstützt werden. Äußerstenfalls ist es erforderlich, zu säen oder zu pflanzen. Oft schon bevor sie untereinander in Berührung kommen, konkurrieren die jungen Bäume mit anderen Pflanzen und werden von Pflanzenfressern als Nahrung begehrt. Die Jungpflanzen sind erst dann etabliert, wenn sie sich gegen Konkurrenzpflanzen dauerhaft durchgesetzt haben. Zur streng situationsbezogenen Förderung zielentsprechender Arten sind waldwirtschaftliche Maßnahmen in der Etablierungsphase auf Punktwirksamkeit angelegt. Die natürliche Dynamik bleibt ansonsten unbeeinflusst.

2.1.1 Generationenwechsel als naturnaher Ablauf

Unter waldwirtschaftlichen Gesichtspunkten sind junge Bäume im Waldökosystem immer und überall gern gesehen. Im Falle von Störungen bieten sie nämlich gute Ausgangsvoraussetzungen dafür, dass die natürlichen Lebensgrundlagen auch weiterhin zu erheblichen Anteilen dem Wachstum von Bäumen zukommen.

Im günstigen Fall kann sich der Generationenwechsel nahezu übergangslos auf vorhandene Jungbäume stützen. Waldwirtschaftlich benötigt werden junge Bäume immer dann, wenn alte Bäume geerntet werden sollen oder wenn sie durch Störungen, zum Beispiel nach schweren Sturmereignissen, ausscheiden.

Was ist waldwirtschaftlich unter den ökologischen Bedingungen Mittel- und Westeuropas überhaupt geboten, führt doch die spontane Entwicklung in jedem Fall zur Vegetationsform Wald? Oft wird der Generationenwechsel der Bäume über Jahre oder Jahrzehnte durch die Wirkung anderer Vegetationsglieder und der Pflanzenfresser unterbrochen. Dann stockt die Waldentwicklung.

> Waldwirtschaftliche Handlungen im Hauptstrom der spontanen Entwicklung: von Anfang an!

Naturnahe waldwirtschaftliche Handlungen werden stets unter sorgsamer Berücksichtigung und Achtung der ökosystemaren Wirkungsabläufe getätigt (125). Die menschlichen Einwirkungen halten sich im Hauptstrom der spontanen Entwicklung, ohne diese wesentlich zu verändern. Dabei geht es darum, bestimmte Ausprägungen der Lebensgemeinschaft zu erreichen, die im Sinne der waldwirtschaftlichen Zielstellung besonders förderlich sind.

Investive waldwirtschaftliche Handlungen zum Aufwuchs von Jungbäumen oder zur Sicherung ihrer Behauptung und Entwicklung, sind also nur dort nötig, wo Entwicklungsverzögerungen oder -blockaden zu mindern und die Qualitätsvoraussetzungen für eine Mehrwerterzeugung zu gewährleisten sind.

Dabei ist schon in dieser frühesten Waldentwicklungsphase zu bedenken, dass herausragend wertvolle Bäume in fortgeschrittener Entwicklung sehr große Dimensionen erreichen können. Wenige solcher Bäume reichen mit ihren mächtigen Kronen und mit ihren ausgedehnten Wurzelwerken aus, sich sehr hohe Anteile der natürlichen Lebensgrundlagen, vor allem Licht, Wasser und Nährstoffe, zu verschaffen.

Zum Heranwachsen solcher Bäume kommt es in der Entwicklungsphase ihrer Etablierung, in der diese Bäume ja erst einen verschwindend geringen Bruchteil der Lebensgrundlagen zu ihrer gedeihlichen Entwicklung benötigen, überhaupt nicht darauf an, auf die Lebensgemeinschaft insgesamt einzuwirken. Diese kann insofern zunächst ohne Weiteres ihrer spontanen Entwicklung überlassen bleiben.

Stets muss berücksichtigt werden, dass in dieser frühen Entwicklungsphase die Natur erst am Anfang ihrer Selektion* nach Lebenskraft steht, und dass qualitative Baummerkmale noch nicht oder bestenfalls ansatzweise in Erscheinung treten. Daher muss eine solche Zahl junger Bäume in hinreichender Vitalität und räumlicher Verteilung vertreten sein, die ausreicht, die waldwirtschaftlich gewünschte Zahl großkroniger Bäume von hohem Wert mit großer Wahrscheinlichkeit zu erreichen.

Was bedeutet dies aber konkret? Welche Mindestvoraussetzungen müssen gegeben sein, um viele Jahre später im Wald eine günstige Ausstattung an vitalen wertleistungsfähigen Bäumen zu erreichen?

Zielerreichung durch Wissen, Beobachtung und Erfahrung mit dem Selbstorganisatonsspielraum.

Der Blick in die Zukunft stützt sich auf den Stand der Wissenschaft, in den Bereichen Waldwachstum (vgl. a. 173)*, Waldökologie* (102), Ökophysiologie* und Waldstandortkunde*. Dieser Wissensstand wird auf die Beobachtung heute vorhandener Bäume unter Deutung ihrer Vergangenheit angewendet. In Verbindung mit dem waldwirtschaftlichen Erfahrungsschatz werden die konkreten Handlungsspielräume abgeleitet, die sich von den natürlichen Voraussetzungen her für die unaufwändige Erreichung klar definierter und in ihrer Bedeutung aufeinander abgestimmter Ziele bieten. Dabei wird der ökosystemare Selbstorganisationsspielraum* gewahrt.

2.1.2 Klumpen: Bündelung aller Beobachtungen und Handlungen

Zur Etablierung einer wertleistungsfähigen neuen Waldgeneration sind nie flächenwirksame Einflussnahmen erforderlich. Es genügt, wenn hierzu günstige Voraussetzungen auf kleinen Teilflächen gewährleistet sind oder geschaffen werden. Wir bezeichnen diese Bereiche als Klumpen. Diese Klumpen weisen in einem Durchmesser von 5–7 m mindestens 20 zielentsprechende Jungbäume auf. In diesem Rahmen ist später eine hinreichende natürliche Astreinigung möglich. Die Klumpen können im Abstand von 12–18 m frei verteilt werden.

Im Jungwald werden bis zum Abschluss der Etablierung alle Beobachtungen und waldwirtschaftlichen Handlungen auf die Klumpen gebündelt. Durch dieses punktwirksame Vorgehen können die Ziele mit geringem Aufwand erreicht werden. Außerdem entstehen Lernwirkungen.

Sylvigenese* stellt in Mittel- und Westeuropa einen mächtigen, selbsttätigen ökologischen Ablauf dar. Die natürliche Entwicklung drängt fast überall zum Wald. Im Wald kann die Erzeugung von Mehrwert aus dem Rohstoff Holz im Wesentlichen an ganz wenige Bäume mit großen Kronen und Wurzelwerken gebunden werden. Also können Einflussnahmen, die diesem Mehrwert zuführen, in der Etablierungsphase des Waldes auf wenige Kleinstflächen beschränkt bleiben (6,8).

Unter besonders günstigen ökologischen und waldwirtschaftlichen Bedingungen etablieren sich vitale und gleichzeitig qualitativ ansprechende Jungbäume sogar, ohne solchen punktwirksamen Einflussnahmen bedarf. Häufig ist es jedoch angezeigt, den einen oder anderen gezielten Impuls zu setzen, um waldwirtschaftlich erwünschte Entwicklungen in Gang zu setzen oder um Entwicklungshemmungen zu lösen.

Die ökologische Störwirkung solcher waldwirtschaftlicher Maßnahmen in der Etablie-

Qualifizierung eines Speierlings durch die Hasel.

rungsphase ist mit hoher Wahrscheinlichkeit meist vernachlässigbar, wenn diese Eingriffe auf weniger als 15 % der betreffenden Fläche unmittelbar wirksam werden. Im Regelfall bleibt das Handeln auf den Einsatz von Muskelkraft beschränkt. Nur ausnahmsweise ist es mit der Einbringung von Stoffen (wie Netzgeflechte, Fegeschutzmaterial u. a.) verbunden, die später wieder entfernt werden, sofern sie nicht völlig frei von Nachwirkungen sind.

Meist ist mindestens einer unter 30 Bäumen wuchskräftig und wohlgeformt.

Für zahlreiche Baumarten konnten wir feststellen, dass Gruppierungen von 15–30 jungen Bäumen auf angemessen engem Raum mit großer Wahrscheinlichkeit zur Ausdifferenzierung von mindestens einem, oft sogar mehreren Individuen führen, die bei hoher Vitalität eine günstige Wuchsform aufweisen (s. a. 58, 159).

Die waldwirtschaftliche Verwendbarkeit dieser Supervitalen* zur Erzeugung von Wertholz setzt allerdings voraus, dass in der Gruppierung auch die randständigen Jungbäume eine natürliche Astreinigung* erfahren können. Hierzu muss ein Außenkontakt zu anderen Jungbäumen von Baumarten bestehen, die mindestens gleich stark oder stärker beschatten. Diese Wirkung kann durchaus auch durch geeignete hochwachsende Sträucher wie Haselnuss, Weißdorn oder Schlehe erreicht werden.

Notfalls muss die astreinigende Begleitung durch Umpflanzung der Gruppierung mit 10–15 solcher stärker beschattenden Jungbäume oder Großstraucharten hergestellt werden. Dabei gilt es darauf zu achten, dass die beteiligten Baumarten in ihrem frühen Höhenwachstum zueinander passen.

Die Astreinigung randständiger Bäume erfordert gegebenenfalls eine Umpflanzung der Gruppierung.

Eine wirkungsvolle Astreinigung des Bergahorns kann nämlich beispielsweise nicht durch die Buche erwartet werden, die zunächst viel zu weit zurückbleibt. Umgekehrt wären bei einer Umpflanzung von Traubeneichen mit dem rasch vorwachsenden Bergahorn aufwändige nachsorgende Maßnahmen zugunsten der Eichen unvermeidlich.

Keine astreinigende Umpflanzung mit einer anderen Baumart ist im Allgemeinen für die sehr schattenertragende Buche möglich. Daher sollte diese Baumart immer in einer Zahl von mindestens 40 Bäumen gruppiert sein, um innerartlich eine wirkungsvolle Astreinigung zu erreichen.

Als in diesem Sinne einer Gruppierung besonders erfolgsgeneigt fanden wir Kleinstflächen von etwa 5–7 m Durchmesser, die wir als Klumpen* bezeichnen. Auf deutlich kleineren Flächen ist oft festzustellen, dass die vitalsten Bäume Äste entwickeln, die von den im Höhenwuchs zurückbleibenden Nachbarbäumen nicht mehr zum Absterben gebracht werden können.

Dagegen tritt bei gleicher Pflanzenzahl auf deutlich größeren Flächen und damit bei größeren Wuchsabständen der Kontakt zwischen den Jungbäumen häufig so verzögert auf, dass die frühe Ausdifferenzierung* leidet. Dies hat zur Folge, dass die Astreinigung namentlich der besonders vitalen Bäume erst spät an unerwünscht erstarkten, womöglich sogar steil abgehenden Ästen (Durchmesser über 3 cm) eintritt.

Im Klumpen kommt die Etablierung auf den Punkt.

Eine in jedem Fall hinreichende Flächenausstattung mit Klumpen sehen wir dann als gegeben an, wenn die Abstände benachbarter Klumpen von Klumpenmitte zu Klumpenmitte 18 m nicht überschreiten. Auf günstigen Standorten, in denen die Bäume zuletzt über 40 m Höhe erreichen können, sind selbst Klumpenabstände von 24 m ausreichend. Umgekehrt sind Klumpenabstände unter 12 m nicht geeignet und auch nicht erforderlich, um unter geringstem Aufwand und bei geringster Störwirkung im Ökosystem die Voraussetzungen für das volle Werterzeugungspotenzial zu wahren.

Klumpengröße und Klumpenabstände: minimaler Aufwand für volles Werterzeugungspotenzial

Innerhalb dieses weiten Rahmens bestehen große Spielräume, Klumpen zu platzieren. Diese Spielräume sind geschickt auszuschöpfen, um den waldwirtschaftlichen Einsatz und die Störwirkung im Ökosystem Wald so gering wie möglich zu halten.

Die Platzierung dieser Klumpen gilt es sorgfältig auszuwählen, um einerseits die waldökologisch günstigsten Stellen zu nutzen, andererseits aber die für das Heranwachsen der Jungbäume besonders problematischen Bereiche möglichst zu meiden.

Die Waldentwicklung ist in der Folge im Bereich der Klumpen fortwährend zu beobachten und im Hinblick auf die Mindestanforderungen zur Zielerreichung zu beurteilen. In diesen

Klumpen 7 Jahre nach Pflanzung von Buchen-Wildlingen.

Klumpen und nur dort sind auf der Grundlage von Auswahl, Beobachtung und Beurteilung waldwirtschaftliche Maßnahmen zu tätigen, die im Bedarfsfall möglichst geringen Aufwandes bedürfen.

Die auf die Klumpen punktwirksam gebündelte Beobachtung der Entwicklungsvorgänge entfaltet übrigens ganz beiläufig eine waldökologische Lernwirkung, die bei flächenbezogenem Begutachten nicht erzielt werden kann.

Zum sicheren und raschen Wiederauffinden der Klumpen ist deren deutliche Markierung wichtig. Im günstigsten Fall kann man hierzu an Ort und Stelle geeignetes Material gewinnen, indem man beispielsweise Haselnussstangen schneidet. Ansonsten werden meist Holzpfähle verwendet.

In jedem Fall müssen die Markierungsmittel so hoch sein, dass sie die Konkurrenzvegetation selbst in deren fortgeschrittener Entwicklung deutlich überragen. In Adlerfarn oder Besenginster erfordert eine auffällige Markierung Stangen bzw. Pfähle von bis zu drei Metern Höhe.

Klumpenmarkierung lenkt die Beobachtung und mindert den Maßnahmenaufwand.

Wo der Markierungsaufwand an Klumpen am höchsten ist, werden in der Folge auch die größten Einsparungen an Zeit und Mühe erreicht, wenn die Belegenheit der einzelnen Klumpen gut erkennbar bleibt. Oft ist es hierzu zweckmäßig, den Spitzenbereich des Markierungspfahls farblich zu markieren oder mit einem Papierband zu versehen. Auf diese Weise wird die volle Rationalisierungswirkung dieser punktwirksamen Vorgehensweise ermöglicht.

Durch Verwendung unterschiedlicher Farben und ihrer Kombinationen können zudem verschiedene Informationen, zum Beispiel zu den zu pflanzenden Baumarten oder zum Nachbesserungsbedarf, dokumentiert werden, die für eine effiziente Erledigung von Maßnahmen gerade unter schwierigen Gelände- und Bewuchsverhältnissen von entscheidender Bedeutung sind.

Äußerst hilfreich ist die Klumpenmarkierung unter Schirm*. Hierdurch treten räumliche Bezüge ganz klar erkennbar in Erscheinung. Die Lichtverhältnisse können dann in diesen Waldbereichen besonders wirkungsvoll beeinflusst werden. Des Weiteren erfahren die Fällung von Bäumen und die Bringung der Stämme eine klare Orientierung zur Schonung des Nachwuchses. Dadurch können die Erfordernisse der Nacharbeit, die sogenannte Schlagpflege, auf ein Minimum beschränkt bleiben.

2.1.3 Natürliche Grundlagen der Verjüngung

Das erfolgreiche Auflaufen von Baumkeimlingen ist an artspezifische Voraussetzungen gebunden. Es ist wichtig, die Ansprüche und die Eigenschaften der Arten einzuschätzen. Hemmende oder gar blockierende Einflüsse gilt es, mit geringem Aufwand punktwirksam zu lösen.

Zwischen dem Ankommen von Baumsamen auf und gegebenenfalls im Waldboden und dem Auflaufen der Baumkeimlinge stehen zeitlich nur ausnahmsweise wenige Tage, wie dies bei unseren Ulmenarten der Fall ist. Fast immer vergehen mehrere Monate, manchmal aber auch, nach dem Überliegen von Samen, einige Jahre. In der Zwischenzeit können sich eine ganze Reihe von abiotischen und biotischen Hemmnissen und Hindernissen bemerkbar machen.

Diese sind in aller Regel waldwirtschaftlich völlig ohne Belang und waldökologisch sogar vorteilhaft, da in diesem Zusammenhang wichtige Nahrungsketten aufrechterhalten werden, bilden doch Baumsämereien für eine Vielzahl von Lebewesen eine bedeutungsvolle Ernährungsgrundlage, unter Umständen zudem eine entscheidende Nahrungsreserve im Winter.

Dies geht hin bis zu mehr oder weniger engen Abhängigkeitsbeziehungen, die in einigen Tiernamen ihren Ausdruck finden (Erlenzeisig, Buchfink, Haselbohrer u. a.). In der weitestreichenden Ausprägung liegen Koevolutionserscheinungen* vor, die zum Beispiel im Zusammenspiel von Eichelhäher* und Eichenarten (181) oder von Tannenhäher und Zirbe in Erscheinung treten.

Dem Scheitern der Baumverjüngung hat die Natur die überaus große Zahl an Samen entgegengesetzt, die von den Bäumen einiger Baumarten, wie zum Beispiel der Sandbirke und der Schwarzerle, nahezu in jedem Jahr erzeugt und vom Wind weithin verstreut werden.

Andere Baumarten, wie Esche und Ahorne, deren Samen ebenfalls durch den Wind verfrachtet werden, fruchten zwar auch reichlich und häufig, wennschon nicht in dem Maße wie die vorgenannten. Dies gleichen sie dadurch aus, dass sie ihren Samen mehr Reservestoffe* mitgeben, die dem frühen Behauptungsvermögen des Keimlings nach dem Auflaufen zuträglich sind.

Etwas geringer fällt die Samenproduktion von Kernobst-Baumarten, wie der Vogelbeere, der Elsbeere, der Wildbirne und dem Weißdorn aus, die auf eine Verbreitung durch Vögel oder Säuger setzen. Diese werden mit nahrhaftem Fruchtfleisch gelockt und belohnt. Den Samen der Kernobstbäume sind ebenfalls Reservestoffe beigegeben. Dazu kommt aber auch noch die Düngungswirkung der oft um andere Verdauungsreste angereicherten Tierausscheidungen, die den Samen bei der „Aussaat“ mitgegeben werden.

Wieder andere Baumarten, wie die Buche und die Eichen, fruchten nur im Abstand von vielen Jahren reichlich, erhöhen dann aber das Behauptungsvermögen der Keimlinge durch die Samenausstattung mit einer besonders reichen Mitgift an Reservestoffen.

Wo samenerzeugende Bäume in hinreichender Nähe stehen, besteht grundsätzlich die Möglichkeit der natürlichen Ansamung, der so genannten Naturverjüngung. Gleichwohl gibt es eine ganze Reihe von Faktoren, die geeignet sind, das erfolgreiche Auflaufen oder die frühe Behauptung der Keimlinge über viele Jahre anhaltend zu verhindern.

Verjüngungshemmnisse lassen sich mit punktwirksamen Maßnahmen fast immer unaufwändig lösen.

Solche widrigen Verhältnisse können in einem ungünstigen Zustand des Oberbodens (Verdichtung*, Aushagerung*), in einer mächtigen Streuauflage*, im Vorhandensein eines dichten Grasfilzes, in einer hohen Populationsdichte samenverzehrender Mäuse und in vielen anderen Faktoren liegen.

Es kann daher waldwirtschaftlich geboten sein, solche Verjüngungshemmnisse mit geringem Aufwand punktwirksam zu lösen.

Neben der geschlechtlichen Vermehrung spielt zur Verjüngung bei manchen Baumarten auch die ungeschlechtliche Vermehrung durch Wurzelbrut* eine bedeutende, unter Umständen eine entscheidende Rolle. Dies ist gerade bei der Elsbeere (86) offensichtlich. Sie bildet zum Zweck ihrer Ausbreitung flachstreichende, etwa fingerdicke Wurzeln weit außerhalb des Überschirmungsbereichs ihrer Krone aus.

Unter günstigen Lichtbedingungen nach Absterben oder Entfernung von Bäumen (nicht des Mutterbaumes), aber auch unter schwach beschattenden Nachbarbäumen oder bei Erreichen von Freiflächen, entwickeln sich kräftige Wurzelschösslinge. Diese Jungpflanzen profitieren zunächst von der Versorgung durch ihren Mutterbaum. Schon bald machen sie sich aber von diesem frei. Im Gegensatz zu Stockausschlägen unterliegen daher Wurzelschösslinge keiner erhöhten Gefährdung durch fäuleerregende Pilze.

Durch Wurzelbrut gelingt es der Aspe sogar, Grünlandbrachen zu besiedeln, nachdem sie sich an einer Gunststelle (z. B. auf einem Maulwurfhügel) erfolgreich angesamt hat. Innerhalb weniger Jahre kann sie dann unter Überwindung der Graskonkurrenz ein kleines Wäldchen aus genetisch identischen Bäumen, ein sogenanntes Polykormon, aufbauen (129).

Die Erstversorgung von Wurzelschösslingen durch den entwickelten Vegetationskörper des Mutterbaumes kann unter widrigen Lebensbedingungen und bei hoher Vegetationskonkurrenz überlebensentscheidende Vorteile bieten.

Wurzelbrut entwickeln auch die Vogelkirsche, wie überhaupt viele Prunus-Arten, neben der Elsbeere die meisten anderen Kernobstarten, weiterhin die Linden, die Feldulme und die Flatterulme (nicht aber die Bergulme), einige Weiden- und Erlenarten (nicht aber die Schwarzerle).

Über ungeschlechtliche Vermehrung kann Verjüngung unter schwierigen Bedingungen gelingen.

Als weitere Form der ungeschlechtlichen Vermehrung wird Ablegerbildung durch Bewurzelung von Ästen mit Bodenkontakt häufig bei der Stechpalme beobachtet. Die Fähigkeit, keimfähige Samen mit unbefruchteten Embryonen zu bilden, die Apomixis, ist bei der Elsbeere und bei einer Reihe spontaner Sorbus-Hybriden, aber auch bei der Brombeere, von Bedeutung.

2.1.4 Waldwirtschaftliche Förderung der Verjüngung

Waldwirtschaftliche Maßnahmen zur Verjüngung zielgeeigneter Baumarten in ausreichender Dichte und Verteilung bleiben stets auf Klumpen beschränkt. Die Förderung der Naturverjüngung ist dabei der Saat und diese der sorgfältigen Pflanzung vorzuziehen. Sofern es nicht möglich ist, Wildlinge zu pflanzen, werden unsortierte Sämlinge aus der Baumschule verwendet.

Zur Förderung der Verjüngung genügt es schon, die Ansamungsbedingungen auf Teilflächen in Klumpengröße entscheidend zu verbessern. Meist kommt es darauf an, plätze- oder streifenweise den Mineralboden* freizulegen oder die Grasnarbe zu entfernen. Dies geschieht am wirkungsvollsten zu einem Zeitpunkt, der auf die Hauptperiode der Samenverbreitung der hauptsächlich erwünschten Baumart gut abgestimmt ist.

Bei schwerfrüchtigen Samen, wie Bucheckern oder Eicheln, kann es außerdem vorteilhaft sein, nach dem Abfallen der Samen diese einige Zentimeter tief in den Boden einzuarbeiten, um dadurch die Rate ihres Verzehrs durch Tiere oder ihres Befalls durch parasitische Pilze erheblich zu senken.

Baumsamen in Klumpen Mineralbodenkontakt zu ermöglichen, kann zur Verjüngung ausreichen.

Die Eingriffe bleiben strikt auf die Klumpen beschränkt und werden auch dort so gering gehalten, dass es in jedem Fall genügt, diese Unterstützung der Naturverjüngung in wenigen Minuten unter Zuhilfenahme geeigneter Handgeräte mit menschlicher Körperkraft, allenfalls aber mit einfachen, von einem Pferd gezogenen Geräten zu bewerkstelligen.

Wenn ein natürliches Ankommen von Samen einer waldökologisch zuträglichen und waldwirtschaftlich gewünschten Baumart nicht erwartet werden kann, kommt als nächst naturnahes Verfahren die Saat in Betracht. Diese muss sehr sorgfältig auf das Keimungs- und Auflaufverhalten der jeweiligen Baumart abgestimmt sein und erfordert ein sehr gutes Erkennen und Beachten der zahlreichen Erfolgsfaktoren (zum Beispiel Überwindung der Keimhemmung, Wässerung vor Aussaat, Saattiefe, geschickte Wahl des Aussaatzeitpunktes, Schutz vor Tierverzehr), nicht zuletzt aber auch viel Fingerspitzengefühl.

Saat steht der Naturansamung am nächsten, ist aber anspruchsvoll.

Eine interessante Variante, die sich den Instinkt von Tieren bei der Saat zunutze zu macht, ist die „unterstützte Hähersaat". Eichelhähern* bietet man auf Futtertischen Eicheln in der Erwartung an (182), dass diese Vögel mit ihrem erfolgsgeneigten Verfahren an verjüngungsökologisch besonders gut geeigneten Stellen säen. Offensichtlich erkennen diese Vögel unter anderem instinktiv die Orte, an denen Eichen Heidelbeerdecken und Drahtschmielenbewuchs erfolgreich besiedeln können (18).

Schließlich kommt in Betracht, Baumnachwuchs klumpenweise durch Pflanzung von Wildlingen* zu initiieren (130, 131). Auf diese Weise kann mit geringem Aufwand erreicht werden, dass eine schwerfrüchtige Baumart, wie die Buche, in Bereichen wieder rasch Fuß fasst, aus dem sie durch menschliches Handeln, wie zum Beispiel durch die großflächige künstliche Begründung reiner Fichtenbestockungen, verdrängt wurde.

Zur Pflanzung möglichst auf Wildlinge zurückgreifen.

Durch die gezielte Wahl des Verfahrens und des Ortes der Wildlingsgewinnung wird sichergestellt, dass Jungbäume in der ganzen genetischen Breite der regionalen Population ohne großen Bruch der kleinstandörtlichen Wuchsbedingungen vom Halbschatten der Anwuchsstelle in den Halbschatten des Pflanzortes verbracht werden.

Als letztes Mittel können unter sorgfältiger Achtsamkeit für die Wahrung ihrer Wurzeltracht auch in Baumschulen angezogene, vorzugsweise einjährige Sämlinge* klumpenweise gepflanzt werden, wenn alle vorgenannten Verfahren nicht möglich sind. Von großer Bedeutung ist dabei, dass schon beim Ausheben der Pflanze in der Baumschule die Pfahlwurzel der Jungbäume intakt bleibt, keinesfalls aber durch ein Unterschneiden* systematisch gekappt wird (s. a. 180).

Weiterhin ist es wichtig, in der Baumschule unsortierte Jungbäume in vollständigen Beetbereichen zu erwerben, da diese Vorgehensweise die beste Gewähr bietet, die volle genetische Breite der beernteten Ausgangspopulation zu erhalten.

Herkunftssichere Baumschulpflanzen als unsortierte Sämlinge verwenden.

Größte Sorge ist auf die Erhaltung der von Austrocknung bedrohten Feinwurzeln vom Ausheben der Jungbäume im Wald oder in der Baumschule über den Transport, den Zwischeneinschlag* bis hin zum Einbringen in das Pflanzloch zu verwenden. Bei der Pflanzung im Wald wird die entscheidende Qualität der lagegerechten Einbringung der kompletten Wurzel in den Boden ganz wesentlich von Verfahren gefördert, bei denen Hohlspaten* verwendet werden.

Im Falle der Pflanzung muss dafür Sorge getragen werden, dass in der Folge eine hinreichende Mischungsvielfalt möglich wird.
Bei gesellschaftsbildenden Baumarten, wie den Eichen, der Hainbuche, der Schwarzerle, den Linden oder der Buche, geschieht dies durch eine Mischung von Klumpen, die in sich artenrein sein können.

Dagegen mischt man nicht-gesellschaftsbildende oder ausfallgeneigte Arten, wie die Vogelkirsche, die Elsbeere, die Ulmen und neuerdings die Esche, in 3 bis 5 Exemplaren in die Klumpen solcher gesellschaftsbildenden Arten ein, die hinsichtlich ihrer Höhenwuchsdynamik passen.

Je nach der Baumart in Klumpen oder im Klumpen mischen.

Von der Keimung und dem Auflaufen der Sämlinge (beziehungsweise vom Treiben der Wurzelschösslinge*, Sprossausläufer* oder Stockausschläge) an vollzieht sich das Hochwachsen der jungen Bäume meist in hartem inner- vor allem aber auch zwischenartlichem Ringen um unter- und oberirdische Lebensgrundlagen. In dieses Ringen greifen außerdem Pflanzenfresser und parasitische Organismen gelegentlich zufällig, oft aber ausgesprochen selektiv ein. Immer geht es jedoch bei Pflanzen im Grunde genommen um das Licht.

2.1.5 Licht als Schlüssel für die Etablierung

Die Beurteilung und die Prognose der Lichtverhältnisse sind wichtige Grundlagen einer erfolgreichen Etablierung. Dabei ist es von Bedeutung, den Blick auf das größte Risiko zu richten, durch dessen Eintritt eine dem Ziel entsprechende Entwicklung abgebrochen würde. Stets kann eine weniger schattenertragende Pflanze auf Dauer nicht unter der Beschattung durch eine ihre Toleranz überfordernde Pflanze überleben.

Nach dem Auflaufen des Keimlings wird für ihn der hinreichende Lichtzutritt schon bald zum Schlüsselfaktor für sein Überleben, für sein Wachstum und für seine Behauptung innerhalb der Vegetation seiner Umgebung. Die Toleranz für Lichtmangel und die Reaktion auf Lichtzutritt sind wichtige Arteigenschaften, die im Zusammenhang mit der Etablierung des Jungbaumes im Waldökosystem eine ganz bedeutende und von Jahr zu Jahr zunehmende Rolle spielen.

Wie schon beim Keimverhalten, können auch diesbezüglich sehr unterschiedliche autökologische* Typisierungen getroffen werden, denen man die einzelnen Baumarten und die anderen Pflanzenarten in der Waldlebensgemeinschaft zuordnen kann. „Im Sukzessionsgefüge in der zeitlichen Dimension kaum einzuordnen“ (135) sind allerdings die Eichen.In einer konkreten Wuchskonstellation lassen sich aus dieser Typisierung häufig bereits synökologische* Einschätzungen zu möglichen, unter Umständen sogar zu wahrscheinlichen Entwicklungen der Jungbäume in ihrem Umfeld treffen. Waldwirtschaftlich ist dies wichtig, um die Ziele mit minimalem Aufwand und unter minimaler Störung der waldökologischen Abläufe zu erreichen.

Dabei ist es von Bedeutung, den Blick auf das größte Risiko zu richten, durch dessen Eintritt eine ansonsten mögliche und in der weiteren Zukunft unaufwändig fortschreitende, waldwirtschaftlich günstige Entwicklung abgebrochen würde. In einem vergleichsweise einfachen Fall mag es sich beispielhalber um einen Birkenkeimling in einer Umgebung handeln, in der ab Mitte Juni damit zu rechnen ist, dass Adlerfarn sehr rasch hochwachsen wird.

Die Spontanentwicklung ist in diesem Fall mit großer Sicherheit vorhersehbar: Die kleine Birke, die zunächst den freien Lichtzutritt sehr wirkungsvoll zu nutzen vermag, wird durch den Adlerfarn schon bald in eine Lichtmangelsituation gebracht, die ihre Toleranz überfordert. Sie kann ihre Lebensfunktionen nicht bis zum erneuten Lichtzutritt nach dem Welken des Adlerfarns im Herbst aufrechterhalten und stirbt bereits im Laufe des Sommers ab.

> Minder Schattentolerante können unter stärker Beschattenden auf Dauer nicht überleben.

In diesem einfachen Beispiel zeigt sich ein allgemein gültiges Grundmuster, dessen Beachtung bei einer Vielzahl von waldwirtschaftlichen Eingriffserwägungen von ganz wesentlicher Bedeutung ist: Eine weniger schattenertragende Pflanze kann auf Dauer nicht unter der Beschattung durch eine ihre Toleranz überfordernde Pflanze überleben. Spätestens wenn die Stoffreserven der beschatteten Pflanze aufgebraucht sind, die erforderlich wären, um die Fotosyntheseorgane, zumeist die Blätter, endgültig über denjenigen des beschattenden Konkurrenten auszubreiten, scheidet sie aus.

Allzu pessimistische Prognosen sind allerdings solange verfehlt, als es selbst ausgesprochen lichtbedürftigen Arten noch gelingen kann, erhebliche Triebverlängerungen zu bewerkstelligen. Ein Extrembeispiel sind junge Eschen, die es mit ihren stricknadeldünnen grünen Stämmen schaffen können, sich innerhalb einiger Jahre durch dichte Weißdorn- und Schlehengebüsche zu erheben, um schließlich in über 4 m Höhe mit ihrer Gipfelknospe das freie Licht zu erreichen.

Außerdem darf die Hochwüchsigkeit einer konkurrenzierenden Art nicht mit starker Beschattungswirkung gleichgesetzt werden. So lassen Gräser selbst in dichtem Stand in Anbetracht ihrer steil stehenden Blätter viel Licht durch.

> In Pflanzengemeinschaften wirkt Ausscheidungskonkurrenz mit vielfältigen Mitteln über unterschiedliche Zeiträume.

Freilich gibt es noch weitere, meist weniger augenscheinliche Wirkungsweisen, infolge derer Pflanzen sich unter Verdrängung anderer Pflanzen endgültig durchsetzen, wie zum Beispiel der Ausschluss von ausreichender Versorgung mit Wasser oder mit Nährstoffen, die Wachstumshemmung durch Ausscheidung bestimmter Stoffe (sogenannte Allelopathie), die Umschlingung und viele mehr (13).

Diese Wirkungen können gleichsam überfallartig, wie am Beispiel von Birke und Adlerfarn dargestellt, in Erscheinung treten, aber auch erst nach Ablauf eines Zeitraumes von vielen Jahren, zuweilen gar von mehr als hundert Jahren, wenn beispielsweise eine Buche unter einer Eiche emporwächst und sie zuletzt völlig überschirmt und damit ausdunkelt.

2.1.6 Waldwirtschaftliche Einflussnahme in der Etablierung

Auf die Konkurrenz zwischen den Pflanzen wird nur im Bedarfsfall und punktwirksam Einfluss genommen, um die Etablierung zielentsprechender Baumarten zu sichern. Nie geht es darum, bestimmte Arten zeitweise oder gar dauerhaft auszuschließen. Typische Eingriffsverfahren sind das teilweise oder vollständige Entfernen des Sprosses der Pflanze durch Schneiden oder Knicken, das weitgehende Entfernen der gesamten Pflanze durch Ausreißen und die Abdeckung mit Mulch oder mit natürlich abbaubaren Materialien.

Schonender Waldgebrauch erfordert unter keinen Umständen eine umfassende, flächenwirksame Beherrschung des Pflanzenwachstums. Nie geht es etwa darum, bestimmte Arten zeitweise oder gar dauerhaft auszuschließen. Im Blick ist nicht die Erreichung eines bestimmten Augenblickszustandes, sondern lediglich die Offenhaltung der Möglichkeiten für in zeitlicher Ferne liegende günstige Zustände. Unter menschlichen Nützlichkeitserwägungen sind diese im Idealfall mit dem Vorhandensein großer Bäume mit breiten astfreien Holzmänteln verbunden.

Bis diese Zustände tatsächlich eintreten, mag im freien Spiel der natürlichen Entwicklung alles geschehen, was den wünschenswerten Möglichkeiten nicht entgegensteht. Außerhalb der Klumpen und damit auf mehr als 85 % der Gesamtfläche können sich alle Arten einstellen und frei entwickeln, ohne dass in diesen Vorgang eingegriffen wird.

> Außerhalb der Klumpen ist viel Platz für das Wirken der Natur.

Die mögliche spontane Vielfalt und Abfolge der Pflanzenarten findet ihre Entsprechung in der Vielfalt der mit ihnen in Verbindung stehenden Tierarten im, auf und über dem Boden. Je vollständiger diese Lebensgemeinschaften bei geringer Störung durch menschliche Einflüsse sind, desto eher können sie natürlichen Belastungen widerstehen oder deren Folgewirkungen ausgleichen.

Auch aus diesem Grund wird nur im Bereich der Klumpen im Zuge einer sorgfältigen und fortgesetzten Beobachtung der spontanen Entwicklung bedarfsweise so Einfluss genommen, dass dies gerade eben hinreicht, um die Etablierung waldwirtschaftlich zielentsprechender Baumarten zu sichern.

Bezüglich der Baumarten kommt es im Sinne eines schonenden Gebrauchs auf die grundlegende Bereitschaft an, die Angebote der spontanen Entwicklung in einer möglichst großen Zieloffenheit anzunehmen. Dies ist allemal besser, als Zeit und Energie aufzuwenden, um zur Verwirklichung eng vorgefasster Vorstellungen von einer künftigen Baumartenzusammensetzung Korrekturen oder Ergänzungen vorzunehmen.

Für den Erfolg dieser punktwirksamen und minimalen Einflussnahme sind freilich solide Kenntnisse zur Biologie und zur Autökologie* der jeweiligen etablierungsgefährdenden Konkurrenzarten ebenso von Bedeutung, wie zu deren synökologischer* Wirkung auf die Jungbäume der jeweiligen Baumarten (57). Letztlich gibt die Beobachtung und Interpretation des Wuchsverhaltens der Konkurrenzarten den Ausschlag dafür, welche Regulierungsmaßnahmen im Wald notwendig und sinnvoll sind.

Typische Eingriffsverfahren sind das teilweise oder vollständige Entfernen des Sprosses der Pflanze durch Schneiden oder Knicken, das weitgehende Entfernen der gesamten Pflanze durch Ausreißen und die Abdeckung mit Mulch oder mit natürlich abbaubaren Materialien. Die Eingriffe werden so getätigt, dass die Störung der natürlichen Abläufe so gering wie möglich bleibt.

In den Klumpen geht es nur um Zieloffenheit zur Mehrwerterzeugung.

Dabei werden auch die positiven Wechselwirkungen zwischen Arten berücksichtigt. Zuweilen können sich Nachbarpflanzen eine körperliche Stütze bieten, übermäßige Verdunstung mindern, als Platzhalter andere Konkurrenzpflanzen körperlich zurückhalten oder Pflanzenfresser* abhalten oder ablenken.

Die Anwendung von Herbiziden* scheidet generell aus, da die Einbringung völlig naturfremder Stoffe in das Waldökosystem in grundsätzlichem Widerspruch zu dessen schonendem Gebrauch liegt. Ebenso werden keine Verfahren angewandt, die in den Mineralboden dauerhaft verändernd oder gar schädigend eingreifen.

Eingriffe in die Bodenvegetation haben nicht zum Ziel, das Wachstum bestimmter waldwirtschaftlich gewünschter Bäume frühzeitig zu fördern oder gar zu maximieren, sondern nur deren Fortbestand und weitere Entwicklungsmöglichkeit zu gewährleisten. Daher geht es auch im Klumpen durchaus nicht um die dauerhafte Beseitigung einer Konkurrenzart. Vielmehr soll ihre Wirkung bis unter die Schwelle heruntergedämpft werden, jenseits derer sie die Jungbäume endgültig verdrängen könnte.

Die Konzentration von Beobachtung, Bewertung und Einflussnahme auf immer dieselben Klumpen bietet gewissermaßen beiläufig die Vorteile einer Lernstatt, da die vergleichbaren Wirkungen von Handeln und Unterlassen auf die Entwicklung von Jungbäumen im unmittelbaren Nebeneinander an vielen Punkten und Linien und in ihrer vollen Vielfalt augenscheinlich werden.

2.1.6.1 Brombeeren

Die typische Vorgehensweise bei der situationsbezogenen und punktwirksamen Regulierung der Vegetationskonkurrenz wird im Folgenden am Beispiel der Brombeeren, einem sehr großen Schwarm nahe verwandter, miteinander hybridisierender* Arten mit weltweiter Verbreitung, näher vorgestellt.

In Mittel- und Westeuropa können Brombeerarten in einer sehr großen standörtlichen Breite mit Schwerpunkten in den planaren bis submontanen Höhenstufen* mit hoher Vitalität vorkommen. Lediglich bei anhaltendem Sauerstoffmangel, auf typischen Trockenstandorten und bei ausgeprägter Nährstoffarmut treten Brombeeren in den Hintergrund (200).

Gleichwohl ist das spontane Auftreten der Brombeeren in intakten Buchen- und Hainbuchenwäldern selbst bei sehr guter Wasser- und Nährstoffversorgung ausgesprochen diskret. Zu stark ist die Beschattungswirkung dieser Baumarten, unter deren alten Exemplaren sich der Nachwuchs oft schon eingestellt hat, bevor sich Brombeeren überhaupt breitmachen können. Brombeeren treten hier äußerstenfalls nach starken und flächenwirksamen Störungen besonders in Erscheinung.

In künstlichen Wirtschaftswäldern, die von Licht- oder Halblichtbaumarten geprägt sind, können sich unter Umständen auf großer Fläche Brombeergebüsche einstellen, die in der Folge die nachträgliche natürliche Etablierung von Baumnachwuchs über viele Jahre bis Jahrzehnte blockieren und zunächst allenfalls dem Roten oder dem Schwarzen Holunder (9) weichen müssen (66). Ausgedehnte Brombeergebüsche entwickeln sich oft auch in künstlichen Fichtenbestockungen, wenn diese durch Nassschnee oder Sturm durchbrochen werden, noch bevor Fichtensämlinge Fuß fassen können (211).

Welche Eigenschaften ermöglichen es den Brombeeren, das Aufkommen von Jungbäumen über viele Jahre zurückzuhalten oder gar zu verhindern? Zunächst besitzen sie gegenüber der Nachkommenschaft vieler Baumarten den Vorteil, schon vorzeitig präsent zu sein und unter starker Beschattung auszuharren. Ihre stets einjährigen vegetativen und zweijährigen blühenden und fruchtenden Ranken treiben aus einem Wurzelknopf aus, der viele Jahrzehnte alt werden kann und zahlreiche bis kleinfingerdicke Wurzeln aussendet.

> **Brombeeren sind Störungszeiger mit beachtlichen Behauptungs- und Blockadefähigkeiten.**

Auf Lichtzutritt reagieren Brombeeren sehr rasch mit kräftigem vegetativem Wachstum. Arten, die im Höhenwachstum mit Brombeeren nicht Schritt halten, werden durch sie ausgedunkelt, sofern sie nicht über eine besonders ausgeprägte Schattentoleranz verfügen, beziehungsweise sie können erst gar nicht neu Fuß fassen, da sie schon bald nach dem Auflaufen von der Brombeere verdämmt werden.

Vom Roten Holunder verdrängte Brombeere etwa 15 Jahre nach Zusammenbruch der Fichtenbestockung.

Außerdem können Brombeeren mit ihren mehrere Meter langen, bogigen, stachelbewehrten Klimmsprossen Jungbäume, die über sie hinauswachsen, gezielt überranken, um sie niederzuziehen. Sie selbst bewurzeln sich wieder nach Bodenkontakt sprossbürtig unter Bildung einer Tochterpflanze.

Auch die Blattunterseiten der Brombeere sind stachelbewehrt, so dass sie sich an anderen Pflanzen regelrecht anheften kann. Oft wird allein schon durch die unmittelbare körperliche Einwirkung der Brombeere ein Jungbaum nicht nur schwer deformiert, sondern regelrecht unterdrückt.

Nicht selten wird diese Wirkung zudem durch Nassschnee im Winter verstärkt, der sich auf den Brombeerblättern, die ohne Einwirkung starker Fröste die kalte Jahreszeit in grünem Zustand überdauern können, auflagert, so dass unter dem Gewicht dieser zusätzlich beschwerten Brombeeren Jungbäume niedergedrückt werden können.

All dies bedeutet nun aber keineswegs, dass die Brombeeren ein generelles Problem für die Etablierung junger Bäume darstellen. Einzelne Baumarten verfügen über ganz bestimmte Wuchseigenschaften, die es ihnen ermöglichen, mit der Brombeere zurechtzukommen. So bilden junge Tannen bei hoher Schattentoleranz und geringem Höhenwachstum einen so steifen, lotrecht wachsenden Hauptspross, dass sie von Brombeeren nicht niedergebogen werden können, sondern diese nach vielen Jahren endgültig überwachsen und schließlich sogar ausdunkeln.

Junge Eschen bilden dagegen in einer Brombeerumgebung zunächst oft überhaupt keine Äste aus. Damit bieten sie den Brombeeren keinen Ansatzpunkt zum Überranken und Niederziehen. Ohne Stammverformungen können sie dank ihres stürmischen Höhenwachstums die Brombeeren in wenigen Jahren bei weitem überwachsen.

Nach Überrankung durch die Brombeere deformierte Buche.

Junge Bergahorne bilden zwar im Brombeergebüsch überrankungsgefährdete, wenn auch meist nur kurze Äste aus, besitzen aber einen recht steifen Haupttrieb. Gelegentlich werden sie gleichwohl im unteren Halbmeterbereich ihres Stammes gebogen, können dann aber oft mit über einen Meter langen Haupttrieben den Brombeeren ganz rasch entwachsen.

Bäume setzen sich mit unterschiedlichen Mitteln durch.

Deutlich deformierungsgefährdeter sind dagegen viele andere in der Jugend raschwüchsige Baumarten, wie Vogelkirsche, Birke, Feldahorn oder Hainbuche, deren Haupttriebe viel dünner und damit biegsamer sind. Gleiches gilt für die zumal etwas weniger rasch hochwachsende Stieleiche und gar für die Traubeneiche.

Die Buche hat trotz ihres langsamen Jugendwachstums aufgrund ihres hohen Schattenerträgnisses beste Aussichten, sich in Brombeeren erfolgreich zu etablieren, muss sich dabei allerdings oft so sehr verbiegen lassen, dass sie waldwirtschaftlich jede Aussicht auf die Erzeugung wertvollen Holzes einbüßt. Wohl entstünde ein Buchenwald. Dieser wäre aber nicht zur Mehrwerterzeugung tauglich.

Es kommt also darauf an, genau hinzuschauen, um allein im Bedarfsfall gezielt und wirkungsvoll einzugreifen, im Übrigen aber von den waldwirtschaftlich vorteilhaften ökologischen Eigenschaften der Brombeeren zu profitieren. Diese beziehen sich unter anderem auf ihre Eigenschaft einer umfangreichen und oft bevorzugten Nahrungsquelle vieler Arten, so auch der Kurzschwanzmäuse und des Rehes, mit der Folge, dass junge Waldbäume weniger stark konsumiert werden.

Brombeergebüsche haben einige waldwirtschaftlich vorteilhafte Wirkungen.

Weiterhin stellt sich unter Brombeergebüschen ein auffallend günstiger Zustand des Oberbodens ein, von dem zahlreiche Bodenorganismen profitieren. Aus all diesen Gründen und aus grundsätzlichen ökologischen Erwägungen, kann überhaupt kein Interesse daran bestehen, die Brombeeren über das zur Zweckerreichung unbedingt erforderliche Maß hinaus zurückzunehmen oder gar ganz zu verdrängen.

Zur Minderung übermäßiger Brombeerkonkurrenz, die in bestimmten Waldbereichen die Etablierung von Jungbäumen ansonsten über viele Jahre blockieren würde, sind besonders zwei Verfahren sehr wirkungsvoll. Zum einen bewirkt das bodenebene Abschneiden aller oberirdischen, stets ein- und zweijährigen Ranken in der Zeit zwischen Ende Juli und Mitte August eine starke Schwächung der Brombeeren. Diese können den Verlust ihres oberirdischen Vegetationskörpers in der verbleibenden Vegetationszeit durch den dann nur noch schwachen Wiederaustrieb kaum kompensieren. Zugleich ist in diesem hochsommerlichen Zeitabschnitt erst eine so geringe Assimilatmenge* in den Wurzeln gespeichert, dass der Austrieb im folgenden Frühjahr vergleichsweise schwach bleibt.

Wirkungsvolle Dämpfung durch Abschneiden im Hochsommer oder durch Ausreißen.

Vor allem aber besteht die Möglichkeit, die Brombeeren vorzugsweise im Spätwinter bei hoher Bodenfeuchtigkeit komplett auszureißen. Dabei ist es wichtig, dass der Wurzelknopf als ältester und strategisch bedeutungsvollster Teil der Pflanze in jedem Fall entfernt wird. Günstig ist es hierzu, in Zweipersonenarbeit tätig zu werden, wobei eine Person mit einem Spaten den Brombeerstock untersticht und eine zweite Person die Brombeere auszieht.

Beide Verfahren, das bodenebene Abschneiden und das Ausreißen, bieten bei sorgfältiger und vollständiger Bearbeitung im Klumpen eine hinreichende Gewähr, dort über mehrere Vegetationsperioden den Jungbäumen eine von Brombeerkonkurrenz kaum beeinflusste Etablierung zu ermöglichen.

Immerhin sollte dann in den Folgejahren begutachtet werden, ob eine sich einstellende Ersatzvegetation aus Gräsern oder Disteln gedämpft werden muss, und ob von der Seite einrankende Brombeeren zurückzunehmen sind.

2.1.6.2 Große Pflanzenfresser

In jedem Fall ist in Mittel- und Westeuropa der Einfluss der großen Pflanzenfresser, die seit über hundert Jahren jeglicher Regulierung ihrer Populationen durch Beutegreifer entbehren (69, 98), ein Faktor, der, jenseits des menschlichen Handelns mit seinen Verfälschungen der natürlichen Lebensbedingungen, von erheblicher Störwirkung auf die aufbauenden Entwicklungen im Waldökosystem ist (157).

Dämpfung der Wirkungen großer Pflanzenfresser

Die Erfahrung vieler Jahrzehnte zeigt, dass es dem Menschen, der diese Beutegreifer gezielt ausgerottet hat, in den Maßstäben der Lebensdauer von Bäumen bisher wohl nirgends gelungen ist, eine einigermaßen kompensatorische Regulation der Pflanzenfresserpopulationen zu bewerkstelligen.

Eher konnte, zuletzt in zunehmendem Maße und auf immer größerer Fläche, das Gegenteil festgestellt werden. Durch eine künstliche Verbesserung der Lebensverhältnisse für große Pflanzenfresser werden fortwährend ökosystemfremde Störungen in den Wald getragen. Beispielhaft seien massiver Futtereintrag und Schaffung offener Nahrungsflächen mit zum Teil waldfremden Futterpflanzen unter Anwendung von Methoden genannt, die zuweilen in die Nähe einer extensiven Viehwirtschaft rücken.

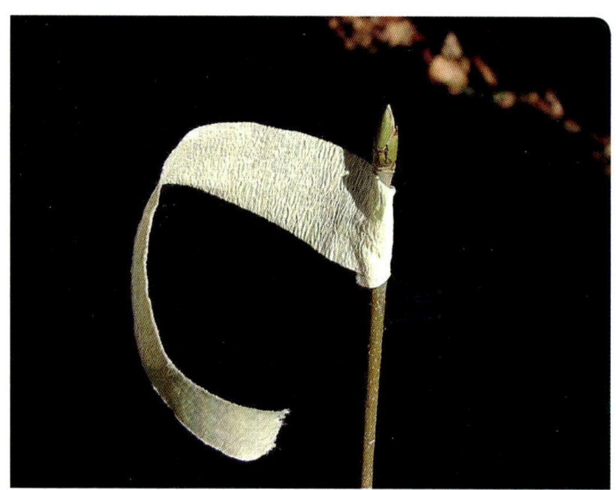

Kreppband-Wickel zum Schutz der Bergahorn-Endknospe vor Rehverbiss.

Zusätzlich wurden in einigen Regionen außerdem gebietsfremde große Pflanzenfresser ausgewildert, so vor allem Damhirsche, Sikahirsche und Muffel, die natürlich ebenfalls keiner Regulierung durch Beutegreifer unterliegen. Vermutlich gehen von den heimischen und gebietsfremden großen Pflanzenfressern heute derart bedeutungsvolle Störwirkungen auf die ökosystemaren Abläufe aus, dass sich allein von daher keine tatsächlich authentischen Lebensgemeinschaften entwickeln können.

Hierzu wäre es mindestens erforderlich, die gebietsfremden großen Pflanzenfresser vollständig zurückzunehmen und die Populationen des Rothirsches auf ein sehr niedriges Niveau zu reduzieren. Letzteres ist aufgrund der Lebensweise dieser Art durchaus möglich.

Große Pflanzenfresser ohne wirkungsvolle Beutegreifer außer Balance

Im Falle des Rehes dürfte dies kaum erreichbar sein. Hier besteht allerdings die Möglichkeit, durch die Wiedereinbürgerung des Luchses, dessen natürliche Hauptbeute das Reh ist, ökosystemar ausgewogenen Verhältnissen wenigstens etwas näher zu kommen (112, 122). Dies ist in einigen waldreichen Gebieten Mittel- und Westeuropas bereits im Gange. Eine größere aktive Wiederverbreitung des Luchses erscheint auch insofern ohne Weiteres praktikabel, als vom Luchs keinerlei Gefahren für den Menschen ausgehen.

Schutzmaßnahmen gegen große Pflanzenfresser

Bis dahin und dort, wo Jungbäume verbissgefährdeter Baumarten unbeeinträchtigt bleiben sollen, ist es waldwirtschaftlich häufig unvermeidlich, Maßnahmen zu ergreifen, um diese vor übermäßigem Verbiss durch große Pflanzenfresser zu schützen. Auch dies erfolgt zielgerichtet und punktwirksam in Klumpen.

Die einfachste, kostengünstigste und gegen Verbiss durch das Reh hinreichend sichere Methode besteht im wiederholten Schutz der Endknospe von Jungbäumen aus natürlicher Verjüngung bis zum Zeitpunkt, an dem eine Pflanzenhöhe von etwa 1,2 m überschritten ist. Dieser Knospenschutz kann durch Umwickeln mit ungewaschener Schafwolle, durch Aufbringen die Pflanzenfresser abstoßender Substanzen oder durch Unterwickeln mit Malerkreppband erfolgen. Da Frühwinterverbiss im Allgemeinen keine entscheidende Bedeutung hat, steht für die Anbringung von Endknospenschutz nach Abschluss des Blattfalls die Zeit bis etwa Jahresende zur Verfügung.

Das in der Regel mehrmalige Wiederholen der Schutzmaßnahme bietet eine günstige Gelegenheit, beiläufig Informationen zum Höhenwachstum der Jungbäume unter den jeweiligen Lichtverhältnissen zu erlangen, da Reste des vorjährigen Schutzes fast immer vorhanden sind. Außerdem bleibt in dieser kritischen Entwicklungsphase die Situation der Vegetationskonkurrenz genau im Blick.

Wiederholter Endknospenschutz entfaltet daher Lernwirkung. Nebenbei erleichtert dieser Schutz durch seine Markierungswirkung auch das Erkennen der einzelnen Jungbäume bei der Regulierung der Vegetationskonkurrenz und hilft so, ihre unbeabsichtigte Beschädigung zu vermeiden.

Der Zeitbedarf für viermaligen Endknospenschutz an 20 Pflanzen pro Klumpen beläuft sich insgesamt meist auf kaum eine halbe Stunde, wobei die Materialkosten allenfalls bei Verwendung mehrfach benutzbarer Kunststoffkappen oder -manschetten mit Schutzstäbchen bis zu 15 % der Gesamtkosten erreichen.

Rehverbiss kann durch klumpenweisen Endknospenschutz oft unaufwändig begegnet werden.

Freilich bewahren diese Schutzmaßnahmen den Baumnachwuchs nur vor Verbiss im Winter. Nach dem Austrieb im Frühjahr ist der neue Trieb, soweit keine Schutzstäbchen wirken, ungeschützt. Kommt es dann zu Verbiss, so stellt dies für den betroffenen Baum in jedem Fall einen mehr oder weniger ernsten Nachteil in einer konkurrenzierenden Umgebung dar.

Meist kann der Jungbaum immerhin mit Ersatztriebbildung reagieren, wenn er im Übrigen vital ist und über hinreichende Stoffreserven verfügt. Die Gefahr bleibender Wuchsdeformation ist bei den meisten Baumarten eher gering.

Kritisch ist Sommerverbiss aber bei gepflanzten Jungbäumen in ihrer ersten Vegetationsperiode. Die Wurzelverfassung solcher Bäume ist nach ihrer Verpflanzung oft so prekär, und die verbleibende Blattmasse oft so gering, dass diese in der Folge nicht mehr dazu in der Lage sind, eine positive Stoffbilanz aufzubauen.

Auf diese Weise bedingte Totalausfälle fanden wir beispielsweise bei im Spätherbst sorgfältig gepflanzten Traubeneichen, die nach wirkungsvollem Knospenschutz im Frühjahr kräftig austrieben, dann aber in der Vegetationszeit massiv verbissen wurden. Demgegenüber gelangen Pflanzungen 40–60 cm hoher Bergahorn-Wildlinge nach Endknospenschutz durchweg gut. Ihr umstellungsbedingt kurzer Trieb in der ersten Vegetationsperiode wurde kaum je verbissen. Im zweiten Jahr wurde der nunmehr kräftige Austrieb dagegen im Frühjahr regelmäßig verbissen. Die jungen Bergahorne konnten jedoch durch einen dann im selben Jahr nicht nochmal verbissenen Wiederaustrieb ihre Endknospen hochschieben und meist im dritten Jahr, nach erneuten Frühsommerverbiss und Wiederaustrieb aber spätestens im vierten Jahr nach ihrer Verpflanzung, die kritische Verbisshöhe überschreiten.

Wo Endknospenschutz versagt, kommt als äußerstes Mittel zur Verhütung von Verbiss durch große Pflanzenfresser das Anbringen von Netzgeflechtshüllen in Betracht. Bei ausschließlichem Vorkommen von Rehen sind 1,2 m hohe Hüllen ausreichend. Diese werden von einem Stab aus Holz oder Bambus gehalten. Wirkungsvoller Schutz gegen Rothirsche kann nur durch 1,8 m hohe Hüllen, die von zwei Stäben gehalten werden, erreicht werden.

Äußerstenfalls hilft Schutz durch Netzgeflechte.

Schutz durch Netzgeflechtshüllen ist organisations-, arbeits- und kostenaufwändig. Für den Ankauf der Hüllen, der Haltestäbe und der Befestigungsmittel, sodann für die Ausbringung, die Instandhaltung, die Einholung und die Wiederaufbereitung der Hüllen, ist für 20 Pflanzen pro Klumpen insgesamt ein Zeitaufwand von 30–60 Minuten pro Klumpen und ein Materialkostenanteil von etwa zwei Dritteln zu veranschlagen.

Immerhin schützen Netzgeflechte zugleich auch gegen Fege- und Schlagschäden. Sie erleichtern durch ihre Markierungswirkung das Erkennen der Jungbäume im Falle von Maßnahmen zur Regulierung der Vegetationskonkurrenz und halten dabei Beschädigungen von den Jungbäumen zuverlässig ab.

Eine anscheinend höchst einfache und wirkungsvolle Lösung für die Ausschaltung übermäßigen Verbisses von Jungbäumen wird vielfach und weit verbreitet in der Zäunung gesehen und praktiziert. Diese Lösung besteht in einer vollständigen, flächenwirksamen Trennung aller Pflanzen eines gezäunten Bereiches von bestimmten pflanzenfressenden Säugern durch Einrichtungen, die auf die Größe und das Verhalten dieser Tiere abgestimmt sind.

Klassisch wurde dies durch die Aufstellung von Holzhorden bewerkstelligt, die seit etwa zwei Jahrzehnten in diesem Handlungsfeld eine Renaissance erfahren. Seit mehr als einem halben Jahrhundert beruht die Zäunung allerdings weit überwiegend auf der Verwendung von Metallgeflechten, die in einer Vielzahl von Ausführungen und Verfahren installiert werden. Dagegen haben bisher weder Geflechte aus Kunststoffen noch aus Naturfasern zum sogenannten Flächenschutz im Wald eine nennenswerte Bedeutung erlangt.

Allen Verfahren ist gemein, dass sie einen sehr hohen Aufwand für die Aufstellung, die Überwachung, die Instandsetzung und den Abbau der Zäune erfordern. Unter erheblichem Stoff- und Energieeinsatz werden massive waldwirtschaftliche Wirkungen zur Erreichung des Generationenwechsels auf abgegrenzte, verhältnismäßig geringe Flächenanteile im Wald gerichtet.

Dabei können freilich aus wirtschaftlichen Gründen bestimmte Einzelflächengrößen nicht unterschritten werden, da sonst, zumal in Verbindung mit ungünstigen Flächenformen, der Aufwand, bezogen auf die erzielte Schutzwirkung extrem hoch wird.

Andererseits können gewisse Einzelflächengrößen aber auch nicht überschritten werden, weil der Wirkungserfolg dann zu unsicher wird. Die Obergrenze beträgt für Rehe und Hirsche etwa ein Hektar.

Der Gesamtzeitaufwand einer wirkungsvollen Zäunung bewegt sich heute je nach Zielarten und örtlichen Verhältnissen meist zwischen 20 und 30 Minuten pro Meter Zaunlänge. Dieser Aufwand umfasst die Vorbereitung der Zauntrasse und den Aufbau des Zaunes, die laufenden Kontrollen und Instandsetzungen während der Standzeit und schließlich den Abbau. Dabei ist von einem Materialkostenanteil von etwa 25 % der Gesamtkosten auszugehen. Damit erfordert die Zäunung regelmäßig mehr als das Doppelte des Aufwands, der für den auf die Bereiche der Klumpen beschränkten Einzelschutz durch Netzgeflechtshüllen benötigt wird.

An dieser Stelle muss außerdem festgestellt werden, dass die in der Praxis weit verbreitete Befahrung der Zauntrassen mit Schleppern zum Freiräumen, zum Transport von Geflecht bzw. von Horden und Pfosten und zum Spannen des Geflechtes unter dem Gesichtspunkt des Bodenschutzes völlig inakzeptabel ist.

Zäunung ist in der naturnahen Waldwirtschaft keine geeignete Lösung.

Mit dem jahrelangen Ausschluss großer Pflanzenfresser von ganzen Flächenbereichen werden im Zaun auch keine Pflanzen gefressen, die, wie zum Beispiel die Brombeeren, als ernsthafte Konkurrenten von Jungbäumen deren Etablierung be- oder verhindern können. In diesen Fällen hat die Zäunung nicht selten einen erhöhten Aufwand für die punktwirksame Minderung dieses Konkurrenzdruckes zur Folge. Gleichzeitig erhöht sich der Verbissdruck auf der nicht gezäunten Restfläche.

Andererseits wurde nachgewiesen, dass der durch den völligen Verbissausschluss der großen Pflanzenfresser bedingte Einfluss auf die Vegetationsentwicklung eine selektive Erhöhung des Fraßes von Eicheln und Bucheckern durch Kleinsäuger zur Folge haben kann (174). In der Wechselwirkung von Mäusen, Rehen und Brombeeren zeigte sich auch in einer anderen Versuchsanstellung der Zaun keineswegs als selbstverständlich empfehlenswert zur Etablierung der Stieleiche (199).

Die Zäunung setzt voraus, dass der Generationenwechsel an bestimmte Flächen, zumal in ausreichenden Größen und günstigen Formen, sowie an einen engen Zeitrahmen gebunden wird. Dies steht in grundsätzlichem Widerspruch zu einer naturnahen Waldbewirtschaftung, die sich in die natürliche Dynamik eines vielfältigen Mosaiks vertikaler und horizontaler Waldstrukturen einzufügen sucht.

Wo die Populationen großer Pflanzenfresser dermaßen hoch sind, dass sie den großflächigen und vollständigen Ausfall besonders gerne verbissener Pflanzenarten herbeiführen, fehlt es an den ökologischen Grundvoraussetzungen der Naturnähe. Insofern ist dort auch keine auf schonendem Gebrauch beruhende naturnahe Waldwirtschaft möglich. Die Zäunung ist keinesfalls geeignet, hierfür die Voraussetzungen zu erzwingen, da sie lediglich mittels einer flächigen Trennung ein Extrem an die Stelle des anderen Extrems setzt.

Es bleibt vielmehr festzuhalten, dass es den Voraussetzungen für eine naturnahe Waldwirtschaft zuzurechnen ist, dass sich unter sonst passenden waldökologischen Ausgangsbedingungen ein Generationenwechsel spontan vollziehen kann. Dies muss auch auf kleiner Fläche jederzeit, überall und unter Wahrung der vollen standorttypischen Artenvielfalt möglich sein. Allenfalls können punktwirksame Schutzmaßnahmen akzeptiert werden.

2.1.6.3 Efeu

Bevor jedoch überhaupt Schutzmaßnahmen ergriffen werden, empfiehlt sich ein genauer Blick auf die Pflanzenwelt im betreffenden Waldbereich. Es gibt nämlich Arten, die vom konzentratselektierenden Reh (188) so bevorzugt aufgenommen werden, dass die Jungbäume der meisten Baumarten seiner Äsungshöhe von höchstens etwa 1,2 m unbeschadet entwachsen.

Eine Gruppe dieser vom Reh besonders geschätzten Nahrungspflanzen, die Brombeeren, wurde bereits näher behandelt. Von einer weiteren bevorzugt verbissenen Pflanze, dem Waldgeißblatt, wird noch in einem späteren Abschnitt die Rede sein. Eine herausragende Bedeutung hat aber überall, wo er für das Reh erreichbar ist, der Efeu.

Efeu ist eine besonders bevorzugte Fraßpflanze des Rehs.

Was den Hausbesitzenden, die ihr Anwesen in ruhiger Ortsrandlage mit einer Efeuhecke eingefriedet haben, ein Graus ist, erleichtert den Waldbesitzenden in Waldbereichen, die von einer Efeudecke überzogen sind, die naturnahe Bewirtschaftung. Der bevorzugte Verbiss des Efeus vermindert den Verbissdruck auf andere Arten, unter anderem auch auf den Baumnachwuchs.

Der ausgesprochen schattenertragende Efeu kommt in Mittel- und Westeuropa weit verbreitet in Wäldern vor (114), die auf Standorten mit günstiger Wasserversorgung wachsen. Je weiter man nach Westen kommt und sich damit dem Atlantik näher, desto vitaler findet man diese wintergrüne Art, desto anspruchsloser ist sie hinsichtlich der Bodenreaktion* (153) und desto stärker ist ihre Neigung ausgeprägt, sich mittels ihrer sprossbürtigen Kletterwurzeln an Baumstämme zu heften und so bis in über 20 m Höhe aufzusteigen.

Kletternder Efeu kann mehrere hundert Jahre alt werden und dabei Stammdurchmesser von über 20 cm haben. Wenn er seine volle Vitalität erreicht hat, bildet er in mehreren Metern Höhe fruchtende, nicht kletternde Seitentriebe mit lanzettlichen Blättern aus.

Es ist bedauerlich, dass in fehlgehender Vermutung, für den Trägerbaum sei kletternder Efeu nachteilig, dessen Stämmchen abgesägt oder auf andere Art durchtrennt werden. Dadurch wird ein einzigartiger Lebensraum, der für eine ganze Reihe von Arten von großer Bedeutung ist, sinnlos zerstört. Eine umfassende Darstellung des Wissenstandes liefert hier ein Namensvetter eines der Autoren (205).

Efeu blüht im Herbst und erzeugt zu diesem späten Zeitpunkt reichlich Nektar für Insekten, er bietet Vögeln eine wertvolle Winternahrung und vielen Tieren Witterungsschutz, Nistmöglichkeit und Unterschlupf.

Efeu ist von herausragender Bedeutung im Waldökosystem.

Efeu als Baum im Baum.

Der Efeu lässt Blätter vor allem im späten Frühjahr fallen und liefert dem Boden Nährstoffe, wenn hoher Bedarf besteht. Die Baumstämme, aber auch die Kronenäste, werden vor Temperaturextremen und Hagelschlag durch den Efeumantel geschützt.

Dagegen beschränkt sich die Belaubung des Efeus fast immer auf den laubfreien Kronenkern der Trägerbäume, jedenfalls solange diese voll vital sind und nicht etwa unter Kronenverlichtung im Wuchs stocken, so dass ihnen durch Efeubesatz keine Konkurrenz um das Licht entsteht (74). Besonders augenfällig wird dies an winterkahlen Laubbäumen, in denen der Efeu gewissermaßen als Baum im Baum in Erscheinung tritt.

2.1.7 Schlagpflege zur Nachsorge

Bäume sollten in der Regel erst geerntet werden, wenn Nachwuchs in ausreichender Zahl und Verteilung vorhanden ist. Bei der Ernte muss auf die Bäume der nächsten Generation sorgfältig Rücksicht genommen werden. Die nachsorgende Schlagpflege wird punktwirksam ausgeführt. Sie darf keinesfalls vernachlässigt werden.

Die zeitlich und räumlich ineinandergreifende Generationenfolge von Bäumen ist ein wichtiges Merkmal der natürlichen Dynamik im mosaikartigen Gefüge mittel- und westeuropäischer Wälder. Zum Zeitpunkt des Abganges alter Bäume überschirmen oft bereits Jungbäume in mehr oder weniger fortgeschrittener Differenzierung nach Höhe, Wuchsdichte und Artenzusammensetzung den Waldboden.

Den Regelfall bilden allmähliche und kleinflächig wirksame Erhöhungen des Lichtzutrittes. Diese begünstigen die spontane Verjüngung und Etablierung schattenertragender Baumarten unter dem diffusen Licht des verbliebenen Schirms. Eher den Ausnahmefall stellen abrupte und viele Are betreffende Freilagen dar, die günstige Entwicklungsbedingungen für lichtbedürftige Baumarten mit raschem Jugendwachstum schaffen.

Andererseits können größere Freilagen aber auch je nach den standörtlichen Ausgangsbedingungen Gräsern, Kräutern, Stauden und Sträuchern so günstige Lebens- und Wachstumsverhältnisse eröffnen, dass diese unter Umständen die Waldentwicklung verzögern, äußerstenfalls sogar über viele Jahre oder Jahrzehnte zurückhalten können.

Den Baumnachwuchs schonende Ernte: Regelfall der naturnahen Waldwirtschaft.

Dem Regelfall folgend besteht ein wichtiger Grundsatz naturnaher Waldbewirtschaftung darin, dass Bäume immer erst dann gezielt geerntet werden, wenn sie sich bereits verjüngt haben. Außerdem ist dafür Sorge zu tragen, dass diese Ernte und überhaupt alle gestaltenden Eingriffe über vorhandenen Jungbäumen so getätigt werden, dass für den Fortbestand wuchskräftiger und gleichzeitig qualitativ guter Nachwuchsexemplare in zureichender Zahl und Verteilung gesorgt ist. Nur ganz ausnahmsweise werden durch den Ernteeingriff selbst die ökologischen Voraussetzungen dafür eröffnet, dass sich Jungbäume erfolgreich neu ansamen können.

Aus dem waldwirtschaftlichen Gebot der vorausgehenden Verjüngung folgert mit Blick auf den Nachwuchs die Notwendigkeit einer hinreichenden Sorgfalt bei der Erntegestaltung von Bäumen. Wichtige Elemente hierbei sind die Beschränkung der Ernte auf die belaubungsfreie Zeit, die sorgfältige Wahl, Einhaltung und gegebenenfalls gezielte Unterstützung der Fällrichtung in nicht oder weniger schadengeneigte Bereiche, bei Bedarf sogar die Stehendentkronung* bestimmter Bäume.

In diesem Zusammenhang ist es wichtig, dass möglichst bereits vor der Auszeichnung* der zu erntenden Bäume, spätestens aber bei Gelegenheit der Auszeichnung, die zu schonenden Klumpenbereiche deutlich sichtbar markiert werden. In bis zu hüfthohem Nachwuchs geschieht dies mittels farblich markierter Pfähle, danach durch Anbringung eines über 50 cm langen Papierbandes an einem besonders hohen Jungbaum, der näherungsweise den Mittelpunkt dieses ideellen Klumpens bezeichnet.

Schonende Ernte über Baumnachwuchs erfordert gute Organisation und klare Orientierung.

In stark geneigtem Gelände ist es vorteilhaft, die Klumpenbereiche innerhalb möglichst schmaler Streifen in der Richtung des größten Gefälles festzulegen, um vermeidbaren Schwierigkeiten bei der Holzbringung vorzubeugen. Deutlich bezeichnete Klumpen bieten den handelnden Personen die entscheidende Orientierung, die es ihnen ermöglicht, bei der Fällung und der Bringung diese Bereiche zu schonen. Da ja nur ein Anteil von stets unter 15 % der

Die Folgen unterlassener Schlagpflege wachsen sich nicht aus.

Folgen unterlassener Schlagpflege.

Gesamtfläche von den Klumpen eingenommen wird, bleibt reichlich Platz für eine schadenarme Fällung.

Außerdem besteht oft die Möglichkeit, die Kronen schadlos auf den Rückegassen* niedergehen zu lassen. Bei klar erkennbaren Verlauf der Rückegassen, die gegebenenfalls vor Hiebsbeginn freigemulcht wurden, kann in Verbindung mit der Markierung der Klumpenbereiche die Markierung der Fällrichtung am stehenden Baum auch unter sonst schwierigen Ausgangsbedingungen nahezu entbehrlich werden.

Gleichwohl muss selbst bei Anwendung bester Sorgfalt damit gerechnet werden, dass ein gewisser Teil der markierten Klumpenbereiche von der Krone eines gefällten Baumes in Mitleidenschaft gezogen wird. Junge Bäume werden dort von Kronenästen niedergedrückt, möglicherweise sogar von Rindenschäden oder Bruch des Stämmchens betroffen. Im Klumpenbereich drohen dann Jungbäume zurückzubleiben, die in Ermangelung einer geeigneten Nachsorge die qualitativen Mindestvoraussetzungen einer weiteren Wertentwicklung nicht mehr erfüllen könnten.

In diesen Fällen ist zunächst zu prüfen, ob im unmittelbaren Umfeld des in Mitleidenschaft gezogenen Klumpens ein nicht betroffener Bereich identifiziert werden kann, der in genügendem Abstand zum nächstgelegenen Klumpen hinreichend geeigneten, unbeschädigten Nachwuchs bietet.

Ansonsten ist es jedoch unbedingt erforderlich, entweder die Krone aus dem betreffenden Klumpenbereich herauszuziehen oder aber sie an Ort und Stelle zu zerkleinern. Der entscheidende Schritt der dann folgenden eigentlichen Schlagpflege besteht darin, innerhalb des Klumpenbereichs die niedergedrückten oder gebogenen Jungbäume rechtzeitig wieder aufzurichten und die gebrochenen beziehungsweise anderweitig erheblich geschädigten Exemplare auf den Stock zu setzen. Nur in ganz seltenen Fällen ist die ersatzweise Pflanzung für qualitativ unrettbare Jungbäume veranlasst.
Wichtig ist, dass die Schlagpflege noch vor Beginn der Vegetationszeit abgeschlossen ist. Niedergedrückte und gebogene Bäume stellen sich nämlich mit dem Beginn ihres Triebwachstums auf die neue Situation ein, indem sie den gekrümmten Haupttrieb lotrecht fortführen oder aber indem sie einen oder mehrere sekundäre Triebe auf dem nahezu waagerechten Haupttrieb ausbilden. Die Fehlformigkeit der Stammachse ist bei einer verspäteten Schlagpflege dann nicht mehr korrigierbar.

Gebrochene Bäumchen reagieren mit der Bildung von Ersatztrieben, die häufig zu qualitativ unbefriedigenden Stammformen führen, während sie, vor Beginn der Vegetationszeit auf den Stock gesetzt, die Stoffreserven in ihren Wurzeln zu lotrechten Neutrieben nutzen, die allenfalls zu einem späteren Zeitpunkt vereinzelt werden müssen.

Zeit- und sachgerecht durchgeführt, bleibt die Schlagpflege in diesem Sinne immer auf einen Bruchteil der ohnehin schon sehr geringen Klumpenanteilfläche beschränkt. Ist die Waldwirtschaft auf Erzeugung von Mehrwert in schonendem Waldgebrauch* ausgerichtet, so kann nach Erntemaßnahmen auf ein Mindestmaß an Schlagpflege nicht verzichtet werden.

2.2 Qualifizierung: Optionen

Wenn die Jungbäume sich etabliert haben, steigert sich ihre vegetative Entwicklung. Sie stehen nun in engem Kontakt zueinander und konkurrieren um Lebensgrundlagen, vor allem um das Licht. Die Bäume maximieren ihr Höhenwachstum. In der drangvollen Enge schreitet das Absterben ihrer unteren Äste voran. Zurückbleibende Bäume scheiden aus. Schon früh zeichnen sich Supervitale ab. Grundbedingung der Wertholzerzeugung ist ein grünastfreier Stammbereich. Waldwirtschaftlich kommt es darauf an, Optionen für die spätere Auswahl von Auslesebäumen zu wahren ooder zu erreichen. Knicken und Ringeln sind hierzu die wichtigsten Maßnahmen, um bei Bedarf einzugreifen, ohne den natürlichen Differenzierungsablauf zu beeinträchtigen.

2.2.1 Höhenwachstum in stürmischem Aufschwung

Nachdem sich Jungbäume in der Konkurrenz zu Bodenpflanzen und Sträuchern endgültig durchgesetzt haben, steht ihrem Eintritt in einen Lebensabschnitt, in dem ihr Höhenwachstum einen stürmischen Aufschwung nimmt, zunächst meist nichts mehr im Wege. Für lichtbedürftige Baumarten gilt dies jedenfalls dann, wenn ihre Gipfelknospe von der Sonne beschienen wird. Für schattentolerante Baumarten ist selbst dies keine Voraussetzung, ja im Hinblick auf ihre weitere qualitative Entwicklung womöglich sogar unvorteilhaft (195).

Aus waldwirtschaftlicher Sicht ist nunmehr von Bedeutung, wie viel Platz die Jungbäume zur Seite hin haben. Im günstigsten Fall wachsen sie in dichter Berührung zu Nachbarbäumen, im ungünstigen Fall dagegen viele Meter von den nächststehenden Nachbarn entfernt.

Enger Kontakt zwischen aufstrebenden Jungbäumen und damit harte Konkurrenz um die Lebensgrundlagen Wasser und Nährstoffe im

Boden und um Licht über dem Boden bieten die besten Voraussetzungen für die Vitalitätsauswahl aus der natürlichen Dynamik heraus, für die Differenzierung und für die Strukturierung im jungen Wald (4). Verstärkt wird die Differenzierung, wenn die genetische Vielfalt hoch ist, Altersunterschiede bestehen, die standörtlichen Bedingungen kleinflächig variieren und wenn unterschiedliche Überschirmungsverhältnisse vorliegen (118).

Dichtstand begünstigt natürliche Vitalitätsauslese und rasch voranschreitendes Aststerben.

Vor allem aber ist früher Dichtstand eine entscheidende Voraussetzung für ein rasch voranschreitendes Absterben der unteren Äste, die zu diesem Zeitpunkt noch einen geringen Astdurchmesser haben. Dieser spontane Vorgang sorgt für die Grundlage zur Erzeugung höchsten Mehrwertes in Gestalt eines breiten astfreien Holzmantels.

In diesem Sinne qualifizieren sich Bäume, die später gezielt zur Erzeugung von Wertholz gebraucht werden, in dieser Entwicklungsphase in zweierlei Hinsicht, nämlich durch ihre überlegene Behauptung in der Konkurrenz und durch die Ausbildung des unteren astfreien Stammabschnittes. Deswegen wird diese Phase als Qualifizierungsphase bezeichnet.

Zur erfolgreichen Qualifizierung eines Jungbaumes müssen allerdings eine Reihe von Bedingungen erfüllt sein oder durch gezielte Einflussnahmen herbeigeführt werden, die im Folgenden näher beleuchtet werden.

2.2.2 Aststerben als Qualifizierungsvoraussetzung

Der Schlüssel zur spontanen Entstehung eines grünastfreien unteren Stammbereiches liegt in der ausreichenden Beschattungswirkung der Nachbarbäume. Aststerben tritt nur dann auf, wenn Seitenkontakt zum Vertreter einer mindestens gleich stark oder auch stärker beschattenden Baumart besteht. Die Schattentoleranzverhältnisse zwischen zwei Baumarten sind, unabhängig von den standörtlichen und ökologischen Bedingungen, bemerkenswert konstant.

Ein grundlegender, allgemein gültiger Sachverhalt, der für die waldwirtschaftlichen Beeinflussungsmöglichkeiten in vielen Situationen, vor allem aber in der Qualifizierungsphase von großer Bedeutung ist, besteht darin, dass im Konkurrenzgeschehen zwischen Bäumen Aststerben immer nur dann auftritt, wenn Seitenkontakt zum Vertreter einer mindestens gleich stark oder auch stärker beschattenden Baumart besteht.

Aststerben nur im Kontakt mit mindestens gleich stark beschattenden Nachbarn.

Es erstaunt, dass dieser äußerst bedeutungsvolle Wirkungstatbestand nicht allein beim praktischen Handeln im Wald, sondern selbst in der Formulierung waldwirtschaftlicher Konzepte häufig übersehen oder gar missachtet wird. Dabei ist er so banal, dass seine Berücksichtigung und Anwendung in der Praxis nicht einmal des Erlernens der diesbezüglichen autoökologischen Eigenschaften unserer Baumarten bedarf. Man muss einfach nur hinschauen.

Dort, wo hierzu nämlich in konkreten Kontaktbereichen zwischen zwei Bäumen aus bestimmten waldwirtschaftlichen Gründen heraus zur jeweiligen Schattentoleranz Klarheit bestehen muss, kann die Wirkungsrichtung durch unmittelbare Beobachtung stets eindeutig erkannt werden. Der Baum, welcher in geringerer Höhe Blattgrün aufweist, bewirkt als der Schattentolerantere das Absterben aller Triebe des weniger schattenertragenden Nachbarbaumes, die er mit seinen Blättern überdeckt.

Soweit der weniger lichtbedürftige Baum nicht rein körperlich daran gehindert ist, vermag er also in den Wuchsraum des Nachbarbaumes einzudringen und diesen Bereich mindestens teilweise zu besetzen. Gelingt es ihm, die jüngsten und damit höchst angesetzten Zweige zu überdecken, so übernimmt er diesen Teil des Wuchsraumes vollständig (206).

Im äußersten Fall gelingt es Bäumen sehr stark beschattender Arten sogar, die Gipfelknospe der Nachbarbäume minder schattenertragender Baumarten zu überdecken und diese zu überwachsen, um sie damit zum Absterben zu bringen. In der Walddynamik vieler Wälder Mittel- und Westeuropas spielt dieser Ablauf auf sehr großen Flächen, die von der Buche bestimmt werden, eine bedeutende Rolle.

So kann es zum Auftreten nahezu reiner Buchenwälder jedenfalls dort kommen, wo Stechpalme und Eibe fehlen und größere Störungen* über längere Zeiträume ausgeblieben sind.

Ausscheiden nach Überdeckung der Gipfelknospe durch den stärker beschattenden Nachbarn.

Umgekehrt können minder beschattende Baumarten, die in ihrem Höhenwuchs dauerhaft überlegen sind, die Bäume schattentoleranter Arten nicht aus Waldlebensgemeinschaften verdrängen. Dies gilt beispielsweise im Verhältnis der Eichen zur Hainbuche oder auch zu Ahornen, Linden und zur Elsbeere. Immerhin kann die beschattende Art, hier die Eiche, durch teilweisen Lichtentzug die Samenbildung der überschirmten Art mindern.

Es bleibt festzuhalten, dass das natürliche Aststerben als ein fundamentaler Ablauf in der spontanen Qualifizierung junger Bäume zwingend des Seitendruckes durch mindestens gleich stark beschattende Nachbarn bedarf. Durch Schirmdruck kommt es niemals zu Aststerben. Schirmdruck überfordert die Schattentoleranz von Bäumen entweder ganz oder gar nicht.

Das Schattentoleranzverhältnis zwischen zwei Arten ist konstant.

22-jährige Buche dringt in die Krone der gleichalten Kiefer ein und bringt deren Äste zum Absterben. Grüne Pfeile: lebende Buchenäste; Rote Pfeile: abgestorbene Kiefernäste.

Die Schattentoleranzverhältnisse zwischen zwei Baumarten sind nach allen empirischen Beobachtungen bis auf die Ebene miteinander in unmittelbarem Kontakt wachsender Einzelbäume bemerkenswert konstant. Sie unterliegen offensichtlich kaum einer nennenswerten genetisch bedingten Streubreite und bleiben auch unter den unterschiedlichsten Standortverhältnissen bestehen: überall, wo die Buche existieren kann, wird sie Eichenäste, die sie überdeckt, zum Absterben bringen.

2.2.3 Supervitale

Das Erkennen der Supervitalen ist von besonderer waldwirtschaftlicher Bedeutung im Jungwald. In den Supervitalen liegen nämlich die entscheidenden natürlichen Potenziale einer naturnahen Mehrwerterzeugung, aber auch deren höchstes Gefährdungspotenzial. Zur Beurteilung der Abläufe ist es wichtig, die Entwicklung der Höhentriebe an den einzelnen Jungbäumen sorgfältig zu beobachten.

Aus der Wuchskonstellation des Dichtstandes heraus werden im Verborgenen des Bodens vielfältige Wechselwirkungen zwischen Bäumen begünstigt. Diese können von förderlichen Wurzelverbindungen bis hin zur Ausscheidung von allelopathischen* Stoffen reichen, die Bäume anderer Arten schädigen. Oberirdisch verschärft Dichtstand den Wettlauf zum Licht. Dabei entwickeln einzelne besonders wuchskräftige Jungbäume gegenüber den meisten anderen Vertretern derselben Baumart einen auffälligen und zunehmenden Vorsprung im Höhenwuchs.

Wir bezeichnen diese Bäume als supervital*, wohl bedenkend, dass sich die spontan ablaufende Vitalitätsauslese zwar mit jeder weiteren Vegetationsperiode konkretisiert, zu diesem frühen Zeitpunkt aber noch keineswegs endgültig entschieden ist.

Zur Beurteilung der Abläufe ist es wichtig, die Entwicklung der Höhentriebe an den einzelnen Jungbäumen sorgfältig zu beobachten und dabei vor allem solche Bäume in den Blick zu nehmen, die herausragen. Als Supervitale sind sie jedoch nur dann anzusprechen, wenn sie in den vergangenen etwa drei Jahren im Vergleich zu ihren Artgenossen überlegenes Höhenwachstum zeigten.

> Supervitalität durch überlegenes Höhenwachstum „springt ins Auge“.

Andererseits dürfen aber solche Bäume nicht übersehen werden, die zum Beobachtungszeitpunkt zwar lediglich eine durchschnittliche Höhe aufweisen, allerdings in den vergangenen Jahren ein deutlich überlegenes Höhenwachstum erreichten. Von diesen „aufrückenden“ Supervitalen, die den Widrigkeiten eines Altersnachteils oder schwieriger Startbedingungen in harter Konkurrenz getrotzt haben, darf auch in der Folge ein besonders hohes Durchhaltevermögen erwartet werden.

Nach Aufsteigern und Absteigern muss man in Jungwäldern nicht gezielt suchen. Erfahrenen Beobachtern springen solche Bäume gewissermaßen ins Auge.

In der innerartlichen Konkurrenz wirkt sich der zunehmende Höhenvorsprung eines Supervitalen häufig so aus, dass die Durchmesser abgestorbener Äste mit der Höhe am Stamm zunehmen. Der Zeitpunkt, zu dem es in einer bestimmten Baumhöhe zum Astkontakt, zur dadurch bedingten Blockade der weiteren seitlichen Kronenausdehnung und schließlich zum Aststerben unter der Wirkung der Eigenüberschirmung durch die nächst höheren Äste kommt, verzögert sich nämlich mit dem vergleichsweise langsameren Nachrücken der Nachbarbäume. Qualitätskritische Astdurchmesser werden dabei aber im Regelfall dann nicht überschritten, wenn der Supervitale keine Steiläste aufweist.

Die Beurteilung von Supervitalität erfordert eine Betrachtungsweise, die sich stets auf die Individuen derselben Baumart in derselben Entwicklungsphase und unter denselben standortökologischen Ausgangsbedingungen richtet. So ist beispielsweise eine 6 m hohe Buche, die inmitten von über 10 m hohen Birken jährliche Höhentriebe von über 50 cm zeigt, supervital, wenn die meisten anderen Buchen in ihrer boden- und lichtökologisch ähnlichen Umgebung unter 4 m Höhe und Jahrestriebe von weniger als 30 cm aufweisen.

Insofern ist der Begriff supervital zumal in reich gemischten, ungleichaltrigen oder strukturierten Wäldern keineswegs mit vorherrschend oder vorwüchsig gleichzusetzen.

Eine etwa 40-jährige Buchen-Sau hat sich im 20-jährigen kieferngeprägten Jungwald breit gemacht.

Vielmehr verweist er den sachverständigen Beobachter auf die sorgfältige Berücksichtigung der typischen Entwicklungsdynamiken der jeweils beteiligten Baumarten. Dieser Beobachter gleicht innerhalb der Baumarten das Wachstum der einzelnen Bäume intuitiv gegeneinander ab. Dabei ist er ganz auf die Beurteilung der Qualitätsmerkmale supervitaler Bäume konzentriert.

Wohlgeformte Supervitale sind im Sinne der Mehrwerterzeugung „Optionen".

Supervitalität bietet aus waldwirtschaftlicher Sicht im Positiven die Möglichkeit, mit mutmaßlich besonders leistungs-, widerstands- und anpassungsfähigen Individuen anspruchsvolle Ziele vergleichsweise früh erreichen zu können. Solche supervitalen Bäume, die keine Merkmale aufweisen, die ihre spätere Auswahl als Auslesebäume ausschließen, bezeichnen wir als **Optionen***.

Supervitalität beinhaltet im Negativen aber auch die Gefahr, dass Bäume unzureichender Qualität den Raum zu wesentlichen Anteilen sehr wirkungsvoll besetzen können. In diesem Fall drohen in Ermangelung waldwirtschaftlicher Einflussnahme schon frühzeitig wichtige Möglichkeiten einer Mehrwertentstehung in der Holzerzeugung verloren zu gehen. Solche supervitalen Bäume, die Merkmale aufweisen, die ihre spätere Auswahl als Auslesebäume von vornherein ausschließen, bezeichnen wir als **Protzen***.

Übelgeformte Supervitale sind im Sinne der Mehrwerterzeugung „Protzen".

Nicht zu verwechseln sind diese Protzen mit Bäumen schattenertragender Arten (meist Buche, Hainbuche und Linden), die als minderwüchsige, tief beastete Exemplare aus der Vorgeneration des Jungwaldes stammen und in einem mit ihrer seitlichen Expansion immer weiter reichenden Flächenumgriff das Hochwachsen der jungen Bäume verhindern. Solche Bäume werden als **Säue*** bezeichnet.

Übelgeformte Minderwüchsige der Vorgeneration sind im Sinne der Mehrwerterzeugung „Säue".

2.2.3.1 Gipfeltrieb im Blick

Die Überdeckung des Gipfeltriebes einer lichtbedürftigen Option hat fast immer abträgliche Wirkungen. Lichtbedürftige Arten, die schattenertragende Optionen überwachsen haben, verbessern dagegen oft deren Wuchseigenschaften. Sie entfalten eine sogenannte Erziehungswirkung.

Wenn ein Baum zunächst überwachsen wird, und wenn schließlich gar sein Gipfeltrieb von den Seitentrieben eines Nachbarbaumes überdeckt wird, hat dies in jedem Fall tiefgreifende Wirkungen auf seine weitere Entwicklung.

Innerartliches Überwachsenwerden führt zum Absterben.

Im innerartlichen Wettbewerb zwischen nahezu altersgleichen Bäumen läuft das Überwachsenwerden immer über kurz oder lang auf das Absterben des Zurückbleibenden hinaus. Die genetischen Unterschiede bezüglich der Schattentoleranz spreiten innerartlich nämlich kaum je so weit, dass ein Individuum seine Lebensvorgänge in einem Raum aufrechterhalten kann, in der andere Individuen derselben Art keine lebenden Blätter oder Nadeln aufweisen. Im dichten Verband von artenreinen Baumgruppierungen stellt sich dementsprechend bei aller Baumhöhendifferenzierung stets ein nahezu einheitliches Höhenniveau der unteren Belaubungsgrenze ein.

Im zwischenartlichen Kontakt spielt das Schattenerträgnis eine entscheidende Rolle für die existenziellen und waldwirtschaftlichen Perspektiven überwachsener Jungbäume. Im für sie ungünstigsten Fall sterben Jungbäume lichtbedürftiger Arten innerhalb weniger Jahre ab. Dies kann zum Beispiel beobachtet werden, wo nach rascher Besiedlung von Freiflächen Waldkiefern unter Birken zurückbleiben.

Einseitig drohendes Überwachsenwerden quittieren Lichtbedürftige mit seitlichem Ausweichen.

Bei einseitig drohendem Überwachsenwerden geben Bäume vieler lichtbedürftiger Arten, namentlich auch die Eichen, ihre lotrechte Höhenentwicklung auf und versuchen, mit ihrem Haupttrieb in den freien Raum auszuweichen (158). Im Gefolge dieser sogenannten Lichtwendigkeit entstehen schiefe, krumme oder bogige Wuchsformen, die im Einzelfall skurrile Baumgestalten ergeben, die Mehrwerterzeugung im Rohstoff Holz aber fast immer ausschließen.

Kaum günstiger sind die Aussichten für überwachsene Bäume, die unter der geringen Beleuchtungsstärke zwar ihre Lebensvorgänge auf niedrigem Niveau aufrechterhalten können, ihr Triebwachstum aber deutlich reduzieren müssen. Die Jungbäume der meisten Arten, die unter diesen für sie prekären Bedingungen wachsen, verlieren schon nach wenigen Vegetationsperioden ihre Fähigkeit, auf dann eintretende günstigere Lichtbedingungen positiv zu reagieren.

Das typische Schicksal solcher zurückbleibenden Bäume besteht in deren Absterben infolge physischer Instabilität (Niederbiegen), physiologischer Engpässe (Abwelken nach Sommertrocknis) oder Ausdunkelung durch nachträglich überwachsende schattentolerante Arten. Dies ist ein typischer Entwicklungsverlauf von Traubeneichen, die zunächst von Birken überwachsen, dadurch im Höhenwachstum erheblich gedämpft und schließlich von vorbeiziehenden Buchen ausgedunkelt werden.

Von minder Beschattenden überwachsene Schattentolerante können lange im „Wartesaal“ verharren.

Besser stellt sich die Prognose für überwachsene Bäume dar, denen es bei gemindertem Triebwachstum gelingt, in günstiger physio-

Lichtwendigkeit und Schattentoleranz.

logischer Verfassung unter diesen Verhältnissen auf längere Sicht zu überdauern und dabei die Fähigkeit zu wahren, unter zu einem späteren Zeitpunkt eintretenden günstigeren Bedingungen zu kräftigem Wachstum zurückzufinden.

Hierzu sind vor allem Weißtanne und Eibe befähigt, die über 100 Jahre im „Wartesaal" verharren können, ohne ihre volle Reaktionsfähigkeit auf günstige Lichtverhältnisse einzubüßen. Sehr ausgeprägt können aber auch Buchen und Elsbeeren (151) und mit Einschränkungen Berg-, Spitz- und Feldahorne so reagieren, die über viele Jahrzehnte unter Eichen oder Pionierbaumarten aufwuchsen.

Im günstigsten Fall erreicht der Lichtentzug selbst nach vollständiger unmittelbarer Überdeckung nicht einmal die Schwelle, unterhalb derer die schattentolerante Baumart in ihren Triebverlängerungen wesentlich beeinträchtigt wird. Daher weichen schattentolerante Baumarten auch bei Bedeckung ihres Haupttriebs von einer Seite her keineswegs in den freien Raum aus, sondern setzen ihr lotrechtes Höhenwachstum unbeeindruckt fort.

Dieses Wirkungsmuster kann durchgängig festgestellt werden, wo auf Freiflächen oder bei reichlichem Lichtzutritt die langsamer hochwachsende Buche zunächst von rasch hochwachsenden Exemplaren der Pionier- oder Nachpionierbaumarten wie Aspe, Birke, Salweide oder auch von Eichen völlig überwachsen wird. In der Folge geht wohl das Dickenwachstum aller Sprossteile der Buche erheblich zurück, nicht oder nur wenig gemindert wird dagegen das Höhenwachstum (101, 214).

Waldwirtschaftlich positiv wirkt diese Interaktion insofern, als die Buche (Hainbuche oder Linde) unter dem Schirm von Pionierbaumarten mit einer Neigung zur nahezu horizontalen Ausrichtung ihrer dünnen Äste reagiert. Selbst zunächst in steilem Winkel abgehende Äste richten sich dann regelmäßig in die Waagerechte aus.

Wirkung der Überschirmung auf die Wuchsform junger Buchen.

Junge Buche hat sich durch die Krone einer Birke geschlängelt und deren Äste sukzessive zum Absterben gebracht.

Dies wiederum begünstigt das frühzeitige Einsetzen der natürlichen Astreinigung im Kontakt benachbarter Buchen, der selbst in vergleichsweise weitständiger Verteilung bereits in niedriger Höhe zustande kommt. Die Führungsrolle des Haupttriebs (apikale Dominanz) ist bei so erwachsenden Buchen so stark ausgeprägt, dass es nur selten zu Steilast- oder gar Zwieselbildungen kommt, die unter freiem Lichtzutritt regelmäßig schwerwiegende Probleme in qualitativer Hinsicht nach sich ziehen.

Die Wuchsform von Schattentoleranten kann von der Überschirmung minder Beschattender profitieren.

Diese vorteilhaften waldwirtschaftlichen Wirkungen des Überwachsenwerdens auf junge Buchen, wie auch auf eine Reihe weiterer ziemlich schattenertragender Arten (Hainbuche, Linden), werden in der Qualifizierungsphase sehr treffend als „Erziehung" bezeichnet.

In Maßen negative Begleiterscheinungen werden allenfalls beobachtet, wo das weitere Hochwachsen der Buchen durch das schiere körperliche Vorhandensein von Ästen der vorwachsenden Nachbarn ein Ausweichen zur Seite erzwingt, dem jedoch regelmäßig eine alsbaldige Wiederausrichtung in die Vertikale folgt.

Bei mehrfacher Wiederholung dieses Vorganges zeigen die dünnen Jungbuchen auffällige Stammkrümmungen von oft kaum mehr als einem Dezimeter Länge, die allerdings durch das spätere Dickenwachstum ausgeglichen werden können und dann unter qualitativen Gesichtspunkten letztlich unbedeutend sind.

2.2.3.2 Rasche Qualifizierung

Bis zum Abschluss der Qualifizierung stehen die jungen Bäume in hartem Wettbewerb. Dieser bewirkt eine natürliche Vitalitätsauslese. Deswegen wird zunächst ein Mehrfaches der späteren Auslesebaumzahl benötigt. Je früher die Qualifizierung abgeschlossen wird, desto mehr Zeit bleibt in den jungen, besonders reaktionskräftigen Jahren des Baumes für dessen Kronenexpansion. Eine aktive Standraumvergrößerung von Optionen kommt nicht in Frage, weil dadurch die Qualifizierung verzögert, schlimmstenfalls sogar dauerhaft unterbrochen würde.

Das Zwischenziel der Qualifizierungsphase besteht in der Wahrung und, soweit erforderlich, in der Erreichung hinreichender Optionen für die zu gegebener Zeit anstehende Auswahl von Auslesebäumen. Dieses Zwischenziel ist auf Vertreter aller vorhandenen Baumarten in ausreichender Zahl und Verteilung gerichtet, die zur Entfaltung aller Wirkungen und Leistungen eines authentischen Waldökosystems unter den Gesichtspunkten der Waldökologie, der Waldästhetik und der Erzeugung wertvollen Holzes wichtig sein können.

Waldökologisch und waldästhetisch bedeutungsvolle Jungbäume beachten.

Waldökologische Bedeutung kommt solchen Bäumen zu, die im Ökosystem unabhängig von ihren sonstigen Eigenschaften eine wichtige Rolle spielen oder die als minderheitlich oder gar selten vorkommende Vertreter ihrer Art einen Beitrag zur biologischen Vielfalt im Wald leisten. Ästhetisch bedeutungsvoll sind vor allem Bäume, die durch ihre außergewöhnliche Wuchsform die Blicke auf sich lenken.

Waldökologisch oder waldästhetisch bedeutungsvolle Bäume verdienen unsere besondere Aufmerksamkeit und Achtsamkeit. Es ist ihrer Eigenart allerdings ganz fremd, in einen eng vorgefassten Zielrahmen nach Zahl oder Verteilung gesetzt zu werden.

Die Schlüsseleigenschaften von Optionen, die zur Erzeugung wertvollen Holzes in Frage kommen, liegen in ihrer Supervitalität, mindestens jedoch in ihrer gut durchschnittlichen Vitalität in Verbindung mit ihrer Freiheit von

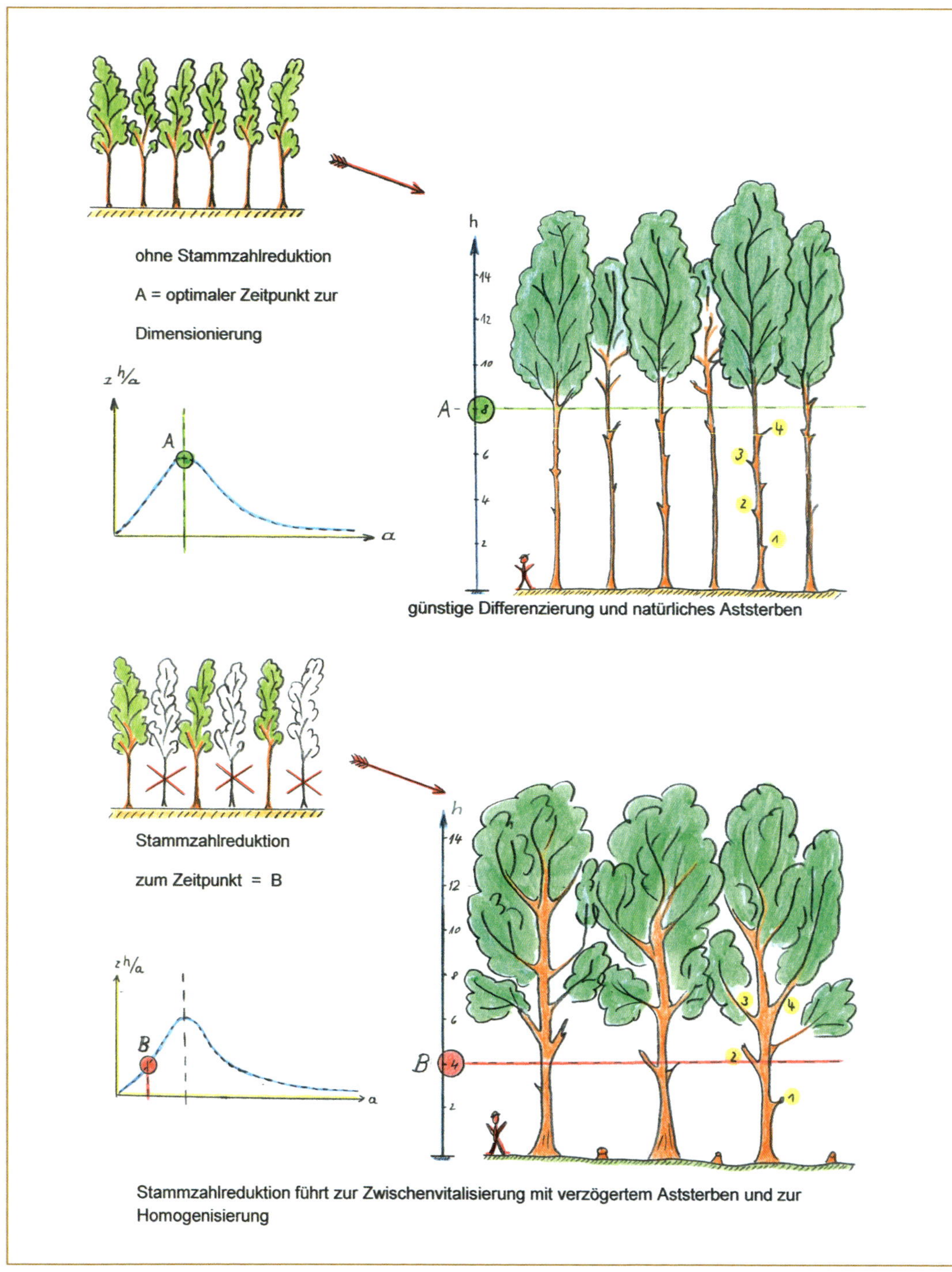

Ungünstige Wirkung der Zwischenvitalisierung.

Merkmalen, die eine spätere Erzeugung hochwertigen astfreien Holzes von vornherein ausschlössen. Waldwirtschaftlich ist erwünscht, dass über die ganze Jungwaldfläche verteilt eine Mindestausstattung an Optionen gewährleistet ist.

Dabei muss stets berücksichtigt werden, dass die natürliche Auswahl und die Ausprägung von Wuchsmerkmalen noch immer in vollem Gange sind. Das „Spiel" ist noch nicht entschieden. Im Zeitverlauf der Qualifizierung kann häufig mit einem gewissen Zugang an Optionen gerechnet werden. Demgegenüber verliert aber erfahrungsgemäß auch eine vergleichsweise größere Zahl an Bäumen die Eigenschaften einer Option.

Für Mindestausstattung an Optionen Sorge tragen.

Um zu den Zeitpunkten der Auslesebaumauswahl mit hoher Wahrscheinlichkeit über hinreichende Möglichkeiten zu verfügen, ist es erforderlich, in der Qualifizierungsphase eine Zahl von Optionen zu gewährleisten, die deutlich über der späteren Auslesebaumzahl liegt. In der frühen Qualifizierungsphase sollte mindestens eine fünffache, in der fortgeschrittenen Qualifizierungsphase mindestens eine dreifache Ausstattung mit Optionen vorhanden sein. In jedem Fall reichen bei guter Verteilung über die Fläche 250 bzw. 150 Optionen pro ha aus, um vollumfängliche Möglichkeiten der Mehrwerterzeugung zu bieten.

Das Streben nach möglichst frühzeitiger Qualifizierung der Optionen begründet sich in dem Wunsch nach möglichst großer Kronenexpansion. Jedes versäumte Jahr bringt einen Verlust an möglicher Kronenausdehnung mit sich, der nie wieder aufgeholt werden kann. Die versäumte Kronenexpansion wirkt also über eine beständig geringere Kronenschirmfläche Jahr um Jahr bis zur Ernte des Baumes nach. Der Zuwachs an Stammgrundfläche bleibt nicht nur vorübergehend, sondern vielmehr fortwährend hinter den gegebenen Möglichkeiten zurück.

Aus diesem Grund ist alles zu vermeiden, mindestens jedoch in seiner Wirkung so gering wie möglich zu halten, was den Fortschritt des Aststerbens verzögert. Insbesondere gibt es keinerlei Veranlassung, das Stammdurchmesserwachstum von Optionen zu fördern. Dieses ginge zwingend auf ein verstärktes Astdurchmesserwachstum zurück, das ohne jede vorteilhafte Wirkung auf die laufende Wertentwicklung wäre. Ganz im Gegenteil entstünden aus den zuvor dargestellten Gründen erhebliche Nachteile für die spätere Möglichkeit zur Erzeugung astfreien Holzes.

Dementsprechend ist in der Qualifizierungsphase alles zu unterlassen, was den astreinigungswirksamen Seitendruck mindert, der von gleich stark oder stärker beschattenden Nachbarbäumen ausgeht. Eine solche „Zwischenvitalisierung" in Form einer frühzeitigen Förderung von sogenannten „Anwärtern" und „Kandidaten" würde zugunsten einer bestenfalls wertneutralen Steigerung des Durchmesserzuwachses das Aststerben verzögern, und dies womöglich sogar auf viele Jahre, wenn Steiläste Förderung erführen.

So genannte „Stammzahlverminderungen", ein weithin praktiziertes Verfahren flächenbezogener „Jungbestandspflege", wirken darüber hinaus auch noch homogenisierend, da sie viele Bäume, die dem breiten Mittelfeld der Höhenentwicklung angehören, vom vollen Druck des harten Ausscheidungswettbewerbes entlasten und damit gegenüber den Supervitalen relativ begünstigen.

Alles vermeiden, was das Aststerben unnötig verzögert.

Beides, Anwärterförderung wie Stammzahlverminderung, zögert für gleiche astfreie Stammhöhen den Qualifizierungszeitpunkt hinaus. Was früh gewonnen wurde, wird durch diese Verzögerung des erst später möglichen Beginns des Kronenausbaus wieder verloren und zwar sowohl an Durchmesser, wie auch an der Breite des astfreien Holzmantels.

Im ungünstigsten, aber vor allem bei der Buche durchaus nicht seltenen Fall, sind solche Stammzahlverminderungen oder Anwärterförderungen nichts anderes als Investitionen in die unumkehrbare Weiterentwicklung von Optionen zu Protzen.

Für die Ausstattung mit ökologisch oder ästhetisch bedeutungsvollen Bäumen im Jungwald gibt es naturgemäß keine vorgefassten Zielsetzungen. Selbstverständlich werden an diese Bäume auch keine speziellen Anforderungen hinsichtlich ihrer Vitalität gestellt. Sie genießen als minderheitliche Erscheinungen Beachtung, und dies, so wie sie sind und dort wo sie sind.

Die Vitalität von ökologisch oder ästhetisch bedeutungsvollen Bäumen wahren.

Bei diesen Bäumen geht es nicht um eine Qualifizierung mit Blick auf den Mehrwert im Rohstoff Holz, sondern um die Wahrung einer für ihre weitere Existenz hinreichenden Vitalität. Insofern stehen sie in ihrer Bedeutung im Zweifel vor Optionen, die für die spätere Wertholzerzeugung in Frage kommen.

2.2.3.3 Fegen, Schlagen, Schälen

Der Generationenwechsel ist schwer gestört, wenn einzelne selektiv bevorzugte Baumarten im Nachwuchs in die Minderheit geraten oder ganz weggefressen werden. Unter populationsgenetischen Gesichtspunkten wiegen Schälschäden deshalb besonders schwer, weil sie stets als Erstes an den vitalsten Jungbäumen auftreten.

Die Befreiung des neuen Geweihes von seinem Bast, das sogenannte Fegen und die Reviermarkierung, das sogenannte Schlagen an Jungbäumen, gehören zu den typischen Lebensäußerungen von Rehböcken und Hirschen. Hierdurch kommt es zu Rindenablösungen im unteren Stammbereich von Jungbäumen, deren Durchmesser erst wenige Zentimeter beträgt.

Gerade das Schlagen führt oft zu stammumfassender Beschädigung mit der Folge, dass der betreffende Jungbaum abstirbt. Beim Fegen bleiben meist mehr oder weniger große Rindenbereiche intakt, so dass in der Regel eine im Weiteren nahezu folgenlose Überwallung möglich ist.

Unter waldökologisch ausgewogenen Verhältnissen hat das Fegen und Schlagen keine nennenswerten waldwirtschaftlichen Auswirkungen, jedenfalls dann nicht, wenn sich der Generationenwechsel im Wald allenthalben vollzieht und mit baumzahlreicher Nachkommenschaft vonstattengeht. Das reichliche Vorkommen von Brombeere, die für das Fegen ein mechanisches Hindernis darstellt oder von Rotem Hartriegel oder Hasel, die selbst bevorzugt gefegt werden, mindert den Druck auf Jungbäume.

Schwierigkeiten stehen meist mit überhöhten Populationen der großen Pflanzenfresser in Zusammenhang. Der Generationenwechsel ist schwer gestört, wenn einzelne selektiv bevorzugte Baumarten im Nachwuchs in die Minderheit geraten oder ganz weggefressen werden, vor allem Eichen, Weißtannen, Eiben(65). Es kann aber auch sein, dass sich der Baumnachwuchs insgesamt so baumzahlarm einstellt, dass sie durch Pflanzung ergänzt oder gar ersetzt werden muss.

Unter solchen unausgewogenen ökologischen Bedingungen müssen besonders gefährdete Jungbäume, vor allem solche der seltenen oder der gepflanzten Arten, mit mechanisch (z. B. Stachelbaum, Stäbe) oder stofflich (abstoßende Substanzen) wirkenden Mitteln geschützt werden, wenn ihr völliger Ausfall vermieden werden soll.

Fegen oder Schlagen erfordert manchmal, Schälen regelmäßig Schutzmaßnahmen.

Wesentlich schwerwiegender sind die Folgen des Abschälens der noch unverborkten Rinde zahlreicher Baumarten durch Hirsche. Insbesondere beim Schälen während der Vegetationszeit wird dabei im Wurzelanlaufbereich und im unteren Stammbereich der Bäume der Holzkörper meist auf großer Fläche freigelegt.

Die so geschädigten Bäume benötigen oft viele Jahre, um die Schälwunde zu überwallen. Nicht selten führt nachfolgender Pilzbefall zu Fäuleentwicklung und zum frühzeitigen Ausfall des Baumes. Massenhafte Rotwildschäle kann über den wirtschaftlichen Schaden hinaus die Bäume ganzer Waldbereiche in ihrer Standfestigkeit gefährden.

Durch die Lebensweise des Hirsches in Rudeln muss selbst bei ökologisch ausgewogenen Populationsdichten im Einzelfall mit örtlich massierten Schälschäden gerechnet werden. Schälschäden, die in großem Flächenumfang auf kurz oder lang nahezu alle Bäume erfassen und die bei der Zeit ihres Lebens gefährdeten Buche noch an über 100 Jahre alten Bäumen auftreten können, sind jedoch stets Begleiterscheinungen schwerer ökologischer Ungleichgewichte.

Unter populationsgenetischen Gesichtspunkten wiegen Schälschäden deswegen besonders schwer, weil sie vorzugsweise und als Erstes an den vitalsten Jungbäumen auftreten und diese im Extremfall sogar selektiv zum Absterben bringen.

Unter solchen Verhältnissen sind Schälschutzmaßnahmen ein sehr aufwändiger Notbehelf. Dieser kann in Form von Anstreichen der Wurzelanläufe und des unteren Stammbereiches mit Mitteln erreicht werden, die den Rothirsch abhalten sollen. Eine andere Möglichkeit besteht im Anbringen von Kunststoffgeflechten. Bei der Weißtanne kommt auch die Verwendung eines sogenannten Rindenpunktierrollers in Frage. Hierdurch wird Harzfluss aus den kleinen Harztaschen auf der Rindenoberfläche herbeigeführt.

Die Durchführung von Schälschutzmaßnahmen erfordert die frühe Entscheidung zugunsten einer notgedrungen geringen Zahl von Jungbäumen zu einem Zeitpunkt, an dem die Vitalitätsauslese im harten natürlichen Wettbewerb gerade erst begonnen hat. Dies ist genetisch nicht ganz unbedenklich.

2.2.4 Grundlagen des waldwirtschaftlichen Handelns in der Qualifizierung

Die frühe Entwicklung von Bäumen vollzieht sich oft in dichten, kaum durchdringlichen Jungwaldstrukturen. Die sachverständige Beobachtung ist dann aber besonders wichtig, um die Möglichkeiten einer unaufwändigen Mehrwerterzeugung zu wahren.

2.2.4.1 Zugangslinien

Zur Beobachtung und Beurteilung der stürmischen Entwicklungsabläufe in jungen, dichten Waldbereichen ist deren gute Zugänglichkeit wichtig. Der günstigste Zeitpunkt zur Anlage von 0,8–1 m breiten Zugangslinien ist erreicht, wenn das Aststerben bis in etwa 1,5 m Höhe fortgeschritten ist. Von den Zugangslinien aus sollen alle Beurteilungen möglich sein. Meist genügt dazu ein Abstand von 20 m zwischen den Zugangslinien.

Je dichter sich die Bäume im Jungwald drängen, je größer ihre Artenvielfalt ist, desto stürmischer verlaufen die Veränderungsprozesse in der vom Wettlauf um das Licht geprägten Qualifizierungsphase. Die waldwirtschaftliche Begleitung dieser Entwicklungen setzt deren sorgfältige Beobachtung und die Beurteilung ihres Fortganges im Lichte wünschenswerter Wirkungen voraus. Dies wiederum erfordert eine gute Zugänglichkeit der dichten Strukturen, durch die der prüfende Blick auf alle wichtigen Vegetationselemente ohne übermäßige körperliche Anstrengungen ermöglicht wird.

Sichere Situationsbeurteilungen, Entwicklungsprognosen und Eingriffsentscheidungen erfordern gute Zugänglichkeit.

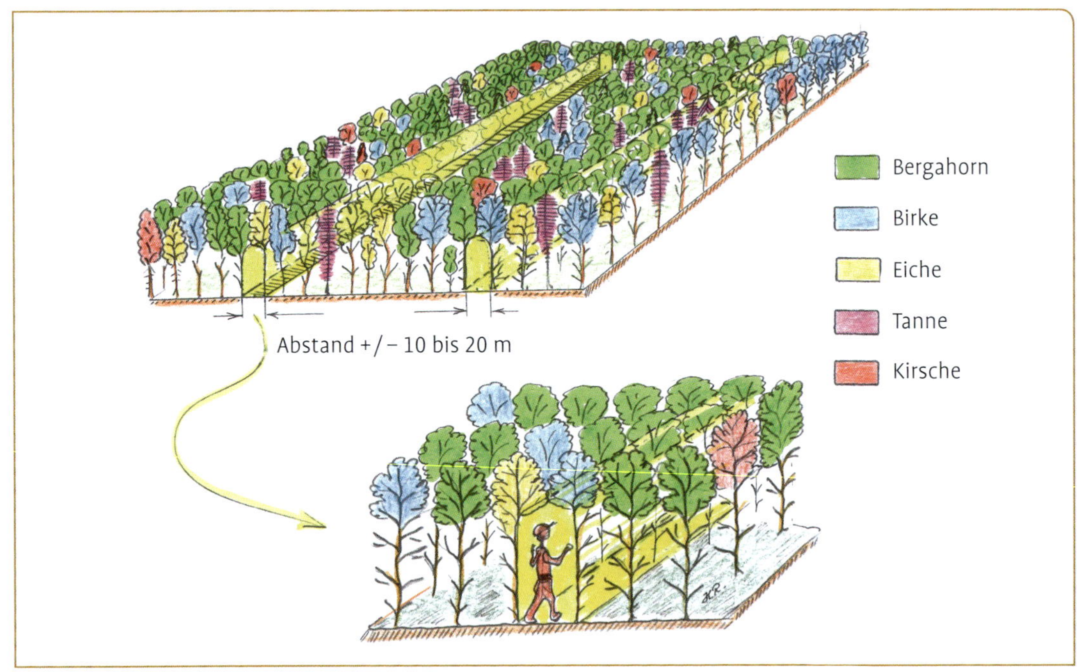

Zugangslinien im Jungwald.

Im Falle des Erfordernisses waldwirtschaftlicher Maßnahmen ist es für die Handelnden von Bedeutung, dass diese ihre Körperenergie nicht bereits zu erheblichen Teilen und unter Ermüdung auf die beschwerliche Fortbewegung unter widrigen Verhältnissen aufwenden müssen. Sichere Situationsbeurteilungen, Entwicklungsprognosen und Eingriffsentscheidungen profitieren ganz wesentlich davon, dass die Fortbewegung keine großen körperlichen Anstrengungen erfordert.

Aus diesen Gründen ist es sinnvoll und wichtig, in größeren Jungwaldbereichen so genannte Zugangslinien anzulegen. Dies soll zu einem Zeitpunkt und in einer Weise geschehen, dass der zur Zweckerreichung erforderliche Aufwand minimal ist, und die natürlichen Abläufe im Jungwald ohne nennenswerte Störung bleiben. Hierzu ist es völlig zureichend, die Zugangslinien auf einer Breite von 0,8–1 m von Bewuchs und Hindernissen zu räumen.

Der günstigste Zeitpunkt zur Anlage von Zugangslinien ist erreicht, wenn auf der überwiegenden Jungwaldfläche das Aststerben bis in etwa 1,5 m Höhe fortgeschritten ist. Bei der Anlage zu einem früheren Zeitpunkt müsste damit gerechnet werden, dass sich die Zugangslinie unterhalb der Augenhöhe erneut schließt, so dass nach wenigen Jahren eine Nacharbeit unter Verbreiterung der Zugangslinie unvermeidlich würde.

Allerdings ist dabei zu berücksichtigen, dass Jungwälder, in denen Bäume überwiegend zwischen 1,5 und 4 m hoch sind, nur unter erheblichen Schwierigkeiten begehbar sind. Dies betrifft eine kurze Zeit, in der man in der Regel auf Maßnahmen ohne schwerwiegende Nachteile für die Folgeentwicklung im Jungwald verzichten kann.

Schmale Zugangslinien anlegen, wenn das Aststerben Augenhöhe erreicht hat.

Zu einem späteren Zeitpunkt der Zugangslinienanlage müsste eine größere Biomasse mit einem dementsprechend höheren Aufwand bearbeitet werden. Die damit verbundenen Nachteile würden um die Verlängerung des Zeitraumes schwierigen Zugangs erweitert, in dem erforderliche Maßnahmen versäumt würden.

Ebenfalls nachteilig wirkt die Anlage deutlich breiterer Zugangslinien. Diese würde Innenrandeffekte herbeiführen, die für die spontanen Differenzierungs- und Astreinigungseffekte störend und verzögernd wären. Unter Umständen könnte sich sogar zumindest übergangsweise eine hinderliche Bodenvegetation, zum Beispiel aus Brombeere, einstellen oder weiterentwickeln.

Der Abstand der Zugangslinien orientiert sich an der Anforderung, alle wesentlichen Gesichtspunkte im Jungwald zu geeigneten Zeiten im Jahr in Augenschein nehmen zu können, ohne diese immer wieder verlassen zu müssen. Für den Abstand spielen die Artenzusammensetzung und das Maß des Dichtstandes der Bäume eine entscheidende Rolle.

Meist ist ein Zugangslinienabstand von 20 m zur Erreichung des Zwecks ausreichend. Unter bestimmten Umständen, wie zum Beispiel in sehr dichten, buchengeprägten Jungwäldern, kann es aber erforderlich sein, die Abstände bis auf 10 m zu reduzieren.

Von Zugangslinien im 20 m-Abstand sieht man meist alles Wichtige.

In jedem Fall ist es empfehlenswert, Zugangslinien auf vorhandenen Rückegassen* anzulegen, zumal dort keine Geländemerkmale vorliegen, die für das Begehen hinderlich sind. In den Bereichen zwischen Rückegassen oder im Steilhang ist es andererseits aber durchaus nicht erforderlich, an den geradlinigen Verlauf oder an den gleichmäßigen Abstand der Zugangslinien besondere Anforderungen zu stellen. Die Zweckdienlichkeit von Zugangslinien leidet nicht, wenn Felsblöcken oder größeren Wurzeltellern großzügig ausgewichen wird.

2.2.4.2 Supervitale erkennen und beurteilen

Im Jungwald sollte die Entwicklung in längstens vierjähriger Wiederkehr begutachtet werden.
Im Blickpunkt stehen die Supervitalen. Waldwirtschaftlich entscheidend ist ein positiver Entwicklungsverlauf der Optionen. Für Optionen lichtbedürftiger Baumarten muss die Freiheit des Gipfeltriebs gesichert bleiben. Protzen gilt es danach abzuschätzen, ob sie abträgliche Wirkungen auf optionstaugliche Bäume ausüben. Eingriffsentscheidungen werden in der Qualifizierungsphase im Voranschreiten getroffen, ohne dass zuvor Optionen markiert wurden.

In der Qualifizierungsphase ist es waldwirtschaftlich besonders wichtig und aufschlussreich, die natürliche Entwicklung im Auge zu behalten. Angesichts der in Jungwaldstrukturen sehr raschen und differenzierten Höhenentwicklung sollte hier die sorgfältige Vorortbegutachtung spätestens alle vier Jahre wiederkehren.

Je knapper sich die Ausstattung an Optionen darstellt und je angespannter sich die Wechselwirkungen zwischen den Vertretern lichtbedürftiger Baumarten zeigen, desto wichtiger ist die fachliche Beurteilung der Entwicklung in kürzeren Zeitabschnitten.

Mindestens alle vier Jahre:
der Blick auf Supervitale und Besondere.

Zur Begutachtung im Jungwald ist es vorteilhaft, den Augenmerk auf die bis dahin im Wettbewerb innerhalb der einzelnen Baumarten Erfolgreichsten, nämlich auf die Supervitalen*, zu richten und damit auf die Bäume, die mit hoher Wahrscheinlichkeit der natürlichen Vitalitätselite angehören. Zum anderen gilt es, die Bäume seltener oder ökologisch besonders bedeutungsvoller Arten und Bäume von außergewöhnlicher Gestalt in den Blick zu nehmen.

Waldwirtschaftliche Eingriffe werden allein dann in die Wege geleitet, wenn mindestens 50 Eingriffe pro ha zur Wahrung ausreichender Optionen erforderlich sind. Dies schließt ein, dass bei Gelegenheit der gutachtlichen Begehung die in nur geringer Anzahl erforderlichen Eingriffe zugunsten der wenigen waldökologisch oder waldästhetisch bedeutungsvollen Jungbäume beiläufig miterledigt werden.

Die qualitativ guten Supervitalen, die Optionen, stellen unter waldwirtschaftlichen Gesichtspunkten die für die Zukunft besonders interessanten Bäume dar. Auf zeitliche Sicht bis zur nächstfolgenden Beobachtungswiederkehr bezieht sich die wichtigste Prognose auf deren weitere Höhenentwicklungserwartung. Optionen schattentoleranter Baumarten können diesbezüglich regelmäßig und nahezu ohne Ansehen ihrer Nachbarbäume als zukunftssicher eingeschätzt werden.

Lichtbedürftige Optionen: die Überdeckung des Gipfeltriebs verhindern

Dagegen kommt es bei Optionen lichtbedürftiger Baumarten entscheidend darauf an, sorgfältig zu beurteilen, ob die Überdeckung ihres Gipfeltriebes durch einen Nachbarbaum droht. Eine solche Entwicklung gefährdet fast immer den Fortbestand waldwirtschaftlicher Mehrwertperspektiven. Unter Umständen steht sogar die weitere Existenzmöglichkeit einer solchen Option in Frage. Meist kommt es sofort zu einer drastischen Verkürzung des Gipfeltriebs und vor allem bei der Eiche zudem zu der Schwächung der Apikaldominanz*. Dies äußert sich in einer Verbuschung des Wipfels.

Genauso wichtig ist es aber, die qualitativ schlechten Supervitalen, die Protzen*, sorgfältig in den Blick zu nehmen und dies stets unter Berücksichtigung der Nachbarbäume, auf die sie Wirkung entfalten. Waldwirtschaftlich ist nämlich von entscheidender Bedeutung, ob im Umfeld solcher Protzen Bäume wachsen, die bei mindestens gut durchschnittlicher Vitalität günstige Qualitätseigenschaften aufweisen und die von einer Vitalitätsminderung des Protzen dauerhaften Vorteil erlangen könnten.

Protzen zurücknehmen, wenn gute Vitale profitieren.

Protzen können aber auch ausgesprochen positiv wirken. Sie entfalten in jedem Fall an den (ebenfalls supervitalen) Optionen der gleichen Baumart eine ganz besonders günstige Qualifizierungswirkung.

Schließlich können Protzen waldwirtschaftlich indifferent sein. Dies trifft in dem allerdings unbefriedigenden Fall zu, in dem in ihrem weiteren Umkreis kein vitaler Baum mit günstigen Qualitätseigenschaften wächst, der zur Mehrwerterzeugung in der Lage wäre.

Aus der Mindestzahl an Optionen, die auf jeden Fall gewahrt werden soll, ergibt sich, dass kaum je 150 Eingriffe pro ha erforderlich sind und nur ausnahmsweise bis zu 250 Eingriffe unter Bedingungen, die durch hohe Pionierbaumzahlen über Jungbäumen lichtbedürftiger Arten (zum Beispiel Birken über Eichen) gekennzeichnet sind.

Jeder einzelne waldwirtschaftliche Eingriff in der Qualifizierungsphase erfordert die fachlich fundierte und in sich schlüssige Entscheidung des Handelnden, der mit klarem Blick auf die noch sehr weiten waldwirtschaftlichen Entwicklungsspielräume mit den natürlichen Abläufen im Jungwald sicher vertraut ist.

Bestimmend ist dabei nicht die Grundeinstellung, dass es viel zu tun gibt, sondern dass das Eine oder das Andere von einem geschickten kleinen Schubs profitieren kann. Ein alter fernöstlicher Gedanke sagt treffend, dass „ein guter Schneider kaum schneidet".

Dabei vollzieht sich die Fortbewegung unter guter räumlicher Orientierung im Wesentlichen auf den Zugangslinien. Von dort aus werden im achtsamen Voranschreiten Eingriffsentscheidungen erwogen, am Baum geklärt und gegebenenfalls durchgeführt. Danach geht es zurück zum Ausgangspunkt auf der Zugangslinie und auf dieser weiter voran.

Optionen* werden in der Qualifizierungsphase grundsätzlich nicht markiert. Der hierzu erforderliche Zeitaufwand stünde in keinem vernünftigen Verhältnis zu einem späteren Vorteil, da sich die Dynamik im Jungwald häufig ausgesprochen vehement zum Besseren oder zum Schlechteren hin auswirkt.

„Ein guter Schneider schneidet kaum."

Eine Markierung von Optionen böte schon nach wenigen Vegetationsperioden nur eine eingeschränkte Orientierungshilfe für den Begutachter oder den Handelnden und könnte der in dieser Phase sehr wichtigen Unvoreingenommenheit und dem Respekt vor den Naturabläufen Abbruch tun.

Selbstverständlich bleibt es aber dennoch unbenommen, einzelne Bäume seltener Arten oder ansonsten wenig auffällige Bäume mit besonderen Merkmalen im Einzelfall zu markieren. Gleiches gilt in Jungwaldbereichen, in denen überhaupt nur sehr wenige Optionen vorhanden sind.

Unter den vielfältig verschiedenen Verhältnissen, die in Jungwäldern angetroffen werden, zeigt sich erfahrenen Handelnden immer wieder, dass sie dort bei ihrem waldwirtschaftlichen Tätigwerden stets etwa die Hälfte ihrer Zeit zum Laufen benötigen. Ein Viertel verwenden Sie auf das nähere Begutachten und Entscheiden und schließlich ein letztes Viertel auf ihren Körpereinsatz bei der Durchführung von Eingriffen.

2.2.5 Waldwirtschaftliche Einflussnahme in der Qualifizierung

Ein wenig Einsatz von Fachintelligenz und Körperenergie genügt meist, um in der Qualifizierungsphase die Maßnahmen durchzuführen, durch die wichtige Voraussetzungen für die spätere Mehrwerterzeugung eröffnet werden oder offen bleiben.

2.2.5.1 Knicken in der frühen Qualifizierungsphase

Das Knicken ist die typische Eingriffsweise der frühen Qualifizierungsphase. Eine erste Maßnahme zur Dämpfung von Protzen kann schon im unter 1,5 m hohen Jungwald erforderlich sein. Bei den meisten Arten wird die wirkungsvollste Schwächung erreicht, wenn in der Zeit von Mitte Juli bis Mitte August geknickt wird.

Nicht selten treten in der frühen Qualifizierungsphase gerade in sehr dicht stehenden Jungwäldern einzelne ausgesprochene Protzen* in Erscheinung, noch bevor dort eine mittlere Höhe von 1,5 m überschritten ist und ab der diese Strukturen schwer begehbar und unübersichtlich werden. Diese Protzen drohen, sich innerhalb weniger Vegetationsperioden unter Verdrängung oder unter unumkehrbarer Schwächung einer großen Zahl qualitativ guter Nachbarbäume endgültig durchzusetzen.

Eine weitere, immer wieder zu beobachtende Ausgangssituation, ist vom vehementen Hochwachsen von Pionierbaumarten, wie Birke, Aspe, Salweide und anderen gekennzeichnet, die sich (übrigens im Gegensatz zur meist schlankwüchsigen Vogelbeere) zudem schon nach wenigen Jahren mit langen Seitentrieben breit machen.

Auf diese Weise können Jungbäume anderer lichtbedürftiger Baumarten, die mit diesem stürmischen Wachstum bei Weitem nicht Schritt halten können, bereits in kurzer Zeit in ihrem eigenen Wachstumsverlauf so stark gebremst werden, dass sie zu einem späteren Zeitpunkt selbst unter dann günstigeren Bedingungen kaum noch zu einer vitalen Weiterentwicklung in der Lage sind.

Knicken: Konkurrenten dämpfen, ohne sie zu beseitigen

In beiden vorgenannten Ausgangssituationen drohen im ungünstigen Fall binnen kurzer Zeit

Nach dem Knicken der überschirmenden Birke ist der Gipfeltrieb der lichtbedürftigen Kiefern-Option frei.

zahlreiche Optionen verloren zu gehen. Unter Umständen scheiden sogar bestimmte Baumarten, wie zum Beispiel die Eichen, aus oder sie werden endgültig in ein Schattendasein zurückgedrängt, sofern den dieser Entwicklung zu Grunde liegenden Abläufen nicht mit geeigneten waldwirtschaftlichen Maßnahmen punktwirksam entgegengewirkt wird.

Dabei geht es keineswegs darum, diese Abläufe völlig abzubrechen oder auch nur tiefgreifend zu verändern. Die rasche Raumbesetzung ist ja vor allem unter bodenökologischen Gesichtspunkten oft sehr vorteilhaft. Vielmehr sollen lediglich Möglichkeiten der ersatzweisen Raumbesetzung durch qualitativ günstigere Bäume offengehalten werden. Dabei kann es sich um Bäume der gleichen Art (gegenüber Protzen) handeln oder um Bäume lichtbedürftiger Arten, die von Natur aus erst in fortgeschritteneren Sukzessionsverfassungen* ihren ökologischen Schwerpunkt haben (gegenüber Pionierbaumarten).

Ein besonders wirkungsvolles und unaufwändiges Verfahren, unter diesen Verhältnissen mehrwertfähige Optionen zu wahren, aber auch zugunsten von ökologisch oder ästhetisch bedeutungsvollen Jungbäumen punktwirksam einzugreifen, besteht im Knicken des vorwachsenden Konkurrenten (102). Der Bruchstumpf des geknickten Bäumchens kann in der Folge für den begünstigten Jungbaum eine Stützwirkung haben.

Das Knicken geschieht vor allem an unter etwa 3 cm starken Bäumchen gewissermaßen im Handumdrehen. Bäume bis etwa 5 cm Durchmesser lassen sich meist ohne großen Kraftaufwand niederbiegen. Sie brechen dann, wenn man sie ganz einfach unter Einsatz des Körpergewichtes in Richtung ihres Stockes drückt. Durch die Wahl des Haltepunktes kann man dabei die Bruchhöhe bestimmen.

Eine weitere Möglichkeit besteht im Ansägen des Stämmchens mit einer kleinen Handsäge und dem anschließenden Umdrücken des Jungbaumes. Allerdings können bei dieser Vorgehensweise nur geringe Bruchhöhen erreicht werden. Eine nennenswerte Arbeitserleichterung bringt dieses Ansägen aber erst bei Baumdurchmessern, die bereits eine Ringelung ermöglichten.

Durch das Knicken wird der betreffende Baum jedenfalls in seiner Höhenentwicklung augenblicklich zurückgeworfen. Gleichzeitig wird er durch die noch vorhandene Faserverbindung in der Reorganisation seines Wachstums gestört. Zuweilen ist es angezeigt, vitale Äste unmittelbar unterhalb der Knickstelle ebenfalls zu knicken, um die Revitalisierung des so behandelten Baumes zusätzlich zu schwächen.

Verbuschung eines Eichengipfels nach Überschirmung durch Birke.

Die Fähigkeit eines geknickten Baumes zur Reorganisation und zur Revitalisierung hängt wesentlich vom Zeitpunkt des Knickens innerhalb des Jahres und von den Lichtverhältnissen in seiner Umgebung ab. Weiterhin ist von Bedeutung, ob der geknickte Baum in Wurzelverbindung zu Nachbarbäumen wächst. Dies ist beispielsweise bei Aspen besonders häufig der Fall.

Im Hochsommer ist die Schwächung meist am wirkungsvollsten.

Bei den meisten Arten wird die wirkungsvollste Schwächung erreicht, wenn in der Zeit von Mitte Juli bis Mitte August geknickt wird. Einerseits verbleibt den geknickten Bäumen dann in der bereits weit fortgeschrittenen Vegetationsperiode nur eine kurze Restzeit, um den Verlust des führenden Triebes durch Neuaustrieb zu kompensieren, andererseits ist in dieser Zeit die Speicherung von Assimilatreserven* in den Wurzeln noch gering, so dass die Fähigkeit zum Neuaustrieb im Folgejahr erheblich geschwächt wird.

Wird im Frühling oder im Frühsommer geknickt, kann ein kräftiger Neuaustrieb unter Umständen den Verlust weitgehend wettmachen. Nach dem Knicken im Herbst ist in Anbetracht hoher Assimilatmengen in den Wurzeln im folgenden Frühjahr ein kräftiger Neuaustrieb möglich, der die beabsichtigte Wirkung der Maßnahme unter Umständen sogar in ihr Gegenteil verkehrt.

Hydraeffekt nach Birkenaushieb.

Wenn ein Protz zugunsten von qualitativ guten, vitalen Bäumen der gleichen Art geknickt wird, so reicht dieser Eingriff häufig bis zum Abschluss der Qualifizierungsphase aus. Es besteht dann die beste Aussicht, dass sich unter den begünstigten Jungbäumen eine Option* ausdifferenziert, die Vitalität und Qualität in sich vereinigt.

Wesentlich problematischer wirken rasch hochwachsende Pionierbäume auf Optionen anderer lichtbedürftiger Arten. Hier ist es wichtig, dass im Umfeld von Optionen vorausschauend eingegriffen wird, noch bevor ihre Gipfelknospe überdeckt ist, da ansonsten Stammkrümmungen durch seitliches Ausweichen und schließlich schon nach wenigen Vegetationsperioden Verbuschungen im Bereich des Gipfeltriebes entstehen.

Allerdings muss man sich darüber im Klaren sein, dass der durch das Knicken des unmittelbaren Nachbarn freiwerdende Raum sehr rasch und weit überwiegend von nachrückenden Pionierbäumen eingenommen wird, so dass unter Umständen eine ganze Folge weiterer Eingriffe ausgelöst wird, deren Zahl auch nicht durch vorauseilendes Knicken von Bäumen gemindert werden kann. Im Gegenteil käme es in diesem Fall durch den erhöhten Lichtzutritt womöglich sogar zu einem verstärkten Wiederaustrieb der geknickten Bäume.

So lange Knicken wie nötig, so früh Ringeln wie möglich

Allemal wäre aber bei einem Aushieb der Pionierbäume mit noch ungünstigeren Folgeentwicklungen zu rechnen. Nach dem Ausschlagen aus dem Stock kommt es häufig zum sogenannten Hydra-Effekt*. Ein Kernwuchs wird dann durch mehrere stets einseitig beastete Stockausschläge ersetzt, die dementsprechend statisch instabil sind und nach Eisanhang- und Nassschneeereignissen alle anderen Jungbäume unter sich zu begraben drohen.

Es ist also insbesondere bei dicht aufwachsenden Pionierbäumen sorgfältig zu erwägen, ob der Gesamtaufwand überhaupt waldwirtschaftlich angemessen ist, der erforderlich wäre, um eine unnötig hohe Zahl an Optionen einer lichtbedürftigen Nachpionierbaumart durchzusetzen.

Je besser sich die Pionierbaumart* selbst zur Erzeugung von Wertholz eignet (Birke und Schwarzerle eher als Aspe oder gar Salweide), desto leichter fällt die Entscheidung, sich bezüglich der gewünschten Zahl an Optionen der lichtbedürftigen Nachpionierbaumarten* nur auf deren absolute Vitalitätsspitze zu beschränken, die wiederum einen vergleichsweise geringeren Aufwand zu ihrer Unterstützung erfordert.

Gerade im Fall der Konkurrenz durch eine hohe Zahl von Pionierbaumarten ist es aber immer vorteilhaft, möglichst bald vom Knicken zur Ringelung zu wechseln. Bei diesem Verfahren werden nämlich auf mehrere Jahre hinaus keine Standräume frei, die in erster Linie den nächststehenden Pionierbäumen zugutekommen. In der Folge müssten diese dann zur Wahrung der lichtbedürftigen Optionen ihrerseits geschwächt werden, dies in der unglücklichen Verkettung „viel Arbeit macht viel Arbeit".

2.2.5.2 Ringelung in der fortgeschrittenen Qualifizierungsphase

Mit der Ringelung besteht die Möglichkeit, Bäume stark zu schwächen und erst allmählich zum Absterben zu bringen. Ringelung ist Präzisionsarbeit, da keine auch noch so schmale Bastbrücke zurückbleiben darf. Das wichtigste Werkzeug zur Durchführung der Ringelung ist das Ziehmesser. Während der Vegetationszeit muss zusätzlich eine Drahtbürste zur vollständigen Durchtrennung des Kambiums eingesetzt werden.

Mit der Ringelung besteht die Möglichkeit, Bäume stark zu schwächen und erst allmählich zum Absterben zu bringen (60, 109). Die wirkungsvolle Ausführung der Ringelung setzt die vollständige Entfernung des Bastes* in einem stammumfassenden Streifen von mindestens etwa 5 cm Breite oder in mehreren schmäleren Streifen voraus.

Die Wirkung der Ringelung beruht auf einer vollständigen Verhinderung des Assimilataustausches* zwischen Krone und Wurzel, wohingegen der Wassertransport im Splint* weiterhin möglich bleibt. Während die Krone gewissermaßen von der Hand in den Mund lebt und bei ausreichender Wasserversorgung ihre Lebensvorgänge zunächst weiter aufrechterhalten kann, hungert die Wurzel in Ermangelung der Nachlieferung von Kohlehydraten nach vollständigem Verbrauch ihrer Assimilatreserven regelrecht aus und stirbt schließlich ab. Zuvor hat der Baum unterhalb der Ringelungsstelle sein Dickenwachstum eingestellt, oberhalb jedoch fortgesetzt.

In einem Notprogramm versucht der Baum, durch Ausbildung von Sekundärtrieben unterhalb der Ringelungsstelle die Assimilatversorgung der Wurzel sicherzustellen, was aber in Anbetracht des hoffnungslosen Nettoergebnisses der Fotosynthese unter den ungünstigen Lichtverhältnissen aussichtslos ist.

Wirkung der Ringelung.

Selbst Wurzelverbindungen zwischen Bäumen vermögen das Absterben eines geringelten Baumes lediglich um einige Jahre hinauszuzögern, nicht aber zu verhindern. So bilden geringelte Kiefern, die mit nicht geringelten Nachbarbäumen in Wurzelverbindung stehen, über einige Jahre hinweg stricknadeldünne, mit der Zeit jedoch hoffnungslos instabile Leittriebe.

Ringeln ist absolute Präzisionsarbeit.

Je nach baumarten- und standortspezifischen Merkmalen, vor allem aber je nach der Menge der zum Zeitpunkt der Bastsaftstromunterbrechung* vorhandenen Assimilatmenge in den Wurzeln, zieht sich die Devitalisierung des Baumes über einen Zeitpunkt von einer bis zu zehn Vegetationsperioden hin, bevor es zum Absterben kommt. Nach einer Ringelung zwischen April und August tritt die Devitalisierung vergleichsweise rasch ein, bei einer Ringelung zwischen November und Januar deutlich verzögert.

Grundsätzlich werden in den letzten vier bis sechs Jahren vor Abschluss der Qualifizierung keine Ringelungsmaßnahmen an Protzen mehr durchgeführt, weil dadurch eine entscheidende Vitalitätssteigerung von Bäumen, die bis dahin nicht als supervital anzusprechen waren, in der kurzen Restzeit bis zur Auswahl des Auslesebaumes nicht mehr erwartet werden kann.

Wohl aber mag es erforderlich sein, die Optionen lichtbedürftiger Arten selbst zu dieser fortgeschrittenen Zeit kurz vor Abschluss ihrer Qualifizierung durch Ringelung vor der Überdeckung durch Pionierbäume zu bewahren.

Sicher wirksame Ringelung ist Präzisionsarbeit. Keine auch noch so schmale Bastbrücke darf zurückbleiben, die dem Baum ein nahezu ungebremstes Weiterwachsen ermöglicht. Wenn während der Vegetationszeit geringelt wird, muss zusätzlich das Kambium* stammumfassend unterbrochen werden, da es andernfalls zur Ausbildung eines Flächenkallus* (36), „einer grünen Tapete“, kommen kann, über den der Assimilataustausch zwischen Krone und Wurzel wieder aufgenommen wird.

Versuche des Baumes, über Teilungs- und Ausdifferenzierungsaktivitäten teilungsfähiger Zellen im Bereich der Holzstrahlen zu reagieren, führen zuweilen zu stecknadelkopfgroßen Kallusgebilden auf dem freiliegenden Holzkörper, die jedoch regelmäßig nicht zu Gewebebrücken führen. Sorgfältig ausgeführte Ringelung ist daher ein hochwirksames Verfahren.

Geringelte Bäume treiben zunehmend schwächer, das heißt mit einer geringeren Zahl kleinerer Blätter, aus. Ihr Austrieb tritt im Frühjahr häufig verzögert auf, und nicht selten kommt es bereits im Sommer zu Blattvergilbungen und zu vorzeitigem Blattfall. Nach dem Absterben bleiben die Bäume unter Fein- und schließlich Grobentreiserung oft noch viele Jahre stehen.

Damit besteht die waldwirtschaftlich sehr vorteilhafte Möglichkeit, Optionen ohne abrupte Veränderung der Entwicklungsbedingungen von übermäßigem Wettbewerbsdruck allmählich zu entlasten, während über Jahre hinaus weitere Konkurrenten durch die Platzhalterwirkung des geringelten Baumes daran gehindert sind, in unmittelbaren Wettbewerbskontakt mit der Option zu kommen.

Ringeln dämpft den Wettbewerbsdruck allmählich.

In dieser Wirkungsweise ist die Ringelung dem Knicken im Zweifel auf jeden Fall vorzuziehen und dies umso mehr, wenn vorausschauend und damit so rechtzeitig gehandelt wird, dass eine Wettbewerbssituation, die der weiteren Entwicklung der betreffenden Option abträglich wäre, gar nicht erst eintritt.

Das wichtigste, unter nahezu allen Umständen einsetzbare Werkzeug zur Durchführung der Ringelung ist das Ziehmesser. Während der Vegetationszeit muss zusätzlich eine Drahtbürste zur vollständigen Durchtrennung des Kambiums* eingesetzt werden. Zur wirkungsvollen Bearbeitung von Bäumen mit Hohlkehlbildung oder Spannrückigkeit* (vor allem von Hainbuchen) ist es außerdem sinnvoll, einen Reißhaken mitzuführen.

Nach der Ringelung mit dem Ziehmesser kommt während der Vegetationszeit die Drahtbürste zur Entfernung des Kambiums in den Einsatz.

Die Verwendung von Mehrfachanordnungen von Sägeketten zur Ringelung ist nur bedingt empfehlenswert. Einerseits erlauben sie ergonomisch günstiges und bequemes Arbeiten, das selbst in dichten Jungwaldbereichen einen vergleichsweise raschen Arbeitsfortschritt ermöglicht, andererseits ist ein mehr oder weniger tiefes Eingreifen der Ringelung in den Splint kaum zu vermeiden.

Ziehmesser und Drahtbürste sind die Standardwerkzeuge des Ringelns.

Die dadurch bedingte Beeinträchtigung der Wasserversorgung führt zu einem beschleunigten Absterben des so geringelten Baumes. Vor allem aber droht dieser, vorzeitig umzubrechen. Dies kann nicht nur zu einer unmittelbaren Schädigung der Option* führen, sondern setzt überdies mit der schlagartigen Freisetzung des Standraumes eine Wirkung, die mit der Ringelung gerade vermieden werden soll.

Noch weniger geeignet für zielgerechte Ringelungen ist aufgrund der unvermeidlichen Eingriffe in den Splint die Verwendung von Heppen, Gerteln (soweit diese als Schlagwerkzeuge benutzt werden) oder Beilen, insbesondere aber von Motorsägen, deren Trage- und Handhabungsaufwand angesichts der geringen Zahl der zu ringelnden Bäume ohnehin im Vergleich zur sachgerechten Ringelung mit dem Ziehmesser einen weit höheren Einsatz an Körperenergie erfordert.

Ringeln: günstige Ergonomie, geringe Störwirkungen

Abschließend wird festgestellt, dass die Ringelung nicht nur eine waldwirtschaftlich höchst wirksame, unaufwändige Verfahrensweise ist, sondern zudem ergonomisch sehr vorteilhaft ausgeführt werden kann. Ohne körperliche Überlastung werden viele Muskeln in dynamischer Beanspruchung eingesetzt. Auch besteht eine sehr geringe Unfallgefährdung. Lärm, Vibrationen und Abgase, die bei Anwendung herkömmlicher Arbeitsverfahren gerade in den dichten Jungwäldern sehr belastend wirken, treten nicht auf. Da keine abrupten Lebensraumveränderungen entstehen, wird die Lebewelt kaum gestört, so dass selbst in der Brutzeit geringelt werden kann.

2.2.5.3 Ausästung

Nicht in jedem Fall sind die Bedingungen für das spontane Aststerben an den Optionen gegeben. Astdurchmesser von über 3 cm sind für die Möglichkeiten der Wertholzerzeugung kritisch. Notfalls kann die Qualifizierung aber durch rechtzeitige Ausästungen herbeigeführt werden. Oft genügt zur wirkungsvollen Ausästung die Entnahme von einem oder von zwei Ästen. Meist müssen Ausästungen bis zum Abschluss der Qualifizierung allerdings mindestens einmal wiederholt werden.

Es gibt Situationen, in denen das spontane Absterben von Ästen im unteren Stammteil von Jungbäumen auf lange Sicht nicht erwartet werden kann. Nicht minder problematisch ist Aststerben, das erst zu einem Zeitpunkt eintritt, da die Äste bereits so stark sind, dass die Bildung eines breiten astfreien Holzmantels mit einem nahezu senkrechtem Faserverlauf nicht mehr aussichtsreich ist. Die Waldkiefer ist diesbezüglich eine besonders kritische Baumart. Im Gefolge des Absterbens starker Äste ist zudem bei vielen Baumarten mit einem erheblichen Entwertungsrisiko durch Holzverfärbungen oder Fäuleentwicklung zu rechnen.

Die typischen Ausgangsverhältnisse für solche schwierigen oder ausschließenden Bedingungen für die spontane Qualifizierung liegen im zuweilen spärlichen und weit verstreuten Aufkommen von Baumnachwuchs. Hierfür gibt es eine Vielzahl von Ursachen. So können mächtige Rohhumusauflagen, dichte Bodenvegetationsdecken oder hoher Entnahmedruck durch Pflanzenfresser dem Auflaufen oder der Etablierung von Jungbäumen hinderlich sein. Ein weitständig verstreutes Aufwachsen von Jungbäumen geht manchmal auch auf den Eintrag von Samen schwerfrüchtiger Arten durch Vögel zurück. So werden Eicheln, Kastanien und Walnüsse vom Eichelhäher oft in geringer Zahl aus größeren Entfernungen eingetragen (181).

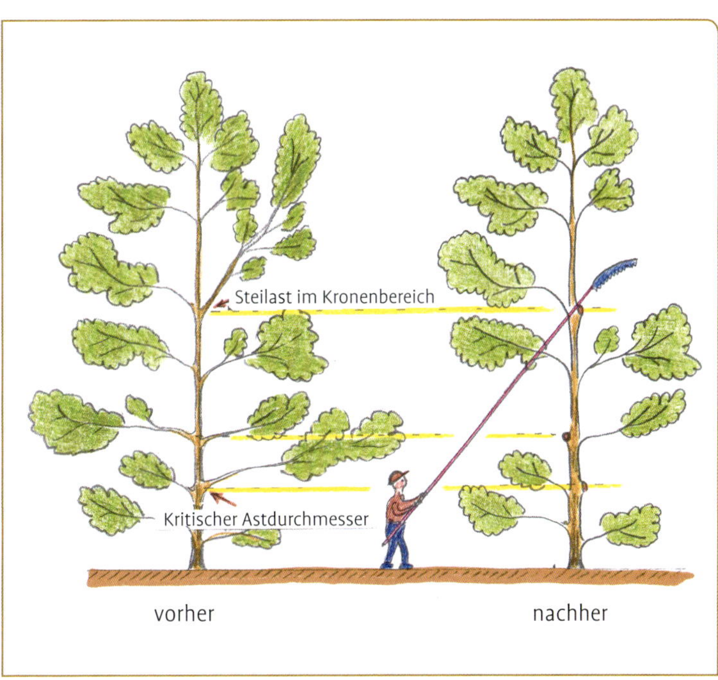

Notqualifizierung durch Ausästung.

Ausästung: Notqualifizierung vor Überschreitung des kritischen Astdurchmessers

In diesen Fällen bleibt waldwirtschaftlich als einzige Möglichkeit, an Optionen im Sinne einer Notqualifizierung Ausästungen* durchzuführen, um die weitere Entwicklung für eine spätere Wertholzerzeugung offenzuhalten, noch bevor kritische Astdurchmesser überschritten werden.

Die meisten Baumarten drohen, ab dem Auftreten von Astdurchmessern über 3 cm die Möglichkeiten einer späteren Wertholzerzeugung einzubüßen. Grundsätzlich ist für gleiche Astdurchmesser die Ausgangssituation umso günstiger, je größer der Astabgangswinkel ist. Die rasche, gesunde und störungsfreie Überwallung ausgesprochener Steiläste ist stets besonders problematisch.

Unter den Baumarten gibt es deutliche Unterschiede hinsichtlich der Entwertungsgefahr nach dem Absterben stärkerer Äste. Eine diesbezüglich besonders empfindliche Baumart ist die Vogelkirsche. Sobald in deren Ästen die Bildung von Kernholz* eingesetzt hat, das nach dem Aststerben oder nach der Ästung von Pilzen besiedelt werden kann, droht die Entwicklung einer Kernfäule, die sich von der Eintrittspforte aus in den Stamm fortsetzen kann.

Andererseits zeigen Eichen so gute Überwallungseigenschaften, dass das Aststerben und die Ästung selbst bei Astdurchmessern von 5 cm oder mehr noch ohne abträgliche Folgen bleiben, sofern es sich um Äste handelt, die in einem flachen Winkel vom Stamm abzweigen. Auch die Buche und die Kernobstarten (Elsbeere, Wildbirne, Speierling, Mehlbeere, Vogelbeere, Weißdorn) zeigen sich eher unproblematisch, sofern keine starken Steiläste absterben oder entfernt werden.

Bei dieser Gelegenheit sei erwähnt, dass sich die Hölzer der Kernobstarten makroskopisch kaum unterscheiden und für gleiche Dimension und Qualität gleiche Erlöse (oft im Spitzenbereich) erzielen. Nur selten wird die Möglichkeit baumförmig wachsender Eingriffliger Weißdorne zur Wertholzerzeugung erkannt (144).

Wichtig bei der Ausästung ist, dass, allerdings auf mehrere Jahre vorausgreifend, nur solche Äste entfernt werden, deren Durchmesser die für die Möglichkeit einer späteren Wertholzerzeugung kritische Schwelle zu überschreiten drohen.

Keinesfalls sollen bis zu einer bestimmten Baumhöhe bereits alle grünen Äste entfernt werden. Dies würde die Stoffproduktion und den Wachstumsablauf des Baumes unnötig beeinträchtigen (95). Auf solche schweren physiologischen Störungen reagieren Bäume häufig mit der Bildung von Sekundärtrieben, die dann zu einem späteren Zeitpunkt ebenfalls entfernt werden müssten (179).

Ausästungen führen nie zu einer Minderung des Höhenwachstums, so dass der so behandelte Baum in seiner Wettbewerbslage nicht substanziell benachteiligt wird. Wohl aber wird das Durchmesserwachstum gemindert. Dies ist jedoch in der Qualifizierungsphase für die weitere Wertentwicklung völlig unbedeutend.

Die Baumentwicklung nicht unnötig stören: nur qualitätskritische Äste vorausschauend entfernen

Oft genügt zur wirkungsvollen Ausästung die Entnahme von einem oder von zwei Ästen, vor allem dann, wenn mit der Ausästung zeitig begonnen wird. Kaum je müssen zunächst mehr als fünf Äste entfernt werden. Dabei gelten die unter dem später folgenden Abschnitt Wertästung dargelegten Durchführungsregeln.

Ausästungen stehen regelmäßig erst in der fortgeschrittenen Qualifizierung an und erfolgen daher nie an mehr als 150 Bäumen pro ha, meist sogar nur an einem Bruchteil dieser Zahl. Während die Markierung von Optionen ansonsten nicht erforderlich ist, wird zur Erleichterung der weiteren Beobachtung der ausgeästeten Bäume deren Kennzeichnung, zum Beispiel mit Papierband, empfohlen.

Oft müssen Ausästungen nämlich bis zum Abschluss der Qualifizierung einmal, unter Umständen auch zweimal wiederholt werden. Dies ist manchmal der Fall, wenn die supervitalen Bäume nicht unter Schirm sondern im vollen Licht erwachsen.

2.2.5.4 Sonderfall Baumentnahme

Bäume, die gleichzeitig über 12 m hoch und 12 cm stark sind, dürfen aus Sicherheitsgründen nicht mehr geringelt werden. Zur Wahrung einer Option kann die Fällung von Bäumen, die diesen Größenbereich überschritten haben, erforderlich sein.

Aus Gesichtspunkten der Verkehrssicherheit, vor allem aber der Arbeitssicherheit mit dem Blick auf nachfolgende waldwirtschaftliche Maßnahmen ist es unter bestimmten Umständen nicht möglich, Eingriffe in Form von Ringelungen durchzuführen, obgleich dies unter rein waldwirtschaftlichen Gesichtspunkten sinnvoll wäre. Als Faustregel gilt, dass Bäume die gleichzeitig über 12 m hoch und 12 cm stark sind, aus Sicherheitsgründen nicht mehr geringelt werden dürfen.

Baumentnahmen in bestimmten Ausnahmefällen im Interesse der Sicherheit im Wald.

Wenn in der fortgeschrittenen Qualifizierungsphase Bäume vorhanden sind, die nach Überschreitung dieser Regelwerte Optionen* so erheblich beeinträchtigen, dass zu deren Wahrung ein Eingriff unerlässlich ist, so liegt dieser Situation nahezu immer ein Versäumnis zugrunde, sei es, dass ein Pionierbaum die gedeihliche Fortentwicklung eines lichtbedürftigen Supervitalen* (zum Beispiel Birke hat supervitale Eichen-Option überwachsen) gefährdet oder dass eine Sau* selbst Optionen schattenertragender Baumarten zu verdrängen droht.

In beiden Situationen bleibt zur Wahrung der Option keine andere Möglichkeit, als den Pionierbaum bzw. die Sau* durch Fällung vollständig zu entnehmen. In letzterem Fall ist dies oft mit hohem Aufwand verbunden, da Buchen- oder Hainbuchensäue dann meist schon so weit ausladende, stark beastete Kronen entwickelt haben, dass diese unter erheblichem Zeit- und Energieaufwand zerlegt werden müssen.

Gegebenenfalls ist nach Entfernung einer Sau* das weitere spontane Aststerben von Optionen schattenertragender Baumarten so verzögert, wenn nicht sogar ganz unterbrochen, dass einige Jahre später Ästungsmaßnahmen notwendig werden. Nach Fällung von Pionierbäumen über lichtbedürftigen Optionen ist dies selten der Fall.

Im Übrigen werden natürlich generell Bäume entnommen, die an Optionen reiben. Solche Entnahmen sind meist ohne Belang für den Fortgang des Aststerbens, da die schädigende Wirkung der Reiber häufig mit deren physischer Instabilität in Zusammenhang steht.

2.2.5.5 Waldgeißblatt und Waldrebe

Zur Wahrung des Werterzeugungspotenzials in der Qualifizierungsphase kann es unerlässlich sein, in die Entwicklung von Lianen regulierend einzugreifen. Diesbezüglich spielen vor alle zwei Arten eine erhebliche Rolle, das Waldgeißblatt und die Waldrebe.

Mit dem Waldgeißblatt muss bei stärkerem Lichtzutritt auf gut wasserversorgten, jedoch bodensaueren Standorten mäßiger bis mittlerer Nährstoffausstattung bereits am Ende der Etablierungsphase gerechnet werden. Trägerpflanzen aller Art, sogar Gräser, werden vom Waldgeißblatt umschlungen. Jungbäume können unter der zusätzlichen Last gebogen werden, ihr stabilisierendes Dickenwachstum wird durch teilweisen Lichtentzug eingeschränkt, vor allem aber entsteht die Gefahr regelrechter Strangulation.

Daher ist es wichtig, in Bereichen mit reichlichem Waldgeißblattaufkommen rechtzeitig regulierend einzugreifen. Die ideale Zeit hierfür ist durch den sehr frühen Blattaustrieb des Waldgeißblattes geboten. Im zeitigen Frühjahr lässt sich die Problematik besonders leicht und sicher einschätzen, und man kann eingreifen, noch bevor weitere abträgliche Wirkungen entstehen.

Die beste Wirkung wird durch das Ausreißen von Waldgeißblattpflanzen erreicht, die sich an Optionen hochwinden. Dies ist ohne große Kraftanstrengung möglich, da das Waldgeißblatt ein wenig verzweigtes, oberflächennahes Wurzelsystem ausbildet.

Keinesfalls ist es erforderlich, alle Pflanzen in einem bestimmten Bereich auszureißen, zumal

Waldgeißblatt kann Stämme regelrecht strangulieren.

Ein Waldreben-Teppich überdeckt die Baumkronen.

die Art eine besonders bevorzugte Nahrungspflanze des Rehes ist und insofern eine Ablenkwirkung hat.

Strangulation von Optionen durch Waldgeißblatt im Vorfrühling abwenden

Im Allgemeinen wird die Gefährdung wuchskräftiger Jungbäume in weniger als zehn Jahren überwunden, da das Waldgeißblatt nicht höher als etwa 5 m klettert, so dass die Jungbäume dieser Liane einigermaßen rasch entwachsen können.

Wesentlich problematischer kann sich die Wirkung der Waldrebe entwickeln. Diese hat ihren standörtlichen Schwerpunkt auf ausgesprochen nährstoffreichen Standorten. Die Waldrebe kann sich nämlich als Rankenpflanze durchaus bis in über 20 m Höhe entwickeln, die Äste und den Gipfeltrieb des Trägerbaumes unter ihrer Belaubung regelrecht zudecken und diesen durch Niederbiegen so schwer deformieren, dass er seine lotrechte Wuchsform einbüßt.

Ganze Jungwaldbereiche können unter dem grünen und nach dem Blattfall unter dem weißgrauen Teppich der Waldrebe begraben werden, deren Lebenszeit viele Jahrzehnte erreicht. Die ökologische Stärke der Waldrebe liegt in ihrer Fähigkeit, jahrelang unter tiefem Schatten ausharren zu können, sich bei Eintritt günstiger Lichtverhältnisse aber unter reichlicher Samenproduktion explosionsartig ausbreiten zu können. Vitale Waldrebenpflanzen gehen letztlich aber stets auf eine geringe Anzahl von Stöcken zurück, die allerdings bis zu armdicke Rankenstränge hervorbringen können.

Eine Regulierung der Waldrebenentwicklung ist erst dann wirkungsvoll, wenn deren Stöcke unter volle Beschattung gekommen sind. Nach dem bodennahen Abtrennen der Lianen mit einer Durchforstungsschere oder einer Heppe ist ein kräftiger Wiederaustrieb in diesem Fall der Waldrebe nicht mehr möglich.

Bodennahes Abtrennen der Waldrebe erst an voll beschatteten Stöcken.

Die entsprechenden Eingriffe werden vorzugsweise in der laubfreien Zeit getätigt. Dabei besteht das Ziel, im Bereich der gefährdeten Jungbäume die Ranken tatsächlich aller Stöcke zu durchtrennen, die in dieser Zeit besonders leicht aufgefunden werden können.

Im Falle der Waldrebe orientieren sich die Eingriffe also ausdrücklich nicht an bestimmten Optionen*, sondern am Vorhandensein dieser Problemart selbst. Nur so kann die stets flächenwirksame und dann jahrzehntelange Vorherrschaft der Waldrebe gebrochen werden, die hierdurch im Übrigen keineswegs ausgerottet zu werden droht.

2.3 Dimensionierung: Auslesebäume

Eine Option ist qualifiziert, wenn ihre Kronenbasis in einer Höhe ansetzt, die etwa 25 % ihrer erreichbaren Endhöhe entspricht. Dann wird über ihre Auswahl zum Auslesebaum entschieden und gegebenenfalls eine Wertästung durchgeführt. Fortgesetzte Kronenfreistellungen ermöglichen den Auslesebäumen während der gesamten Zeit ihres starken Höhenwachstums, ihre Kronen auch ungehindert seitlich auszudehnen. Durch die Dimensionierung werden die Auslesebäume in die Lage versetzt, rasch breite astfreie Holzmäntel, das Leitmerkmal höchsten Wertes, auszubilden. Die angehaltene Kronenbasis der Auslesebäume ist das Markenzeichen von QD. Genügend große Abstände zwischen den Auslesebäumen sind eine wichtige Voraussetzung der Dimensionierung. In den sich fortschreitend verkleinernden Bereichen zwischen den Auslesebäumen wird nicht eingegriffen.

2.3.1 Ausschöpfung des Kronenexpansionsvermögens von Auslesebäumen

Optionen haben ihre Qualifizierung abgeschlossen, wenn ihre größte Kronenbreite in eine Höhe hochgewandert ist, die hinreichende Möglichkeiten eines starken Zuwachses an astfreiem Holz im unteren Stammbereich bietet. Notfalls kann die Qualifizierung auch durch Ästung des unteren Kronenbereichs geschehen.

Supervitale Optionen haben einen hohen Durchmesserzuwachs, wenn sie nicht unter Schirm wachsen. Werden sie zeitgerecht als Auslesebäume ausgewählt, weisen sie zum Beginn ihrer Kronenfreistellung häufig Jahrringbreiten auf, die bei vielen Baumarten über einem halben Zentimeter liegen.

Auslesebäume aus supervitalen Optionen: Beibehaltung des hohen Durchmesserzuwachses

In der Dimensionierungsphase kann es daher in der Regel nicht darum gehen, den Durchmesserzuwachs der Auslesebäume wesentlich zu steigern. Allerdings ermöglicht ein konsequent fortgesetzter Kronenausbau, das Durchmesserwachstum auf einem hohen Niveau fortzuführen (31, 96). Der mit zunehmendem Alter rückläufige flächenbezogene Grundflächenzuwachs, der an immer größeren Stammdurchmessern angelegt wird, kann durch eine hinreichende seitliche Kronenexpansion in seiner Wirkung auf den Durchmesserzuwachs kompensiert werden.

Kronenfreistellungen bewirken zwar einen Zuwachsimpuls durch mehr Lichtzutritt, dieser lässt aber mit der danach einsetzenden Kronenannäherung durch Triebverlängerungen in den freien Standraum wieder nach (149). Dauerhaft wirken Kronenfreistellungen auf den Zuwachs des geförderten Auslesebaumes dadurch, dass dieser seinen Assimila-tionsapparat vergrößern kann.

Stammlänge, Stammdurchmesser und Wertholzerzeugung.

Zuwachsschub durch Erlangung von Schirmfreiheit.

Starke, unvermittelte Steigerungen des Durchmesserwachstums eines Baumes stehen dagegen nahezu immer im Zusammenhang mit der Erlangung von Schirmfreiheit. Diese wird bei der Buche zuweilen erst zum Dimensionierungsbeginn herbeigeführt, wenn zuvor die Erziehungswirkung durch den Schirm gleich alter Pionierbäume oder aber älterer Bäume mit hoch angesetzten Kronen im Vordergrund stand.

Beim Schritt von der Qualifizierungs- zur Dimensionierungsphase gilt es grundsätzliche Entscheidungen zu treffen: Welche ist die angestrebte Wertstammhöhe? Welche Auslesebäume werden gewählt? Bei allen Entscheidungen muss die Multifunktionalität eines Waldes beachtet werden.

Eine sehr geringe astfreie Stammhöhe wird zwar zu einem frühen Zeitpunkt erreicht, ermöglicht den Ausbau einer sehr großen Krone und ein dementsprechend sehr starkes Durchmesserwachstum, eine sehr niedrige Schwerpunktlage des Baumes und damit eine hohe Standfestigkeit, sehr frühzeitiges, reichliches Fruchten und ein sehr geringes Erntealter unter geringem Risiko, erbringt aber nur eine geringe Menge astfreien Holzvolumens.

Entscheidung zur astfreien Stammhöhe: nicht zu wenig und nicht zuviel

Dagegen wird eine sehr hohe astfreie Stammhöhe erst zu einem späten Zeitpunkt erreicht, so dass die Möglichkeiten zum Ausbau der hoch angesetzten Krone gering sind. Das Durchmesserwachstum bleibt dann dementsprechend mäßig. Angesichts der hohen Schwerpunktlage des Baumes ist seine Stabilität eingeschränkt. Er erzeugt erst zu einem späten Zeitpunkt und weniger ergiebig Samen. Außerdem erreicht er erst spät und damit unter vergleichsweise hohem Risiko seine Erntereife, weist dann allerdings ein hohes Volumen astfreien Holzes auf.

2.3.2 Anhalten der Kronenbasis als Leitgrundsatz

Ein günstiger Bereich für die Wertstammausbildung ist erreicht, wenn die Kronenbasis des Auslesebaumes in einer Höhe ansetzt, die etwa 25 % seiner erreichbaren Endhöhe entspricht.
Die waldwirtschaftlichen Eingriffe in der Dimensionierungsphase sind darauf ausgerichtet, Aststerben am Kronenansatz der Auslesebäume auszuschließen. Der Blick auf den Kronenansatz klärt die Wirksamkeit bisheriger Dimensionierungseingriffe
Durch das „Anhalten“ seiner Kronenbasis kann ein Baum in der Folge seine volle Kronenausdehnung erreichen. Dies ermöglicht höchstes Durchmesserwachstum. Die Standfestigkeit des Baumes wird durch die niedrige Schwerpunktlage gefördert.
Zum Erntezeitpunkt kann der Baum entnommen werden, ohne dass sich das Sturmschadensrisikos für die Nachbarbäume gleicher Gestalt nennenswert erhöht. Damit wird ein Höchstmaß an waldwirtschaftlicher Flexibilität erreicht.

Eine ausgewogene Festlegung der Wertstammhöhe und damit des Dimensionierungsbeginns muss einen sicheren Abstand wahren vor der Gier, schon sehr früh dicke, wertträchtige Bäume zu erreichen, weil wenige Jahre an Zeitgewinn hohe Opfer an Wertholzvolumen fordern. Ebenso wichtig ist aber der Abstand vor dem Geiz, bloß kein Wertholzvolumen einzubüßen, weil dazu viele Jahre erforderlich sind, in denen die Bäume den besten Teil ihrer Fähigkeit zur Kronenausdehnung verpassen. Auf eine rasche Kronenexpansion kommt es aber für Auslesebäume an, wenn es darum geht, die Standräume rasch zu besetzen, die zu ihren Gunsten durch die Entnahme von Bedrängern freigemacht wurden.

Ein unter Abwägung aller Gesichtpunkte günstiger Bereich für die Wertstammhöhe wird, gemessen an der bisher üblichen und weit verbreiteten Bewirtschaftungspraxis, in einer vergleichsweise niedrigen Kronenbasis gesehen, deren Äste in einer Höhe ansetzen, die etwa 25 % der erreichbaren Endhöhe des Baumes entspricht.

Zu diesem Zeitpunkt weisen in der starken innerartlichen Konkurrenz vollen Dichtstandes erwachsene Supervitale*, unabhängig von der jeweiligen Baumart, in der Regel relative Kronenlängen von 40–50 % auf. Dabei bleiben Grünäste unterhalb der größten Kronenbreite außer Betracht. Eine supervitale Buche, deren Endhöhe voraussichtlich etwa 32 m erreichen wird und deren Kronenbasisäste dementsprechend zum Qualifizerungszeitpunkt in 8 m Höhe ansetzen, ist dementsprechend meist zwischen gut 13 und 16 m hoch.

Etwa 25 % astfreie Stammhöhe zum Erntezeitpunkt als Leitbild.

Im Weiteren konsequent geförderte Bäume, die zu fortgeschrittener Zeit, wenn sie ihr Durchmesser-Mindestziel erreicht haben, eine relative Kronenlänge von stattlichen 75 % aufweisen, haben gleichwohl nahezu die Hälfte ihres Holz-

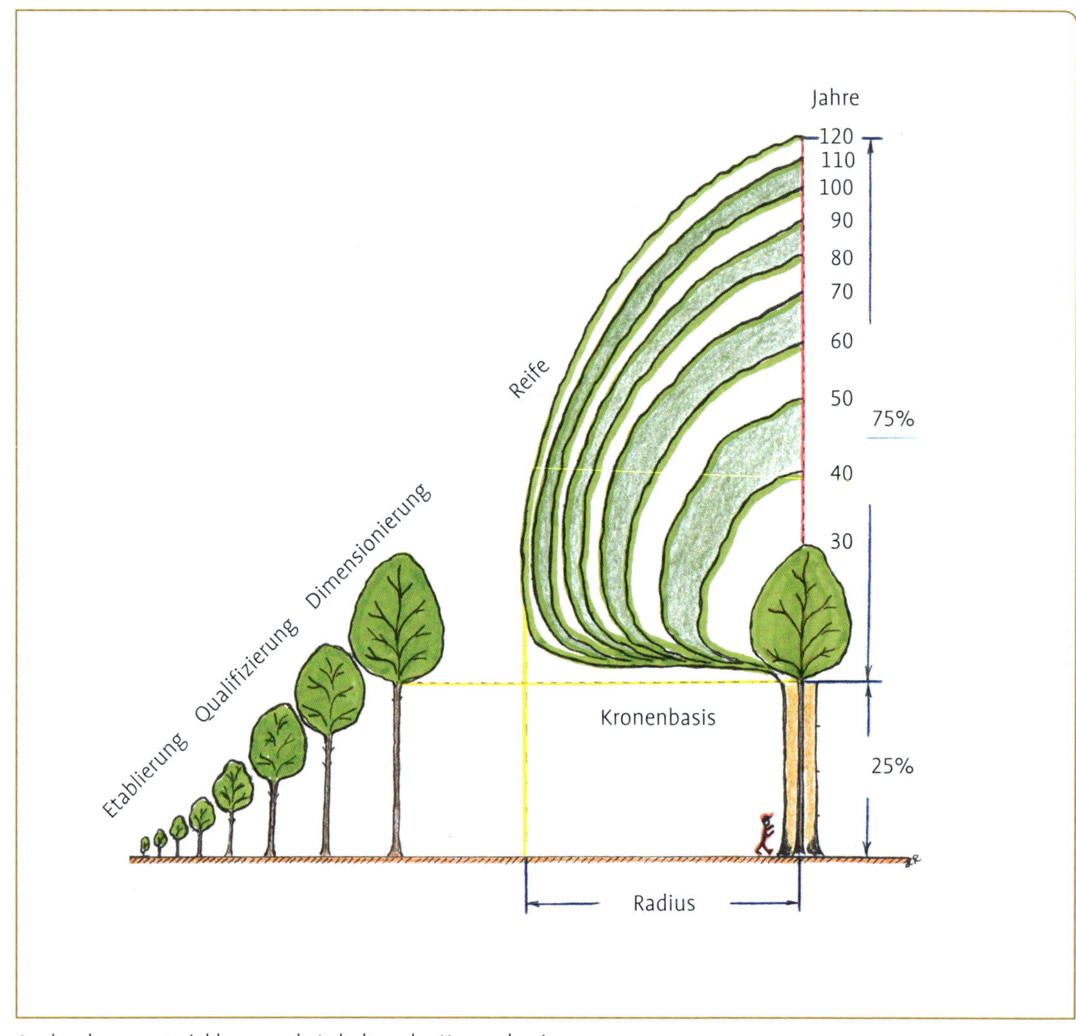

Auslesebaumentwicklung nach Anhalten der Kronenbasis.

volumens im astfreien unteren Stammbereich angelagert (11).

Sie erreichen dieses Mindestziel in wenigen Jahrzehnten, da ihre Kronenexpansion von einem hinreichend langen Zeitabschnitt profitieren kann, der in diesem Fall, weitgehend unabhängig von der Baumart und den standörtlichen Verhältnissen, schon bald nach der Gipfelung des Höhenzuwachses (und damit auch überhaupt aller Potenziale für Triebverlängerungen an jedweder Stelle im Kronenaußenbereich) beginnt.

Bäume dieser Gestalt erlangen überdies ausgesprochen günstige Voraussetzungen für die frühzeitige und ergiebige Samenerzeugung und sie behalten eine ausgesprochen niedrige Schwerpunktlage als Schlüsseleigenschaft für eine hohe individuelle Standfestigkeit.

Aus dieser Einviertel-Dreiviertelproportion von astfreiem Stamm und mächtiger Krone als

Zielprojektion der Gestalt des späteren Wertbaumes, an dessen Kronenbasis nach Abschluss seiner Qualifizierung das Aststerben nicht weiter fortschreitet, leiten sich die Eckpunkte der waldwirtschaftlichen Einflussnahme in der Dimensionierungsphase ab (79, 124, 127, 133, 177, 189).

Die zentrale Bedeutung des Auslesebaumes steht mit der wesentlichen Motivation seiner Auswahl in Zusammenhang (47). Diese bezieht sich auf ökologische, ästhetische oder holzproduktbezogene Gesichtspunkte. Besonders günstig ist es, wenn diese Gesichtspunkte in Verbindung erfüllt werden. So kann häufig erreicht werden, dass im Zuge seiner rasch zunehmenden Kronenausdehnung die ästhetische Imposanz des Auslesebaumes mit seiner beachtlichen Holzwertentwicklung einhergeht.

> Bündelung des Nettoerlöses aus dem Rohstoff in den Auslesebäumen.

Nach Maßgabe dieser grundsätzlichen Orientierung bedeutet die Auswahl eines Auslesebaumes eine waldwirtschaftliche Entscheidung von außerordentlicher Tragweite (170, 171, 186, 220). Waldökologisch berührt sie den weiteren Entwicklungsverlauf in einem großen, vom Auslesebaum voraussichtlich beeinflussten Waldbereich. Ästhetisch leitet sie das Heranwachsen einer imposanten Baumgestalt in einer Umgebung ein, deren Vielfalt kleinräumig zunimmt. Waldwirtschaftlich ist sie auf eine Wertentstehung gerichtet, die dort, wo es um den Rohstoff Holz geht, einen Nettoerlösanteil von mehr als 80 % erreichen kann.

Selbstverständlich bleibt der Auslesebaum, dem durch hierzu geeignete waldwirtschaftliche Maßnahmen die Möglichkeit verschafft wird, ihm innewohnende Anlagen und Entwicklungspotenziale zur vollen Ausprägung zu bringen, uneingeschränkt im Waldökosystem integriert.

Zugunsten seiner im Vergleich zum unbeeinflussten Naturablauf viel rascheren und viel weitergehenden Verfügung über Wurzel- und Kronenraum werden gezielte waldwirtschaftliche Einflüsse gesetzt. Aus waldökologischer Sicht ist zu bemerken, dass diese Einflüsse im natürlichen Störungsregime in dieser Weise und Zeitabfolge nicht aufträten. Allerdings erfolgen die waldwirtschaftlichen Maßnahmen unter Beachtung der Grenzen, die den Wirkungsrahmen des natürlichen Störungsregi-

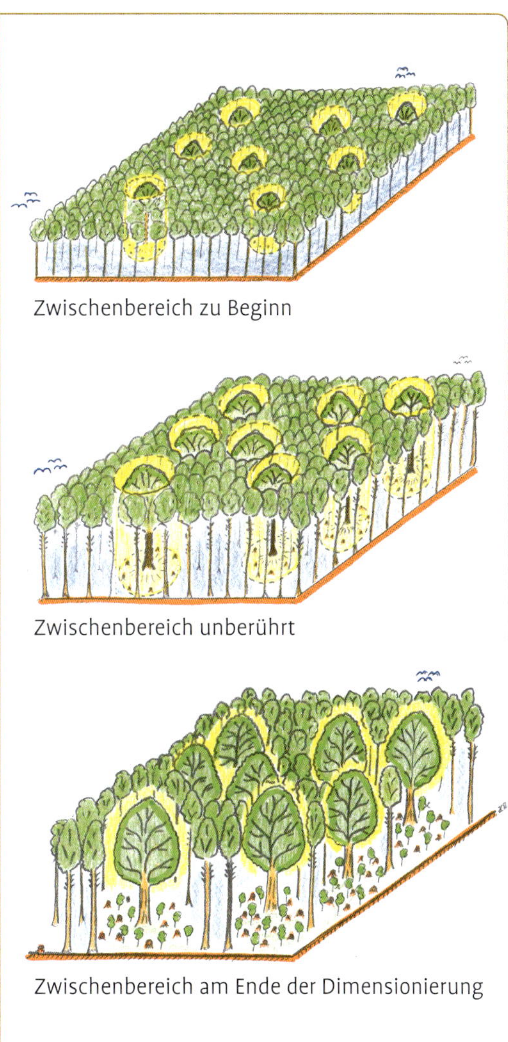

Integration der Auslesebäume im Waldgefüge.

mes* nach Zeit, Raum und Intensität keinesfalls zu überschreiten drohen.

Der Gestaltwandel der nahezu altersgleichen Bäume in herkömmlich bewirtschafteten Wäldern wird von fortschreitendem Aststerben geprägt. Dessen Rhythmus und Geschwindigkeit hängen im Wesentlichen vom laufenden Höhenwachstumsgang und von der Schattentoleranz der in Kontakt stehenden Bäume ab. Dagegen wirken sich alles in allem die flächenwirksamen, als Durchforstungen bezeichneten Eingriffe nur wenig auf die Gestalt der verbleibenden Bäume aus.

Dies zeigt sich unter anderem sehr deutlich im reichen Datenbestand der zum Teil seit weit über 100 Jahren betriebenen waldwachstumskundlichen Versuchsflächen (94, 202) und zwar in einer großen Breite von Durchforstungsarten und -intensitäten und bei allen Baumarten.

Dabei fällt auf, dass bei diesen klassischen, flächenwirksamen und bestandesweisen „Behandlungen" (25, 97, 110) in einem sehr breiten Rahmen keine bedeutenden Unterschiede in den Kronenansatzhöhen der verschiedenen Varianten auftreten. Gleiches trifft für die mittleren Brusthöhendurchmesser* der 100 und mehr noch der 50 stärksten Bäume je ha zu, die sich in den einzelnen Behandlungen häufig auch in weit fortgeschrittenem Baumalter nur um wenige Zentimeter unterscheiden (137).

Dies spiegelt sich in vielen Ertragstafeln* wider. So erreichen beispielsweise bei der Baumart Eiche nach Jüttner (1955) in der I. Ertragsklasse im Alter von 200 Jahren in der mäßigen Durchforstung 71 Eichen pro ha einen mittleren Brusthöhendurchmesser von 70,0 cm, in der starken Durchforstung 55 Eichen pro ha einen solchen von 72,9 cm (83).

Offensichtlich bewirken die ertragstafelgemäßen Eingriffe zugunsten dieser wuchskräftigen Bäume, die schließlich den wesentlichen Teil der Nettowertleistung aus Erntenutzungen erbringen sollen und die damit die entscheidenden Träger der waldwirtschaftlichen Investitionen in die Erzeugung von Mehrwert darstellen, keine nennenswerten Dimensionseffekte. Wie sollte dies denn auch möglich sein, wenn diese Eingriffe nicht hinreichen, um anhaltend wirkende Kronenerweiterungen herbeizuführen?

Diese Kronenvergrößerungen bleiben nämlich bei den klassischen Behandlungen in dem Maße aus, beziehungsweise hinter den Möglichkeiten zurück, wie das Aststerben der Krone von unten her fortschreitet. Die Folgen unterlassenen Kronenausbaues wirken über den gesamten Zeitraum bis zur Ernte des Baumes: Assimilationsflächenpotenziale bleiben Jahr um Jahr ungenutzt und für das Durchmesserwachstum des Baumes endgültig verloren.

Zugunsten einer größeren astfreien Stammlänge bleibt die Breite des astfreien Holzkörpers geringer, beziehungsweise verlängert sich die Zeitdauer bis zur Erreichung der gleichen astfreien Mantelstärke, damit aber auch der Zeitraum, in der ein Entwertungs- und Ausfallrisiko fortbesteht.

Dieser Grundsachverhalt wird vor allem dann in mehrfacher Hinsicht nachteilig wirksam, wenn ein Baum durch Entnahme von Nachbarbäumen in seiner Kronenausdehnung zunächst aktiv gefördert wurde, in der Folge allerdings erneut so in Konkurrenzdruck gerät, dass das Aststerben an den zwischenzeitlich erstarkten Ästen des unteren Kronenbereiches wieder einsetzt.

Die Dimensionswirkung herkömmlicher Durchforstungen ist gering.

Bis zu einer faserstörungsfreien Überwallung dieser Äste vergehen je nach Baumart und Astmerkmalen so viele Jahre, wenn nicht Jahrzehnte, dass nicht einmal unmittelbar im Anschluss an den unteren astfreien Stammteil hinreichend breite und damit Mehrwert liefernde astfreie Holzmäntel gebildet werden können.

Entweder die Zwischenförderung war schwach und erneutes Aststerben tritt bereits nach weniger als 10 Jahren ein, dann bleibt auch der weitere Durchmesserzuwachs eher gering oder die Zwischenförderung war stark,

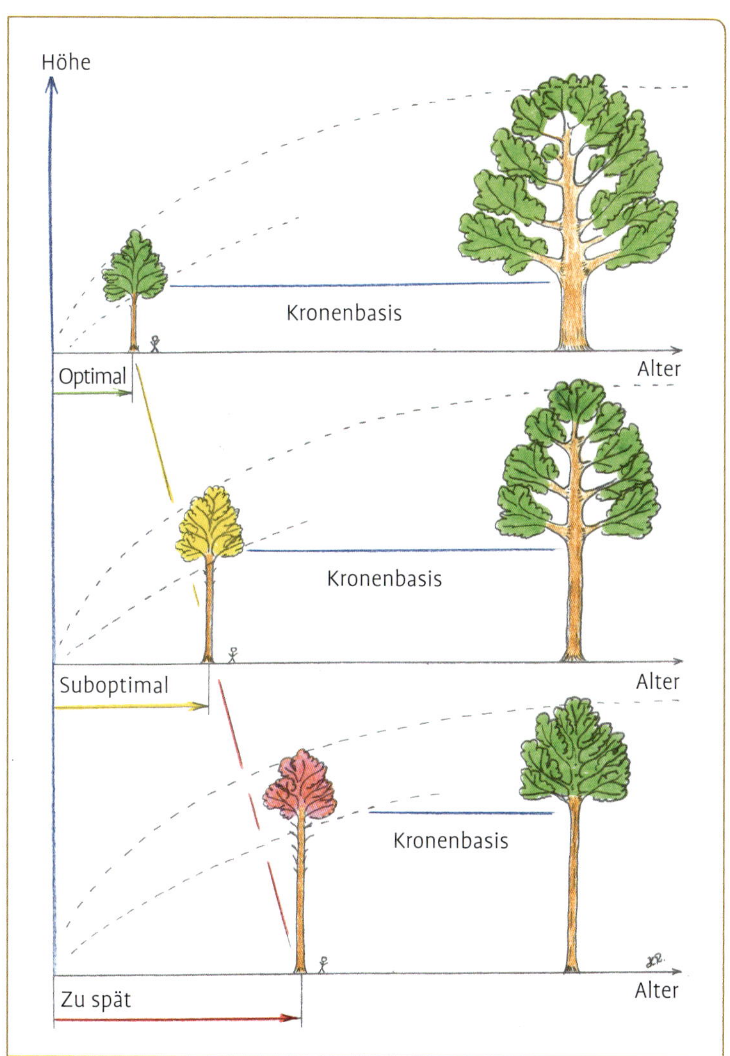

Raum-zeitliche Zusammenhänge des Dimensionierungsbeginns.

mit der Folge, dass erst nach Jahrzehnten eine Überwallung der abgestorbenen erstarkten Äste einsetzt. Im letzteren Fall können selbst bei stärkerem Durchmesserzuwachs keine Mehrwerterwartungen erfüllt werden. Vielmehr wächst im besten Fall sägefähiges Holz in mäßiger Qualität heran.

Fortgesetztes oder wiedereinsetzendes Aststerben wirkt sich in jedem Fall in einer vergleichsweise höheren Schwerpunktlage des Baumes aus. Dadurch entwickeln sich die Bedingungen bezüglich der individuellen Standsicherheit des Baumes ungünstig.

Dagegen neigt bei konstant bleibender Kronenansatzhöhe das Sturmwurfrisiko zwar nicht gegen Null, wohl aber das Risiko einer Entwertung des astfreien Wertstammes durch Bruch.

Zum Erntezeitpunkt können Bäume, deren Kronenlänge dann über 70 % beträgt, entnom-

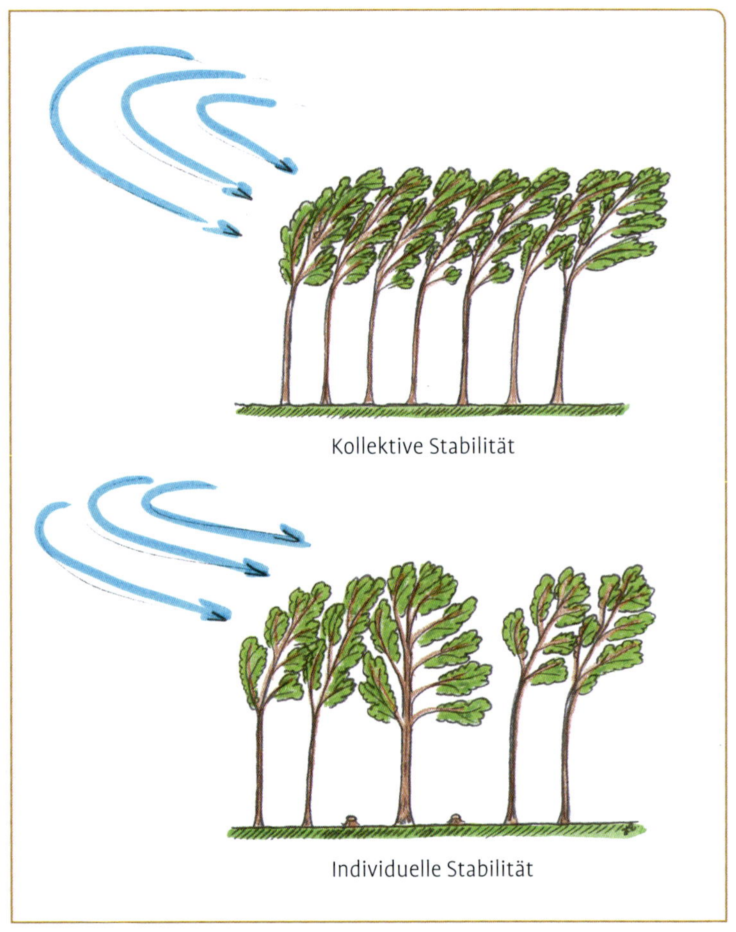

Baumgestalt und Reaktion im Sturmfeld.

men werden, ohne dass damit eine nennenswerte Erhöhung des Sturmschadensrisikos für die Nachbarbäume gleicher Gestalt verbunden ist.

So wird ein Höchstmaß an waldwirtschaftlicher Flexibilität erreicht. Es bieten sich große Spielräume für die zeitlich optimale Ernte wertvollen Holzes unter gleichzeitiger Minimierung des Aufwandes im Generationenwechsel.

Bei vielen Baumarten ist das Absterben der Äste, zumal wenn es an erstarkten oder steil abgehenden Ästen eintritt, mit einem erhöhten Stammfäulerisiko verbunden. Für eine breite Palette saprophytisch* und parasitisch* lebender Pilze bieten die Reste abgestorbener Äste ideale Eintrittspforten in den Holzkörper des Baumstammes. Unter besonders ungünstigen Bedingungen können sich nach dem Absterben von Steilästen Wassertöpfe bilden, von denen fast immer eine erhebliche Entwertung der darunterliegenden Stammbereiche ausgeht.

Wenn das Reifholz* von Laubbäumen im inneren Stammbereich bestimmte Holzfeuchtegehalte unterschreitet, kann es oxidativ verfärbt werden. Hierbei spielt der Zutritt von Luftsauerstoff eine entscheidende Rolle (223). Dieser wird unter anderem über abgestorbene Äste möglich.

Höhere Sturmstabilität bringt größere waldwirtschaftliche Flexibilität.

Die dadurch bedingte Farbkernbildung* führt zu Wertminderungen, wenn sie den astfreien Holzmantel erfasst. Aus diesem Grund ist es bei der Buche, aber auch bei der Birke, bei den Ahornen, bei der Schwarzerle (20) und bei den Kernobstbäumen wichtig, die waldwirtschaftlichen Möglichkeiten zur Minderung dieses Entwertungsrisikos konsequent zu nutzen (203). Die Vermeidung von Aststerben an der Kronenbasis (178), die gewissermaßen das Markenzeichen der QD-Strategie darstellt, steht dabei im Vordergrund.

Bei einigen Baumarten, vor allem bei der Buche und bei der Esche, drohen hohe mechanische Spannungen im Holzkörper, die nach der Fällung zum Aufreißen des Stammes oder zur Bildung von entwertenden Rissen führen. Bei der Vogelkirsche wird die erheblich wertmindernde Grünstreifigkeit mit Holzspannungen in Verbindung gebracht (147).

Die entscheidende waldwirtschaftliche Möglichkeit zur Vermeidung solcher Spannungen besteht in der Förderung des Aufbaues großer, ausgewogen ausgeformter Kronen (17, 30). Auch in dieser Hinsicht bietet das endgültige Beenden des Asterbens an der Kronenbasis einen hochwirksamen Wachstumsimpuls.

Einseitige Kronenausbildung am Steilhang ist vermeidbar.

Starke Dimensionswirkungen erfordern das endgültige Anhalten der Kronenbasis.

Die Tendenz zur Ausbildung unausgewogener Kronenformen nimmt mit der Hangneigung zu. In Steilhängen weisen nicht oder nur schwach begünstigte Bäume nahezu ausnahmslos einseitig zum Tal hin ausgebildete Kronen auf. Allein schon durch den talwärts verlagerten Kronenschwerpunkt ist die Standfestigkeit solcher Bäume beeinträchtigt.

Das zeitgerechte Anhalten der Kronenbasis erfordert am Steilhang eine besonders früh einsetzende, starke Förderung der bergseitigen Kronenhälfte, die meist bereits einige Jahre vor der talseitigen Kronenpartie ihre gewünschte Kronenansatzhöhe erreicht. Durch diese Vorgehensweise kann selbst am Steilhang die Ausbildung einer ausgewogenen Kronenform zuverlässig erreicht werden.

Aus allen diesen Gründen und Erwägungen erfordern wirkungsvolle Dimensionierungseffekte das endgültige Anhalten des Aststerbens an der Kronenbasis sorgfältig ausgewählter Bäume, die sich in der Qualifizierungsphase als herausragend vital und dementsprechend reaktionsfähig erwiesen haben und die gleichzeitig hohen Qualitätsanforderungen genügen. Dies wiederum setzt der möglichen flächenbezogenen Zahl solcher Auslesebäume wie auch ihrer Verteilung bestimmte Grenzen, die unter Anlegung hoher Maßstäbe zuverlässig beachtet werden müssen.

Waldwirtschaftliche Nachteile drohen vor dem Hintergrund der bis heute verbreiteten Auswahlgepflogenheiten viel eher durch eine zu große, als durch eine zu geringe Zahl von Auslesebäumen. Auslesebäume können nämlich bei zeitgerechter und konsequenter Förderung ihrer seitlichen Kronenausdehnung Flächengrößen überschirmen, die weit jenseits dessen liegen, was in herkömmlichen waldwachstumskundlichen Versuchsanlagen verwirklicht wurde.

2.3.2.1 Beispiele in natürlichen Sukzessionen und im Mittelwald

Kronenfrei wachsende Bäume gibt es in großer Zahl vor allem in zwei Bereichen. Der erste Bereich findet sich dort, wo Jahrzehnte nach Brachfallen einer Freilage im Zuge der sukzessionalen* Entwicklung Bäume ihre Kronen über hochwachsenden Sträuchern ausbreiten und dabei so weitständig verteilt auftreten, dass sie untereinander erst nach etlichen Jahrzehnten in Kontakt treten und damit den Wald als Vegetationsform wiederherstellen (139, 167).

Mutmaßlich vom Eichelhäher* in Grünlandbrachen gesäte Stieleichen können zufolge von Kronenablotungen und Zuwachsbohrungen im saarländischen Buntsandsteingebiet innerhalb von 40 Jahren Kronen mit über 200 m² Schirmfläche und innerhalb von 50 Jahren sogar mit über 300 m² Schirmfläche aufbauen. Die große Bedeutung der Besiedlung von Offenland durch die Eichen ist vegetationskundlich breit belegt (156).

Bäume mit großen Kronen bei natürlicher Wiederbewaldung von Brachflächen.

Wo sich Hasel, Weißdorn (34), Schlehe und andere stark beschattende Sträucher gleichzeitig oder mit geringer zeitlicher Verzögerung entwickeln, wächst im Rahmen der spontanen Entwicklung in den unteren Stammbereichen der in dieser Umgebung hochwachsenden Bäume astfreies Holz in breiten Jahrringen heran, und es entsteht vielfältig strukturierter Wald mit imposanten Bäumen (53, 64).

In einem zweiten Bereich finden wir diese Baumgestalt geradezu als Regelfall im sogenannten Oberholz der ehemaligen Mittelwälder*(73). Mittelwaldwirtschaft prägte in weiten Teilen Mittel- und Westeuropas über viele Jahrhunderte die nachhaltige Nutzung der Laubwälder durch die landwirtschaftlichen Gesellschaften (7, 49, 152, 192).

Diese Mehrzweckwirtschaft verfolgte die Erzeugung von Brennholz in einem meist 20- bis 30-jährigen Stockausschlagbetrieb* in Verbindung mit der Erzeugung von Werkholz durch Belassung so genannter Oberständer*, deren Alter jeweils ein Mehrfaches der Hiebswiederkehr in der Hauschicht betrug (12, 140).

Weitere wichtige Nutzungen dieser Wirtschaftsweise waren Eichenrinde zur Gerberei und zur Mast der Schweine Eicheln (2), Bucheckern und andere nahrhafte Früchte. In Frankreich lassen noch heute weit mehr als die Hälfte der Wälder der Tief- und Hügellandstufen die frühere Mittelwaldwirtschaft erkennen.

Bäume mit großen Kronen im Mittelwald.

Aus dieser Art der Waldwirtschaft ergibt sich für die Oberständer zwangsläufig eine Kronenansatzhöhe, die in keinem Fall höher reicht, als die Baumhöhe der Stockausschläge zum Zeitpunkt ihrer Ernte abzüglich etwa 3 bis 4 m. Lediglich bis in diesen Bereich wirkt nämlich die Möglichkeit der Unterschichtbäume, die Kronenbasisäste von Oberständern zum Abster-

Typische Gestalt einer Traubeneiche im durchgewachsenen Mittelwald.

ben zu bringen. Hierzu kommt es ohnehin nur dann, wenn die Unterschichtbäume durch ihre Beschattungswirkung das Schattenerträgnis des Oberständers überfordern.

Diese Situation ist durchweg im Mittelwaldtyp gegeben, der durch Eichen-Oberständer über Hainbuchen-Stockausschlägen geprägt wird und der früher besonders weit verbreitet war. Dagegen leidet die hochwachsende Unterschicht eher unter der Beschattung von Buchen-Oberständern, als dass sie deren Kronenbasisäste ausdunkeln könnte, sieht man vom eher seltenen Fall sehr dicht stehender Hainbuchen-Stockausschläge ab.

Eichen-Oberständer behaupten nach Aufgabe des Mittelwaldbetriebes ihre Kronenbasisäste meist nur dann gegenüber der Unterschicht, wenn diese von der Hasel gebildet wird, die zwar stark beschattet, aber auch auf besten Standorten kaum über 9 m Höhe erreicht.

Weisen heute in ehemaligen Mittelwäldern nahezu alle Eichen-Oberständer, häufig aber selbst Buchen-Oberständer, einen mehr oder weniger langen Stammbereich auf, der von abgestorbenen Starkästen oder deren Überwallungsbeulen gekennzeichnet ist, so ist dies im Falle der Eichen die unvermeidliche Folge der über Jahrzehnte unterlassenen Eingriffe in der inzwischen durchgewachsenen Hainbuchen-Hauschicht (164). Im Falle der Buchen entsteht diese Wirkung durch unterlassene Ernte des benachbarten Buchen-Oberständers, bevor die innerartliche Kronenkonkurrenz zum Schaden gerät.

Beide Erscheinungen sind mithin nicht Schwachpunkte des Mittelwaldes, sondern die Folgen einer mit waldwirtschaftlicher Untätigkeit verbundenen Überführung in Hochwald, die auf die Erhaltung und Förderung der Wertentwicklung der Oberständer keinen Bedacht nahm. Dies ist umso bedauerlicher, als diese imposanten Baumgestalten mit ihren starken Erdstämmen* jedem Beobachter oder gar waldwirtschaftlich Handelnden geradezu ins Auge springen mussten.

Gleichwohl erbringen heute die vergleichsweise kurzen, aber sehr starken, astfreien unteren Stammabschnitte der ehemaligen Oberständer aus durchgewachsenen Mittelwäldern seit vielen Jahrzehnten häufig sehr gut bezahlte Furnierqualität*. Die äußerst großen und ausgewogen bekronten Buchen aus ehemaligem Mittelwald, die von nachlaufendem Absterben starker Kronenbasisäste verschont blieben, keine Kernverfärbung* und kaum Holzspannungen aufweisen, liefern die höchsten und bestbezahlten Furnierholzqualitäten dieser Baumart. Elsbeeren mit den gleichen Wuchseigenschaften reihen sich in die Gruppe der weltweit höchst bewerteten Hölzer überhaupt ein.

So verwundert es nicht, dass der Mittelwald von Waldfachleuten aller Epochen als eine „Quelle der Inspiration“ (23), als „hohe Schule des Waldbaus“ (154), als „ausgesprochenste Form des Mischwaldes“ (51) und als „wichtiges Lernobjekt für naturnahe Waldbaukonzepte“ (3) bezeichnet wurde.

Mittelwaldbetrieb mit waldökologischen Stärken und Schwächen.

Freilich hat der Mittelwaldbetrieb mit Blick auf die Erfüllung heutiger Bedürfnisse, aber auch unter waldökologischen Gesichtpunkten schwerwiegende Schwachpunkte. Die Stockhiebe führten großflächig abrupte Veränderungen des Lebensraumes herbei. Außerdem legten sie den Waldboden auf erheblichen Flächenanteilen bloß. Durch diese Bodenfreilage in Verbindung mit der Entnahme des gesamten Holzes bis zu den dünnen Ästen gingen die Nutzungen im Mittelwald mit massiven Stoffausträgen einher.

Nur auf ausgesprochen nährstoffreichen und auf nachschaffenden Standorten konnte der Mittelwaldbetrieb über viele Jahrhunderte ohne die Folge schwerwiegender Bodendegradation betrieben werden. Allein schon aus diesen Gründen kann der Mittelwaldbetrieb in traditioneller Ausprägung keinesfalls den naturnahen, nachhaltigen Verfahren der Waldbewirtschaftung zugerechnet werden.

Immerhin ermöglichte der Mittelwaldbetrieb das Heranwachsen außerordentlich großkroniger Bäume in einer nahezu beliebigen Vielfalt und Mischung der heimischen Baumarten und zwar einschließlich so seltener Arten wie Elsbeere, Wildbirne und Speierling. Sehr stark profitierte auch die Flora der Großsträucher wie Hasel, Schlehe, Weißdorn, Liguster, Roter Hartriegel, Stechpalme und vielen mehr, deren Wirkung für die Oberholzbäume derjenigen auf Bäume in der sukzessionalen* Wiederbewaldung von Brachflächen entspricht.

Weiterhin bemerkenswert war, dass sich die zum Oberstand bestimmten, sogenannten Lassreitel* zunächst als Vitalitätsauslese der Natur in der harten Konkurrenz durch die Stockausschläge bewährt hatten. Durch den Stockhieb kamen sie aus dem Dichtstand so unvermittelt in völligen Freistand, dass ihnen diese abrupte Änderung ihrer Wuchsverhältnisse neben erheblichen Vorteilen zuweilen auch Anpassungsreaktionen, wie zum Beispiel starke Sekundärtriebbildung abnötigte, die ihrer Wertentwicklung nicht zuträglich waren.

Aus all dem ist letztlich gleichwohl abzuleiten, dass vor allem in Frankreich auf großen Waldflächen in den durchgewachsenen Mittelwäldern stets eine nicht unerhebliche Zahl ehemaliger Oberholzbäume höchst interessante Beispiele äußerst wertträchtiger Merkmale präsentieren. Sie zeigen, welche Spielräume für den Kronenausbau von Bäumen bestehen, wenn Kronenschirmflächen selbst auf mäßig leistungsfähigen Standorten ohne Weiteres 300 m² überschreiten (191), einige Bäume auf besseren Standorten aber auch weit über 500 m² überschirmen.

Die großkronigen Oberholzbäume bieten eine Fülle waldwachstumskundlicher Informationen zu einzelbaumbezogenen Fragestellungen, etwa nach der Produktivität der Holzerzeugung, nach der Ergiebigkeit der Fruktifikation oder aber nach der Reaktion auf Witterungsstress, nach ihrem Lebensraumwert für kronenbewohnende Arten und vielem mehr.

So verdeutlichen diese Oberholzbäume, wie wenig bedeutungsvoll innerhalb eines weit nach unten reichenden Rahmens die flächenbezogene Zahl der Auslesebäume für die weitgehende Ausschöpfung der Werterzeugungsmöglichkeiten einer bestimmten Waldfläche ist. Umgekehrt zeigen diese Bäume eindrucksvoll auf, wie enorm breit die waldwirtschaftlichen Spielräume sind, wenn die Eingriffe auf die geringe Zahl der tatsächlich supervitalen* und gleichzeitig qualitativ bestgeeigneten Bäume beschränkt bleiben.

Eine große Fülle einzelbaumbezogener waldwachstumskundlicher Informationen in ehemaligen Mittelwäldern.

Die den frisch qualifizierten, jungen und damit reaktionsfähigen Auslesebäumen innewohnenden Wachstumspotenziale durch unaufwändige, konsequente, aber auf Stetigkeit (die im Mittelwaldbetrieb nicht gegeben war) ausgelegte Einflussnahmen zur vollen Entfaltung zu bringen, ist mit Blick auf eine multifunktionale, mehrwertorientierte, naturnahe Waldwirtschaft die waldwirtschaftliche Herausforderung schlechthin.

2.3.2.2 Integration der Standorte und der Wuchsdynamiken

Innerhalb einer Baumart wird der Dimensionierungsbeginn zu einem ganz typischen Zeitpunkt erreicht, der durch Standorteinflüsse nur wenig beeinflusst wird. Zwischen den verschiedenen Baumarten sind die Zeitpunkte des Dimensionierungsbeginns aber erheblich unterschiedlich. In reich gemischten und auch in ungleichaltrigen Wäldern integriert die Viertel-Anteilhöhe die Einflüsse des Standortes und der Wuchsdynamik der beteiligten Baumarten. Die QD-Strategie bietet damit ideale Voraussetzungen für nahezu beliebige Mischungen der in einer Vegetationsserie von Natur aus vertretenen Baumarten.

Für die Ausrichtung des Zeitpunktes der Auslesebaumauswahl und damit des Dimensionierungsbeginns bietet sich an, die Höhe der größten Kronenbreite eines Baumes bezogen auf seine schätzungsweise erreichbare Endhöhe als Grundlage zu wählen und dabei von einem Viertelanteil auszugehen. Dieser Proporz bietet der Praxis einen hervorragenden Anhalt, der ohne irgendwelche Messungen unmittelbar und geradezu intuitiv am jeweiligen Baum erfassbar ist.

Innerhalb einer Baumart wird dieser Dimensionierungspunkt zu einem ganz typischen Zeitpunkt erreicht, der durch Standorteinflüsse nur wenig beeinflusst wird. Vorausgesetzt ist dabei freilich, dass sich die Entwicklung der Bäume bis dahin in frühzeitigem, engem Kontakt zu Vertretern gleich stark oder stärker beschattender Arten vollzog, und dass keine wesentlichen Verzögerungen im Höhenwachstum durch Schirmdruck auftraten.

Zwischen den verschiedenen Baumarten mit ihren oft ausgeprägt arttypischen jugendlichen Wachstumsgängen sind die Zeitpunkte des

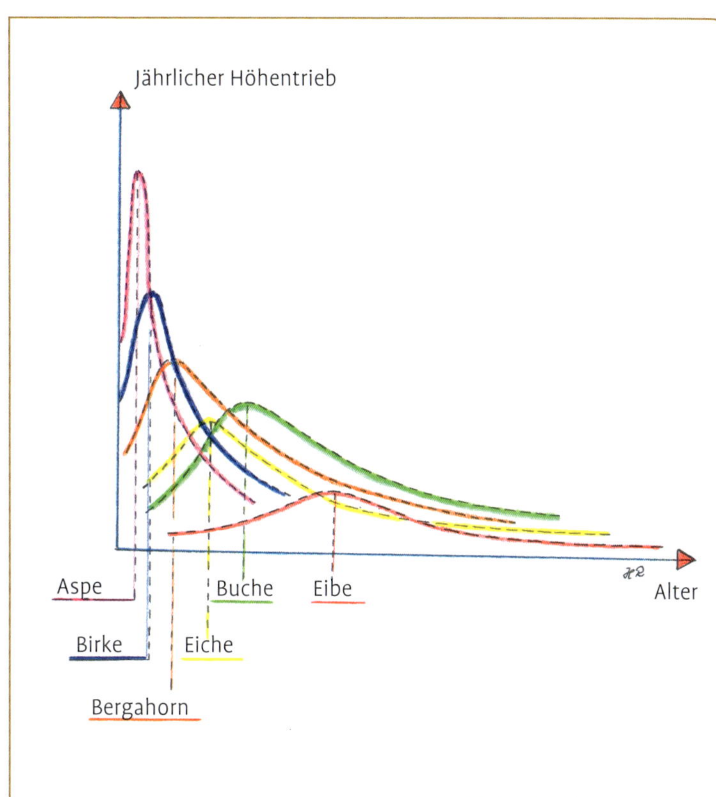

Die einzelnen Baumarten haben erheblich unterschiedliche Höhenwachstumsverläufe.

Dimensionierungsbeginns aber erheblich unterschiedlich.

Der 25-%-Proporz: Integration der Standorteinflüsse und der Wuchsdynamiken in Mischungen

So erreicht die Aspe häufig schon mit 9 bis 12 Jahren den Abschluss ihrer spontanen Qualifizierung, Birken und Schwarzerlen sind immerhin mit 12 bis 15 Jahren soweit, Ahorne, Esche, Vogelkirsche, Elsbeere, Waldkiefer mit 18 bis 22 Jahren (28, 56, 67). Wenig später ist die Stieleiche qualifiziert, die Traubeneiche mit 25 bis 28 Jahren, die Hainbuche mit 30 bis 35 Jahren, Weißtanne und Buche als ausgesprochene Spätdynamiker dagegen erst mit 35 bis 40 Jahren.

In reich gemischten und auch in ungleichaltrigen Wäldern integriert damit diese Viertel-Anteilhöhe ganz hervorragend die Einflüsse des Standortes und der Wuchsdynamik der beteiligten Baumarten. Sie erleichtert die zeitliche Orientierung waldwirtschaftlicher Maßnahmen und ermöglicht, für jeden Baum den passenden „Absprung" in die aktive Begünstigung während der Dimensionierungsphase zu setzen.

Auf diese Weise wird sicher vermieden, dass Bäume völlig unterschiedlichen Wuchsverlaufes gewissermaßen „über einen Kamm geschoren werden". Für Bäume frühdynamischer, kurzlebiger und holzentwertungsgefährdeter Arten bedeuten oft schon wenige für ihre Dimensionierung „verlorene" Vegetationsperioden, dass Mehrwertziele deutlich verfehlt oder gar überhaupt nicht mehr erreicht werden können.

Andererseits führt das vorzeitige „Mit-Dimensionieren" von Spätdynamikern nicht nur zu Einbußen an deren Wertstammvolumen, sondern es schafft bei ansonsten hinreichend großen Baumabständen nicht selten auch Konkurrenzprobleme, die viele Jahre später durch vorzeitigen Kronenkontakt eintreten.

Mäßigung ist bei der Auslesebaumauswahl in altersähnlichen Waldbereichen besonders dann geboten, wenn im reich gemischten Wald Bäume frühdynamischer Baumarten mit einer großen Anzahl ausgezeichneter Optionen „locken". Verfällt man dieser frühen Versuchung, so bleibt danach allzu leicht kaum noch Platz für Arten mit verhaltener Jungentwicklung, die aber oft, wie vor allem Buche und Hainbuche, eine bestimmende Rolle in fortgeschrittenen Sukzessionsstadien* spielen.

Auf jeden Fall sollten Extreme, soweit es durch die gegebenen Ausgangsbedingungen möglich ist, vermieden werden, die jenseits einer 80 %-/20 %-Verteilung oder umgekehrt zwischen früh- und spätdynamischen Baumarten liegen. Im Buchenwaldoptimum ist es in diesem Sinne weder wünschenswert, nahezu ausschließlich Buchen-Auslesebäume zu fördern, noch nahezu ausschließlich „Nicht-Buchen"-Auslesebäume. Unter Vermeidung von Extremen gibt es viele Möglichkeiten zur Wahl von Auslesebäumen.

Die QD-Strategie bietet größte Spielräume für Mischungen.

Vorsichtiges Maßhalten ist bei der Auswahl von Auslesebäumen aus der Familie der Rosengewächse geboten (Vogelkirsche, Elsbeere, Mehlbeere, Vogelbeere, Wildbirne, Wildapfel, Speierling). Diese treten von Natur aus verstreut auf und sind nie gesellschaftsbildend. Ihre Anfälligkeit gegenüber einer Vielzahl biotischer Schaderreger legt nahe, ihren Anteil auf 10 %, äußerstenfalls 20 % der Fläche zu beschränken, die von ihren Kronen in fortgeschrittener Entwicklung eingenommen wird (208).

In gleichem Sinne sollte bei der Wahl von Auslesebäumen der Ulmen und nunmehr auch der Esche verfahren werden.

Es wird deutlich, dass die QD-Strategie ideale Voraussetzungen für nahezu beliebige Mischungen der in einer Vegetationsserie von Natur aus vertretenen Baumarten bietet, wenn nur die Mindestabstände zwischen den Auslesebäumen zuverlässig gewahrt werden.

Insbesondere wird durch diese Strategie der mit zunehmendem Alter steigende Verdrängungsdruck der Buche auf fast alle anderen Baumarten, vor allem auch auf die Eichen, wirkungsvoll und vorsorglich gedämpft. Der Ausmerzungsdruck wird für Auslesebäume anderer Baumarten ausgeschlossen. Diese können im Rahmen der QD-Strategie selbst inmitten von Buchenwäldern große, reichlich fruktifizierende Kronen aufbauen.

2.3.2.3 Lösung von Qualifizierungsblockaden durch Aufästung

Der Zeitpunkt zur Auslesebaumauswahl ist bei ungenügendem natürlichem Aststerben erreicht, wenn nach der Durchführung einer erforderlichen Aufästung eine Krone verbleibt, deren Anteil an der dann erreichten Wuchshöhe 40–45 % entspricht.

Wo es an der Voraussetzung für die spontane Qualifizierung fehlt, sei es, weil bestimmte Jungwaldbereiche keine hinlängliche Baumdichte aufweisen oder weil bei im Übrigen hoher Baumdichte die Bäume schattentoleranter Arten nur einzeln verstreut auftreten, darf mit der Entscheidung zur Auslesebaumauswahl nicht allzu lange gesäumt werden.

Auch unter diesen ungünstigen Ausgangsbedingungen bildet die an der Endhöhe orientierte Anteilhöhe des astfreien Wertstammes das entscheidende Leitmerkmal bei der zeitlichen Bestimmung des waldwirtschaftlichen Wechsels in die Dimensionierung.

Nach Aufästung des Kirschen-Auslesebaumes verfügt dieser weiterhin über eine relative Kronenlänge von über 40 %.

Der geeignete Zeitpunkt zur Auslesebaumauswahl ist erreicht, wenn nach der Durchführung einer erforderlichen Aufästung eine Krone verbleibt, deren Anteil an der dann erreichten Wuchshöhe 40–45 % entspricht. Damit werden am Auslesebaum Proportionen gewahrt, die auch bei spontan qualifizierten Supervitalen* typisch sind.

Notfalls Aufästung, sobald mindestens 40 % Kronenanteil bleibt.

Gewisse Störungen des physiologischen Gleichgewichtes von Bäumen, die zum Beispiel die Bildung von zahlreichen Sekundärtrieben* (29), sogenannte Wasserreiser* und schließlich Klebäste*, nach sich ziehen, sind bei der Wahrung dieses Kronenanteiles bei bestimmten Baumarten nicht ganz auszuschließen, werden aber in aller Regel innerhalb weniger Jahre überwunden. Häufig gingen dieser Aufästung bereits einige Jahre zuvor Ausästungen voraus.

2.3.2.4 Mindestabstände zwischen Auslesebäumen

Bei der Auswahl von Auslesebäumen müssen ausreichende Mindestabstände eingehalten werden. Hierzu gilt es, die zu erwartende Wuchskonstellation am Ende der Dimensionierungsphase weit vorausschauend abzuschätzen. Die meisten Baumarten erfordern Abstände zwischen den Auslesebäumen von mindestens 12 m. Bei konsequenter Kronenfreihaltung können die Auslesebäume bis zum Ende der Dimensionierungsphase ohne Weiteres die Bereiche im 1,5-fachen des Mindestabstandes überschirmen. Daher besteht keine Veranlassung, die Wälder mit Auslesebäumen „vollzustopfen".

Solange ein Baum in der Dimensionierungsphase bei kräftigem Höhenwachstum auch eine starke seitliche Ausdehnung seiner unbedrängten Äste erreicht, solange droht seinen unteren Ästen das Absterben, wenn sie im Kontakt zu gleich oder stärker beschattenden Nachbarbäumen über einen Zeitraum von mehreren Jahren an der weiteren Expansion gehindert sind. Nach ihrer zuletzt vollständigen Überdeckung durch die höher ansetzenden Äste können die unteren Äste infolge des Lichtentzuges ihre Stoffbilanz nicht mehr ausgleichen und gehen zugrunde.

Ein jahrelang nicht expandierender Ast wird absterben.

Diese Entwicklung kommt erst zu einem weitgehenden Stillstand, wenn der Baum bereits über 75 % seiner Endhöhe erreicht hat. Bis dahin und damit bis zum Ende der Dimensionierungsphase droht unweigerlich das Absterben von Ästen und demzufolge das Hochwandern der Kronenbasis immer dann, wenn der Baum an der weiteren Ausdehnung seiner Kronenbasisäste gehindert ist, während oberhalb anschließende Äste noch expandieren können. Nur in diesem Rahmen wird Aststerben durch Eigenbeschattung beobachtet.

Ansonsten erhält der Baum seine seitlich freien Äste dauerhaft lebensfähig, da es für ihn keinen Grund gibt, tief und damit wurzelnah liegende Trägerstrukturen für Nettoassimilationsflächen*, in deren Aufbau er investiert hat, freiwillig preiszugeben. Dieser Sachverhalt kann in jedem Landschaftspark, an den Waldrändern und in breiten Alleen an unzähligen Bäumen aller Arten beobachtet werden.

Auf Wachstums- und Existenzkrisen durch eklatanten Mangel an Lebensgrundlagen, wie zum Beispiel auf Wassermangel in langen Trockenperioden, reagieren Bäume allenfalls durch das Aufgeben von Ästen im oberen Kronenbereich (so genannte Trockenspitzigkeit bis hin zur Wipfeldürre), nicht aber durch Aststerben im Bereich ihres Kronenansatzes.

Kronengemeinschaft in Gruppenstellung.

Zwischen Auslesebäumen müssen ausreichende Mindestabstände eingehalten werden.

Bei der Auswahl der Auslesebäume müssen ausreichende Mindestabstände zuverlässig eingehalten werden, wenn ihr Aststerben an der Kronenbasis sicher und dauerhaft vermieden werden soll. Hierzu gilt es, die zu erwartende Wuchskonstellation am Ende der Dimensionierungsphase weit vorausschauend abzuschätzen. Erst nach Eintritt in die nachfolgende Reifephase werden Astkontakte zu den Nachbarbäumen, die dann nicht mehr oder nur noch wenig expandieren, unproblematisch und dies auch wenn sie einer stark beschattenden Baumart angehören.

Bei der Beurteilung der Wuchskonstellation spielen das standörtlich bedingte Höhenwuchspotenzial, die Abgangswinkel und die Wuchsrichtungen der voraussichtlichen Leitäste des jeweiligen Baumes, aber auch die typischen Ausweichstrategien und der Habitus der Baumart eine Rolle.

Im eher selten auftretenden Fall, in dem zwei gleich alte Bäume derselben Art in einem gegenseitigen Abstand von dann meist weniger als einem Meter bei gleichem Höhenwachstumsgang nie Äste in Richtung auf den Nach-

Konkurrenz um Wuchsraum: keine Gruppenstellung.

barn ausgebildet haben, können diese in ihrer engen Gruppenstellung gemeinsam als Auslesebäume behandelt werden.

Die Entfernung einer der beiden Gruppenbäume würde den verbleibenden in keiner Weise begünstigen. Wie sollte er den freigesetzten Standraum besetzen, wenn es ihm hierzu an den Voraussetzungen, nämlich an expansionsbereiten Ästen fehlt? Alle anderen Nachbarbäume hätten von der Entnahme des Gruppenpartners ungleich größere Vorteile. Im schlimmsten Fall droht der vereinzelte Gruppenbaum sogar vom Sturm geworfen oder gebrochen zu werden und zwar dann, wenn er zuvor durch den in der Hauptwindrichtung vorgelagerten Gruppenpartner Deckungsschutz genossen hatte, der nunmehr beseitigt wurde.

Bei Baumabständen von deutlich über zwei Meter, aber auch bei einem unterschiedlichen Höhenwachstumsverlauf von Nachbarbäumen, konnte dagegen zumindest einer der Nachbarn Äste in die Richtung des anderen ausbilden. Meist weisen beide Bäume zum Nachbarn hin Äste auf. Von einer Gruppenstellung kann in diesem Fall nicht die Rede sein.

Möglichkeiten und Grenzen aus Baumgruppierungen sorgfältig beurteilen.

Dabei zeigen zum Beispiel Eichen und die Esche schon vor dem Eintritt von Astkontakt mit einem Nachbarbaum Ausweichreaktionen ihrer Äste nach oben hin. Diese geben den Forstleuten gewissermaßen „Winkzeichen“ zur Lichtgabe.

Die Buche weicht dagegen Kontakten mit Bäumen minder beschattender Arten nicht aus. Sie dringt vielmehr in deren Kronen ein.

„Winkende“ Esche, deren Zweige dem Kontakt der heranrückenden Buche ausweichen.

Im Kontaktbereich zu etwa gleich alten Vertreterinnen der eigenen Art lenken dagegen Buchen ihre Äste zuweilen zur Seite hin aus, so dass die Astanordnungen an sich abstoßende, magnetische Feldlinien erinnern.

In Waldbereichen mit einer sonst sehr geringen Auslesebaumausstattung können Buchen, die diese Reaktionsbereitschaft augenscheinlich erkennen lassen, unabhängig von ihrem Abstand gemeinschaftlich gefördert werden, indem ihnen außerhalb ihres Kontaktbereiches reichlich Platz verschafft wird (85, 89).

Meist müssen jedoch zwischen Auslesebäumen beträchtliche Abstände eingehalten werden, wenn der Fortgang des Aststerbens an den Kronenansätzen endgültig beendet werden soll. Zu den Größenordnungen der erforderlichen Baumabstände liefern Beobachtungen in durchgewachsenen Mittelwäldern, die eine Fülle von konkreten Beispielen kronenfrei erwachsener Bäume bieten, wertvolle Orientierungen. Außerhalb des Waldes zeigen vor allem alte Alleen und Parkanlagen interessante Beispiele.

Mindestabstände zwischen Auslesebäumen von lediglich 10 m kommen äußerstenfalls bei Baumarten wie Birke, Elsbeere, Mehlbeere und Feldahorn in Betracht. Die meisten anderen Baumarten erfordern dagegen Abstände zwischen den Auslesebäumen von mindestens 12 m. Auf Standorten, die Endhöhen von 35 m und mehr ermöglichen, bieten nur Mindestabstände von 15 m die Gewähr, dass ein erneutes Aststerben am Kronenansatz sicher vermieden werden kann.

Andererseits besteht aber in einem weiten Rahmen kein Anlass, infolge großer Abstände zwischen den Auslesebäumen nennenswerte Einbußen in der Erzeugung von astfreiem Holzvolumen zu befürchten. Bei konsequenter Kronenfreihaltung nehmen die Auslesebäume bis zum Ende der Dimensionierungsphase ohne weiteres die Bereiche im 1,5-fachen der oben aufgeführten Mindestabstände unter ihren Kronenschirm.

Mehr noch erreichen oder übertreffen in nahezu horizontaler Richtung frei expandierende Leitäste der meisten Baumarten eine Auslage in der Größenordnung der Hälfte der oberhalb anschließenden Kronenlänge. Ein flach abgehender Kronenbasisast, der 24 m unter der Kronen-

Die Buche dringt in die Eichenkrone ein.

60-jährige Buchenäste können dank reichlichen Platzes zur Seite hin ausweichen.

spitze ansetzt kann dementsprechend über 12 m lang sein.

Jenseits der Mindestabstände zwischen Auslesebäumen gibt es große waldwirtschaftliche Spielräume.

Insofern besteht keinerlei Veranlassung, die Wälder mit Auslesebäumen „vollzustopfen". Eine geringe Zahl von Bäumen, die mit ihren großen Kronen am Ende der Dimensionierungsphase die gleiche Fläche überschirmen, wie eine große Zahl von Bäumen mit kleinen Kronen, wird in der Folge bis zu einer vergleichbaren Stammhöhe ein näherungsweise gleiches Holzvolumen erzeugen.

Im aufgezeigten Rahmen sind vielmehr große Abstände zwischen den Auslesebäumen vorteilhaft, da hierdurch die waldwirtschaftlichen Handlungs- und Reaktionsspielräume größer sind. Nach den ersten Dimensionierungseingriffen entwertungsbedrohte oder gar ausgefallene Auslesebäume können nämlich durch bisher nicht geförderte Bäume ersetzt werden, wenn diese Ersatz-Auslesebäume ihrerseits die Mindestabstandsanforderungen erfüllen.

Schließlich ermöglichen diese großen Auslesebaumabstände, die auf vollen Kronenausbau gerichtet sind, auch die fast beliebige Einmischung von Baumarten, die im unbeeinflussten Naturablauf vor allem in buchenbeherrschten Schlusswaldverfassungen regelrecht in die

Klemme kämen. Dies hat insbesondere für die erfolgreiche und unaufwändige Einbeziehung der Traubeneiche in Buchenwälder erhebliche Bedeutung, die sich unter Wahrung der Mindestabstände völlig entspannt. Im Rahmen der QD-Strategie finden Traubeneichen in sehr vitalen, werterzeugenden und reichlich fruchtenden Exemplaren auch inmitten von Buchen ihren Platz.

2.3.2.5 Auslesebäume in Zeitmischung

Ein Baum in Zeitmischung wird geerntet, wenn seine Nachbarn noch in ihrer Dimensionierungsphase sind. In nahezu altersgleichen Waldbereichen ergeben sich meist Mindestabstände zwischen Zeitmischungs-Auslesebäumen von 24 m. Es ist vorteilhaft, wenn an einer Kronenflanke des Zeitmischungs-Auslesebaumes in einem Abstand von 5 bis 8 m ein „Dauer"-Auslesebaum bezeichnet werden kann.

In nahezu altersgleichen Waldbereichen können Baumarten in inniger Mischung vorkommen, die sich in ihrer Entwicklungsdynamik sehr stark unterscheiden. So hat beispielsweise die Birke ihre Dimensionierungsphase bereits einige Jahre hinter sich, bevor die Buche überhaupt in die Dimensionierungsphase eintritt. Einige Jahre später befindet sich die Buche noch in ihrer Dimensionierungsphase, wenn die Birke, möglichst als Wertbaum, geerntet werden kann oder zur Vermeidung von Holzentwertung sogar geerntet werden muss.

> Zeitmischung altersähnlicher Bäume: Ernte, wenn Nachbarbäume noch expandieren.

Damit liegt eine typische Zeitmischungskonstellation* vor. Im Rahmen der Ernteentnahme des Baumes einer frühdynamischen Art wird eine Fläche von dessen Beschirmung frei. Diese Fläche steht danach aber nicht für das Heranwachsen von Jungbäumen einer nächsten Generation zur Verfügung, weil die benachbarten Bäume spätdynamischer Arten, typischerweise der Buche, noch in ihrer Dimensionierungsphase wachsen. Diese übernehmen nämlich unter Ausdehnung ihrer Krone die nur übergangsweise schirmfreie Fläche. Dabei dunkeln sie zwischenzeitlich aufgekommene Bodenpflanzen und Jungbäume aus.

Die waldwirtschaftliche Vorgehensweise einer gezielten Zeitmischung entspricht waldökologisch einem raschen Sukzessionsablauf*, gewissermaßen einer Sukzession im Zeitraffer. Stets beschränkt auf die Mischung mit spätdynamischen Baumarten, sind solche Baumarten waldwirtschaftlich obligatorisch als Zeitmischungen zu behandeln, die zur Vermeidung erheblicher und kaum vermeidlicher Entwertung frühzeitig geerntet werden müssen.

Hierzu zählen sehr kurzlebige Baumarten, wie die Aspe, die durch Kernverfärbung gefährdeten und früh im Zuwachs nachlassenden Baumarten, wie die Birken, frühzeitig stammfäulegefährdete Baumarten, wie die Vogelkirsche und die Vogelbeere (71), sowie die Esche, bei der eine frühzeitige Braunkernbildung droht und die zudem seit wenigen Jahren durch ein pilzbedingtes Triebsterben gefährdet ist.

> Entwertungsgefährdete Baumarten: obligatorische Zeitmischung.

Eine Sonderstellung nimmt die Schwarzerle ein. Als beigemischte Baumart erfüllt sie häufig die Rolle einer Zeitmischung. Andererseits ist sie auf nährstoffreichem Niedermoortorf und im Bruchwald oft die gesellschaftsbestimmende Baumart (27, 197). Ihr luftleitendes Gewebe, das sogenannte Aerenchym*, das über Lentizellen* im Stammfußbereich mit Sauerstoff versorgt wird, befähigt ihre Wurzeln, Bodenbereiche trotz anhaltenden Sauerstoffmangels tief zu erschließen (84).

> Bäume, die ihren Mindestzieldurchmesser früh erreichen: fakultative Zeitmischung.

Außerdem bildet die Schwarzerle Wurzelknöllchen in Symbiose mit Bakterien, die in der Lage sind, Luftstickstoff zu binden. So kann sie unter Stickstoffmangel wachsen. Über ihre Streu reichert sie den Boden mit Stickstoff an (75).

Auch gibt es Baumarten, die fakultativ als Zeitmischungen behandelt werden können, weil sie bei konsequenter Kronenförderung ihren Mindestzieldurchmesser bereits so früh erreichen können, dass ihre Ernte schon in der Dimensionierungsphase der spätdynamischen Nachbarbäume möglich ist. Andererseits können diese Bäume auch wesentlich länger belassen werden, da für sie kein erhöhtes Ausfall- oder Entwertungsrisiko besteht. Dieser Kategorie der fakultativen Zeitmischungs-Baumarten gehören die Ahorne, aber auch die Waldkiefer an.

Die typischen „Dauer"-Mischungsarten sind zweifellos die Buche und die Weißtanne. Bei diesen Baumarten verbindet sich ein hohes Maß an Schattentoleranz mit einer langzeitigen Kronenexpansionsfähigkeit. Auch die Linden und die Elsbeere können diese waldwirtschaftliche Rolle übernehmen.

„Dauer"-Mischungsarten vereinen Schattentoleranz und langzeitige Expansionsfähigkeit.

Enge Grenzen sind in dieser Hinsicht der Traubeneiche gesetzt. Einerseits kann sich diese Baumart in Anbetracht ihrer mäßigen Schattentoleranz lediglich im Kontakt zu sehr schwach beschattenden Baumarten, wie zum Beispiel der Birke oder der Esche, nicht einmal aber der Vogelkirsche hinreichend reaktionsfähig behaupten. Andererseits etabliert sich unter der Traubeneiche in der Regel der Nachwuchs von schattentoleranten Baumarten (vor allem Buche und Hainbuche), was waldwirtschaftlich durchaus vorteilhaft ist, weil dadurch die holzwertmindernde Sekundärtriebbildung* der Eichen unterdrückt wird. Allerdings können hochwachsende Schatter zu einem späteren Zeitpunkt die Notwendigkeit kronenerhaltender Eingriffe zugunsten der Traubeneiche erfordern.

In altersähnlichen Waldbereichen muss der Kronenschirmflächenanteil der Zeitmischungs-Auslesebäume so beschränkt bleiben, dass innerhalb ihres meist nur 10 bis 15 Jahre umfassenden Erntezeitraumes die verbleibenden Auslesebäume die freiwerdenden Wuchsräume innerhalb weniger Vegetationsperioden übernehmen können.

Angesichts der großen Kronen mit regelmäßig deutlich über 100 m² Schirmfläche, die auch die Zeitmischungs-Auslesebäume zur frühen Erreichung ihrer Zieldurchmesser unbedingt benötigen, sollten diese nicht in einem gegenseitigen Abstand ausgewählt werden, der geringer ist als das Doppelte der Mindestabstände der dann verbleibenden „Dauer"-Auslesebäume.

Somit ergeben sich Mindestabstände zwischen Zeitmischungs-Auslesebäumen von 24 m, auf wuchskräftigen Standorten sogar von 30 m. Dabei ist es stets vorteilhaft, wenn an einer, allerdings aber auch nur an einer, Kronenflanke des Zeitmischungs-Auslesebaumes in einem Abstand von 5 bis 8 m ein „Dauer"-Auslesebaum bezeichnet werden kann.

In Anbetracht der in Frage kommenden Baumarten erfolgt die Auswahl dieses begleitenden „Dauer"-Auslesebaums zu einem Zeitpunkt, da der Zeitmischungs-Auslesebaum meist über 10 bis 20 Jahre konsequenter Kronenexpansion in seiner Dimensionierung erfahren hat, so dass sein Kronenausbau bereits weit fortgeschritten ist.

Große Abstände zwischen Zeitmischungs-Auslesebäumen, geringer Abstand zu einem Dauer-Auslesebaum.

Diese Wuchskonstellation im Kronenkontaktbereich wird für den weniger schattentoleranten Zeitmischungs-Auslesebaum in den letzten 10 bis 20 Jahren vor seiner Ernte auch dann nachteilig sein, wenn er seinen Kronenausbau zuvor bereits weitgehend vollendet hat. Im äußersten Fall kann es zuletzt zu Aststerben an der betroffenen Kronenflanke des Zeitmischungs-Auslesebaums kommen.

Dies wird bewusst in Kauf genommen, denn eine nennenswerte Holzentwertung ist in der kurzen Nachwirkzeit des Aststerbens nicht zu befürchten, und auch die Einbuße an Durchmesserzuwachs beträgt nur wenige Zentimeter. Dieser Minderdurchmesser kann sogar für den Holzwert bedeutungslos sein, wenn er eine Baumart wie die Vogelkirsche betrifft, deren Splintholz* nicht zur Wertholzverwendung genutzt wird. Die Verkernung schreitet dann in den breiten Jahrringen voran, während die letzten, engeren Jahrringe nur den Splint betreffen (215).

Dagegen kann der „Dauer"-Auslesebaum unter diesen Verhältnissen seine Äste in die Krone des Zeitmischungsbaumes ausdehnen. Ein wesentlicher Teil der im Zuge der Zeitmischungsernte frei werdenden Schirmfläche ist in diesem Fall bereits durch den verbleibenden Auslesebaum eingenommen, und die häufig zunächst halbmondähnliche unbeschirmte Restfläche kann rasch geschlossen werden. Dabei steigt die Assimilationsleistung des verbleibenden Auslesebaumes in dem Maße, wie bei ihm Schirmflächenanteile nunmehr in vollen Lichtgenuss kommen.

2.3.2.6 Eichen-Wertholzerzeugung und hoher Durchmesserzuwachs

Bei nahezu allen Laubbaumarten schließen große Jahrringbreiten hochwertige Holzverwendungen nicht aus und können ihrer Erzeugung sogar förderlich sein. Bei den Eichen mit ihren ausgeprägten holzanatomischen Unterschieden zwischen dem Früh- und dem Spätholz trifft dies jedoch nicht ohne Weiteres zu (100).

60-jährige Eiche mit 60 cm Mittendurchmesser ohne Rinde aus der Westpfalz, für die im Rahmen der deutsch-französischen Wertholzsubmission 2007 ein Preis erzielt wurde, der nur für hochwertige Verwendungen gezahlt werden kann.

Hell, mild und weich ist stets Eichenholz mit einem geringen Spätholzanteil und damit bei Jahrringbreiten von weniger als 2 mm. Eichenholz mit breiten Jahrringen von über 4 mm ist dagegen dunkel, grob und hart, wenn sein hoher Spätholzanteil große Anteile aus Faserzellgewebe enthält. Allerdings gibt es auch breitringiges Eichenholz, dessen Spätholz wenig Faserzellgewebe aufweist, hell und mild ist und das in seinen Festigkeitseigenschaften eine Mittelstellung einnimmt (59, 146, 168).

Für die Eignung von Eichen (und anderen Baumarten) zur Messerfurniererzeugung sind Jahrringbreiten von keiner grundlegenden Bedeutung (80). Im Interesse einer einheitlichen Farbe und Zeichnung von hochwertigen Furnieren ist es aber wünschenswert, dass die Jahrringbreiten möglichst gleichmäßig sind. Absolute Spitzenpreise erzielten bisher jedoch regelmäßig Eichen, die engringiges Holz mit Jahrringbreiten von weniger als 1,5 mm Breite aufwiesen. Ist die QD-Strategie zur Erzeugung solcher höchstwertiger Eichenhölzer ungeeignet?

Die oft weit über 300 Jahre alten Eichen aus dem Pfälzerwald, die bei den traditionellen Meistgebotsverkäufen seit vielen Jahrzehnten Höchstpreise erzielen, zeigen in den ersten 80–120 Jahren meist ein Wachstum, das mit großen Jahrringbreiten von bisweilen über 4 mm einherging. Immer wieder weisen benachbarte Werteichen Altersunterschiede von vielen Jahrzehnten auf (145). Diese Bäume entstammen keineswegs einem altersklassenweisen Hochwaldbetrieb, sondern vielmehr einer in der Pfalz so bezeichneten Plenterplackenwirtschaft, die wohl im weitesten Sinn mit einem wenig geregelten Mittelwaldbetrieb verglichen werden kann.

Ihren außerordentlich hohen Wert erlangten diese Bäume, die mit 150 Jahren oft bereits zwischen 60 und 80 cm Brusthöhendurchmesser erreicht hatten, dadurch, dass sie weitere 150 Jahren und mehr belassen wurden, in denen sie Jahrringe von 1,5 mm, 1 mm und schließlich oft unter 1 mm Breite anlegten (169). Das engringige Wachstum von starken Eichen selbst mit großen Kronen resultiert aus dem geringen flächenbezogenen Grundflächenzuwachs von unter 0,2 m²/ha, der von den über 200 Jahre alten Bäumen noch geleistet werden kann.

Freilich mangelt es nicht an Beispielen für das Bestreben, Eichen von Jugend so wachsen zu lassen, dass sie stets nur enge Jahrringe bilden können. Welche Zeiträume hierfür erforderlich sind, wenn solche Eichen Brusthöhendurchmesser von mehr als 65 cm erreichen sollen, lässt sich leicht errechnen. Die physiologischen und physischen Risiken und Belastungen, unter denen solche Bäume mit vergleichsweise kleinen Kronen stehen, die von den zur Schaftdeckung erforderlichen, aber fortwährend nachdrängenden Buchen oder Hainbuchen in Spannung gehalten werden, sind geradezu handgreiflich.

Frühe Furniertauglichkeit durch große Kronen, Höchstwertigkeit durch sehr hohe Erntealter.

Die QD-Strategie ermöglicht dagegen das frühzeitige Erreichen furniertauglicher Dimensionen an Eichen, unter und in deren großen Kronen schaftbeschattende Buchen, Hainbuchen oder andere Arten wachsen können, ohne die Leitäste der Eichen zu beeinträchtigen. Diese sehr vitalen Eichen mag man danach in einem breiten Gestaltungsrahmen in mehr oder weniger großen Anteilen nach Überschreitung ihres Mindestzieldurchmessers 200, 250 oder noch mehr Jahre alt werden lassen. Dabei wächst in der Folge sehr engringiges astfreies Holz heran. Künftige Menschengenerationen können dann Eichen, in denen sich die höchste Holzwerterwartung und ästhetische Imposanz vereinen, nicht nur in Parks und Gärten, sondern auch in Wäldern bewundern, so wie heute zum Beispiel im Pfälzerwald (210).

2.3.3 Grundlagen des waldwirtschaftlichen Handelns in der Dimensionierung

In der QD-Strategie gründet die Mehrwerterzeugung ganz wesentlich auf den geeigneten Auslesebäumen am passenden Platz. Entscheidende Voraussetzungen hierfür schaffen die sorgfältige Auswahl der Auslesebäume unter Berücksichtigung der Feinerschließung, ihre Markierung und bedarfsweise ihre Wertästung.

2.3.3.1 Auslesebaumauswahl

Eine supervitale Option, die sich im Jungwald spontan qualifiziert hat, ist die ideale Wahl als Auslesebaum. Es werden keine Auslesebäume „mit herabgesetzten Anforderungen" ausgewählt. Die Auswahl von Auslesebäumen sollte nicht mit der Auszeichnung der zu entnehmenden Bäume verbunden werden. Sehr vorteilhaft ist die gemeinsame Auswahl der Auslesebäume im lockeren Kontakt einer zwei- bis fünfköpfigen Gruppe gut aufeinander abgestimmter Praktikerinnen und Praktiker.

Die Auswahl von Auslesebäumen ist in der naturnahen, mehrwertorientierten Waldwirtschaft die anspruchsvollste, verantwortungsreichste und damit vornehmste Tätigkeit überhaupt. Sie richtet sich mit dem Blick auf menschliche Zweckerwartungen, zugleich aber in großem Respekt vor den Ansprüchen der ganzen Lebewelt, in allererster Linie auf supervitale* Optionen*, die sich im günstigen Fall als erste Wahl des natürlichen Ausleseablaufs im Jungwald spontan qualifiziert haben.

Aber auch andere Gesichtspunkte können für die Auswahl zum Auslesebaum ausschlaggebend sein, so zum Beispiel die Seltenheit einer Art, der ein bestimmter Baum angehört oder seine bizarre Wuchsform oder die Besonderheit der Geländestelle, an der er wächst.

Wenn ein Auslesebaum zur Erzeugung hochwertigen Holzes bestimmt werden soll, muss er die anspruchsvollen Voraussetzungen zur Vitalität, zur Qualität und zur Kronenexpansionsfähigkeit in hohem Maße erfüllen. In diesem Sinne werden keine Auslesebäume „mit herabgesetzten Anforderungen" ausgewählt, wenn unter den örtlich gegebenen Verhältnissen keine Optionen vorhanden sind (10).

Die QD-Strategie kennt keine Auslesebäume „mit herabgesetzten Anforderungen".

Selbst wenn allein ein Auslesebaum auf einem Hektar Waldfläche die Anforderungen erfüllt, wird auch nur dieser eine Auslesebaum ausgewählt und in seiner Entwicklung gefördert.

Zum Heranwachsen von Holzvolumen bedarf es dagegen keines spezifischen waldwirtschaftlichen Einsatzes, und ein solcher rechtfertigt sich schwerlich aus vagen Erwartungen einer marginalen Wertsteigerung durch die Verlagerung einer geringen Anteilmenge von einer C-Qualität hin zu einer nur wenig besser bewerteten B-Qualität.

Unter solch ungünstigen Ausgangsbedingungen für eine Mehrwerterzeugung besteht keine lohnende waldwirtschaftliche Möglichkeit zur Entwicklungsoptimierung bestimmter Bäume in der Dimensionierungsphase. Wirkungsvolles waldwirtschaftliches Handeln steht in diesem Fall vielmehr erst zu einem viel späteren Zeitpunkt an. Es besteht in der wohl abgewogenen Verbindung zwischen der Ernte dessen, was das kostenlose Ergebnis der Spontanentwicklung darstellt und einem unaufwändigen Wechsel in eine nächste Generation. Diese soll dann allerdings hinreichende Voraussetzungen für eine künftige Mehrwerterzeugung bieten.

Die Auswahl von Auslesebäumen sollte nicht mit weiteren Tätigkeiten verbunden werden, vor allem auch nicht mit der Auszeichnung der zugunsten der Auslesebäume zu entnehmenden Bäume. Die erhoffte Einsparung von Zeit und die mutmaßliche Bequemlichkeit gefährden in unverhältnismäßiger Weise die Qualität der für die weitere Zukunft so bedeutsamen positiven Grundlagenentscheidung der Auslesebaumauswahl. Diese verdient volle und ausschließliche Aufmerksamkeit und dabei, wie keine andere Tätigkeit im waldwirtschaftlichen Gesamtbetrieb, die zu ihrer sorgfältigen Erledigung erforderliche Zeit, ja eine gewisse Beschaulichkeit im wohlverstandenen Sinne Leibundguts (104).

Auswahl der Auslesebäume nie beiläufig, gerne aber in der Gruppe.

Sehr vorteilhaft ist die gemeinsame Auswahl der Auslesebäume im lockeren Kontakt einer gut abgestimmten zwei- bis fünfköpfigen Gruppe. Waldwirtschaftliches Entscheiden in Gruppenarbeit gehört zum altbewährten Grundbestand der Ausübung des Forstberufes in Frankreich und Belgien.

Feinerschließung

Der günstigste Zeitpunkt zur Anlage der Rückegassen ist erreicht, wenn die künftigen Gassenrandbäume bis in gut 4 m Höhe grünastfrei sind. In Anbetracht der Gefährdung durch Wurzelschäden ist die Auswahl von Auslesebäumen im unmittelbaren Rückegassen-Randbereich nicht sinnvoll. Zum Zeitpunkt der Auslesebaumauswahl muss der Verlauf der Rückegassen eindeutig erkennbar sein. Die Rückegassen weisen Abstände von mindestens 40 m auf.

Spätestens zum Zeitpunkt der Auslesebaumauswahl muss Klarheit bezüglich der Feinerschließung bestehen. Dabei muss davon ausgegangen werden, dass die Befahrung durch Maschinen auf Rädern, Bändern oder Gleisketten heute überall den Regelfall darstellt, wo dem keine übergeordneten Gesichtspunkte der technischen Realisierbarkeit, der Sicherheit oder des Erosionsschutzes ausschließend entgegenstehen. Nur in diesen Ausschlussfällen wird die Feinerschließung durch Seillinien vorgesehen. Oft gehen diese Seillinien von speziellen Rückewegen aus. Im Übrigen beruht die Feinerschließung auf Rückegassen. Diese haben meist eine Breite von mindestens 4 m. Die tatsächlich wirksame Befahrungsbreite beträgt aber regelmäßig mindestens 5 m.

Feinerschließung bei Aststerben über 4 m Höhe, spätestens vor Auslesebaumauswahl.

Je früher diese Rückegassen in Jungwaldbereichen freigemacht werden, desto schwächer fällt die dadurch bedingte Störung des Waldgefüges aus. Der frühest mögliche und damit der waldwirtschaftlich günstigste Zeitpunkt zur Anlage der Rückegassen ist erreicht, wenn die künftigen Gassenrandbäume bis in gut 4 m Höhe grünastfrei sind.

Im Bereich der Rückegassen kommt es durch die Befahrung zu unabwendbaren Bodenschäden durch Verdichtung. Beeinträchtigungen des Gasaustausches mit der Atmosphäre entstehen auch dann, wenn keine Verformungen der Bodenoberfläche in Erscheinung treten. Die durch Fahrzeugbewegungen einwirkenden Kräfte beeinträchtigen den Lebensraumwert des Bodens vor allem durch Minderung des Porenvolumens* und Zerstörung der Porenkontinuität* im Bereich der Gassen langandauernd und schwerwiegend. Die durch Achslastwirkung auftretenden Unterbodenverdichtungen schränken die Durchwurzelungstiefe ein.

Weiterhin muss damit gerechnet werden, dass im Bereich der Rückegassen auf kurz oder lang alle oberflächennah verlaufenden mittelstarken und starken Wurzeln schwer geschädigt werden.

Allein schon in Anbetracht dieser Wurzelschäden ist die Auswahl von Auslesebäumen im unmittelbaren Rückegassen-Randbereich nicht sinnvoll. Sofern die Rückegassen nicht bereits angelegt wurden, muss daher spätestens zum Zeitpunkt der Auslesebaumauswahl der Verlauf der Rückegassen eindeutig bestimmt und erkennbar sein.

Rückegassenabstände von mindestens 40 m wegen Bodenverdichtung und Wurzelschäden.

Auf der befahrenen und damit geschädigten Waldbodenfläche sind die Lebensbedingungen schwerwiegend verändert und so eingeschränkt, dass die Leistungsfähigkeit des Waldökosystems gemindert ist (221). Bezüglich der Holzerzeugung muss mit Einbußen in der Gesamtwuchsleistung gerechnet werden. Zudem drohen auch Wertminderungen durch Verfärbungen und Fäulen im Holzkörper der Bäume, deren Wurzeln geschädigt wurden. Die diesbezügliche Schadengefährdung der Auslesebäume ist angesichts ihrer weit streichenden Wurzelsysteme besonders groß.

Von daher versteht sich, dass waldwirtschaftliche Strategien, die auf Mehrwerterzeugung ausgerichtet sind, von vornherein gegenstandslos sind, wenn mit der Schädigung der Wurzeln nahezu aller Wertträger durch Befahrung gerechnet werden muss. Im Falle der QD-Strategie wäre dies zweifellos dann gegeben, wenn Rückegassen im Abstand von 20 m von Mitte zu Mitte befahren würden.

Rückegassen-Abstände unter 40 m kommen daher nicht nur aus grundsätzlichen Erwägungen des Bodenschutzes, sondern auch wegen der damit verbundenen erheblichen Einschränkung der Gesamtwuchsleistung und wegen der Unvereinbarkeit mit der Möglichkeit einer hinreichend aussichtsvollen Mehrwerterzeugung überhaupt nicht in Frage.

Vitalitätsanforderungen

Der Auslesebaum muss zur wirkungsvollen Besetzung der Wuchsräume in der Lage sein, die zu seinen Gunsten durch Entnahme von Nachbarbäumen freigesetzt werden. Schlüsselvoraussetzung ist seine Vitalität, die ihm besonders große Triebverlängerungen ermöglicht. Er benötigt möglichst allseitige Leitastanlagen mit vorzugsweise flachen Astabgangswinkeln. Supervitalität ist generell wichtig, jedoch unabdingbar bei Bäumen mit artbedingt kurzer Dimensionierungsphase.

Vom Beginn der Förderung von Auslesebäumen an geht es darum, im Rahmen der Erreichung der umfassenden multifunktionalen Ziele die Erzeugung eines möglichst großen Volumens an astfreiem Holz wirkungsvoll auf den Weg zu bringen. Hierzu ist es wichtig, dass die Auslesebäume ihre individuellen Entwicklungsmöglichkeiten zu voller Entfaltung bringen können und dabei eine rasche und bis zum Abschluss der Dimensionierungsphase möglichst weitgehende Überschirmung der Fläche erreichen.

Mit Blick auf den einzelnen Auslesebaum kommt es auf seine Fähigkeit zur wirkungsvollen Besetzung der Wuchsräume an, die zu seinen Gunsten durch Entnahme von Nachbarbäumen freigesetzt werden. Schlüsselvoraussetzung hierzu ist zunächst die Vitalität des Baumes, die ihm besonders große Triebverlängerungen ermöglicht. Diese wiederum sind ihm zur wirkungsstarken oberirdischen Raumerschließung unter Bildung großer Assimilationsflächen dienlich.

Höhenvorsprung bei weiterhin überdurchschnittlichen Triebverlängerungen kennzeichnet Supervitalität.

Im Regelfall ist die zur Auswahl als Auslesebaum anstehende Option* supervital*, weist dementsprechend bereits einen deutlichen Höhenvorsprung gegenüber den Bäumen der gleichen Art und Entwicklungsphase auf und zeigt bis zuletzt überdurchschnittliche Triebverlängerungen.

Die Bedeutung der Vitalität erstreckt sich natürlich auch auf die Bodenraumerschließung durch das Wurzelsystem, die freilich dem Auge des Beobachters verborgen bleibt. Immerhin kann davon ausgegangen werden, dass die supervitalen Bäume in ihrer Spross- und Wurzelausbildung zur Ausgewogenheit neigen.

Die Astwinkel sind von großer Bedeutung für das Raumbesetzungsvermögen des Baums.

Die Beobachtungs-, Interpretations- und Prognosemöglichkeiten der kronenbildenden Astentwicklungen der Bäume in Wechselwirkung mit benachbarten Bäumen der gleichen oder einer anderen Art sind dagegen für erfahrene Forstleute ausgesprochen günstig.

Leitäste sind für die Kronenexpansion entscheidend.

Eine Voraussetzung für die Wuchsraumerschließung durch einen Baum besteht in seiner Ausstattung mit Leitästen, mindestens aber im Vorhandensein von Ästen, die zur Leitastentwicklung geeignet sind. Im Idealfall weist die zur Auswahl als Auslesebaum anstehende Option eine allseitige Ausbildung kräftiger unterer Leitäste auf. Diese setzen näherungsweise in gleicher Stammhöhe an. Dies gilt auch im Steilhang, sobald wenige Jahre nach Einsetzen der hangseitigen Kronenfreistellung die talseitige Kronenflanke ihre Qualifizierungshöhe erreicht hat und freigestellt wird.

Ein weiteres bei der Auswahl von Auslesebäumen bedeutungsvolles Merkmal sind die Abgangswinkel der Leitäste beziehungsweise ihrer Verzweigungen. Von der Ausrichtung der Äste hängt nämlich bei gegebener Triebverlängerung deren Wirksamkeit für die Vergrößerung der Kronenschirmfläche ab.

Im Idealfall weist die Option Triebverlängerungen in der Horizontalen auf oder lässt durch Astabsenkungen die baldige Möglichkeit hierzu erwarten. Astabsenkungen stehen teils mit baumartenspezifischen Eigenheiten in Zusammenhang, teils aber auch mit baumindividuellen Merkmalen.

Flache Astabgänge begünstigen die Kronenexpansion.

Generell gilt, dass je steiler der Astabgangswinkel ist und je durchmesserstärker der Ast, desto geringer die Möglichkeit zur Wuchsraumerschließung durch Astabsenkung. Eichen, Eschen, Vogelkirschen und Waldkiefer gehören zu den Baumarten, die nach Kronenfreistellung in der Regel keine oder nur unbedeutende Astabsenkungseffekte zeigen. Allenfalls können sie mit der Ausbildung flach abgehender Seitenäste in den freien Raum reagieren. Dagegen reagieren Buche und Birke auf ihre zeitige Kronenfreistellung häufig mit einer ausgeprägten Leitastabsenkung.

Letztendlich werden in unseren Wäldern nur selten Optionen angetroffen, die in Kombination auftretende Idealfälle darstellen. Die Feststellung, dass bei einer bestimmten Option die vitalitätsbezogenen Mindestvoraussetzungen erfüllt sind, ergibt sich in einer gutachterlichen Gesamtsicht, bei der die Gewichtung der beobachteten Einzelsachverhalte baumartenweise erheblich unterschiedlich ausfallen kann.

Bei einer Birke, zu deren Dimensionierung nur etwa 15 Jahre zur Verfügung stehen und die spätestens mit 60 Jahren geerntet werden soll, spielt die eindeutige Supervitalität* eine weitaus größere Rolle als bei der Buche, die in Verbindung mit einem sehr anpassungsfähigen Verzweigungsrepertoire über einen Dimensionierungszeitraum von über 40 Jahren verfügt. Die langlebige Traubeneiche mit ihrem vergleichsweise geringen Entwertungsrisiko kann äußerstenfalls auch mit einer minder großen Krone ihren Mindestzieldurchmesser in einer zeitlich besonders weit ausgedehnten Reifung erreichen.

Supervitalität ist bei kurzlebigen Baumarten mit kurzem Dimensionierungszeitraum besonders wichtig.

In keinem Fall ist es jedoch statthaft, von der Grundanforderung der Supervitalität allzu frei abzuweichen. Waldökologisch liefe die Entnahme von überlegen vitalen Nachbarbäumen mit ihren großen Kronen zugunsten eines Auslesebaumes mit einer minder großen Krone der natürlichen Entwicklungsdynamik zuwider. Vor allem aber würden solche Entnahmen bei bescheidener Wirksamkeit für den reaktionsschwachen Auslesebaum zudem die Gefahr einer flächenbezogenen Minderung des Volumenzuwachses herbeiführen, wenn die freigemachten Wuchsräume nicht hinreichend rasch wiederbesetzt werden.

Qualitätsanforderungen

Bei der Auslesebaumauswahl müssen ausschließende Qualitätsmängel sicher erkannt werden. Andererseits dürfen nicht ausschließende Merkmale nicht überbewertet werden.

Zu den vorgenannten Anforderungen hinsichtlich der Vitalität muss für die Auswahl der Auslesebäume freilich die Erfüllung der Qualitätsvoraussetzungen hinzutreten. Auch hierbei steht nicht die Suche nach einem Ideal im Vordergrund, sondern die gutachterliche Einschätzung, ob für den Erntezeitpunkt die Erreichbarkeit der Messerfurnierqualität mit hoher Wahrscheinlichkeit prognostiziert werden kann.

Im Folgenden geht es nicht darum, eine vollständige und abschließend kommentierte Auflistung aller qualitätsbezogenen Aspekte zur Auswahl von Auslesebäumen zu liefern. Wohl aber sollen einige bedeutenden Merkmale beispielhaft reflektiert werden.

Wichtig ist in diesem Zusammenhang, dass solche Merkmale sicher erkannt werden, die weitgehend unabhängig von der Baumart die Bestimmung zum Auslesebaum generell ausschließen.

Ein unbedingtes Ausschlussmerkmal ist das zum Auswahlzeitpunkt erkennbare Vorhandensein eines „V-Zwiesels"* und dies keineswegs nur beschränkt auf den künftigen Wertstammbereich unterhalb oder im Bereich des anzuhaltenden Kronenansatzes.

V-Zwiesel: Ausschlussmerkmal bei der Auslesebaumauswahl.

Vielmehr dürfen Auslesebäume zum Zeitpunkt ihrer Auswahl in ihrem gesamten Stammbereich keine solchen V-Zwiesel aufweisen. Mit diesen geht ein hohes Risiko des Auseinanderreißens des Stammes durch ein Sturmereignis oder durch Nassschneeauflast einher.

Außerdem gehen von V-Zwieseln bei Baumarten, wie zum Beispiel Buche und Elsbeere, die einen fakultativen Farbkern* bilden, regelmäßig oxidative Verfärbungen durch Sauerstoffzutritt aus, die erhebliche Werteinbußen nach sich ziehen. Diese werden auch nicht durch die zuweilen imposanten Ausbildungen seitlicher Verstärkungswülste („Elefantenohren“) verhindert. V-Zwiesel sind nicht fest verwachsen und weisen oft Rindeneinschlüssse auf.

Sofern es erst Jahre nach Auswahl eines Auslesebaumes und Beginn seines Kronenausbaus zur Bildung eines V-Zwiesels in der oberen Kronenhälfte kommt, ist dies weniger problematisch, da in diesem Fall beim Ausreißen einer Zwieselhälfte der weit überwiegende Teil der Krone verbleibt und da angesichts des viele Meter betragenden Abstandes zur Kronenbasis das Risiko eines Einwirkens von Kernverfärbungen oder gar von Fäulen bis in den Wertstammbereich gering ist.

Im Gegensatz zu V-Zwieseln schränken die oberhalb des Wertstammbereichs auftretenden, fest verwachsenen U-Zwiesel die Auslesebaumeigenschaft in keiner Weise ein. Sie haben nämlich keine besonderen Schaden- oder Entwertungsrisiken zur Folge.

Bei mechanischen Verletzungen und bei Nekrosen*, die bis zum Kambium* oder gar in den Holzkörper reichen, ist es wichtig, zu prüfen, ob diese auf ein einmaliges Ereignis zurückgehen oder ob mit ihrer Wiederkehr zu rechnen ist, und welche voraussichtlichen Wirkungen oder Nachwirkungen für den Zuwachs hochwertigen astfreien Holzes zu gewärtigen sind.

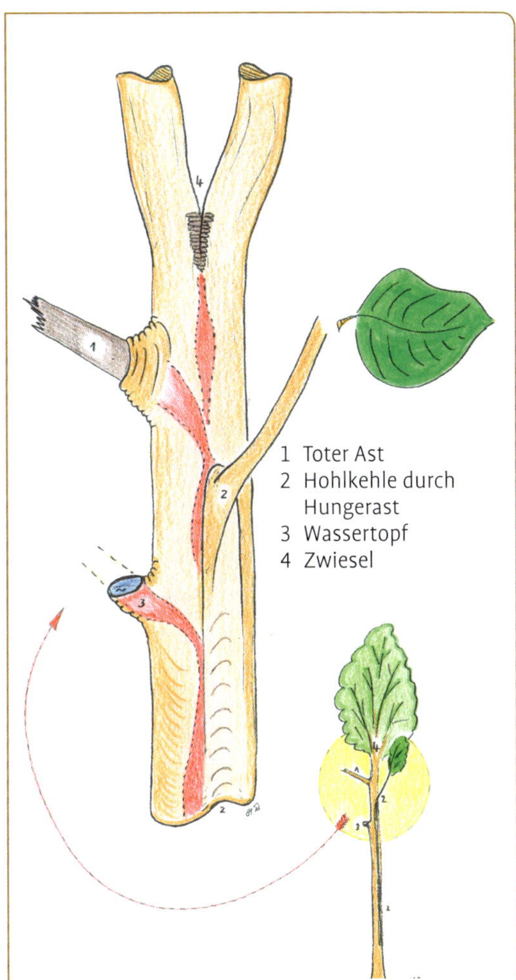

Problem- und Ausschlussmerkmale zur Auslesebaumeignung.

So führt Hagelschlag als typisches singuläres Ereignis bei der Buche zu halbseitigen dicht an dicht stehenden Stammnekrosen, die über viele Jahre fortreichend dramatisch anmutende Überwallungsbilder zur Folge haben. Allerdings werden diese mechanischen Schäden von der Buche meist gut abgeschottet und völlig gesund überwallt. So spektakulär das Erscheinungsbild von Hagelschlagfolgen an Buchenstämmen auch aussehen mag, so gering ist andererseits

V-Zwiesel können durch Sturmeinwirkung auseinanderreißen.

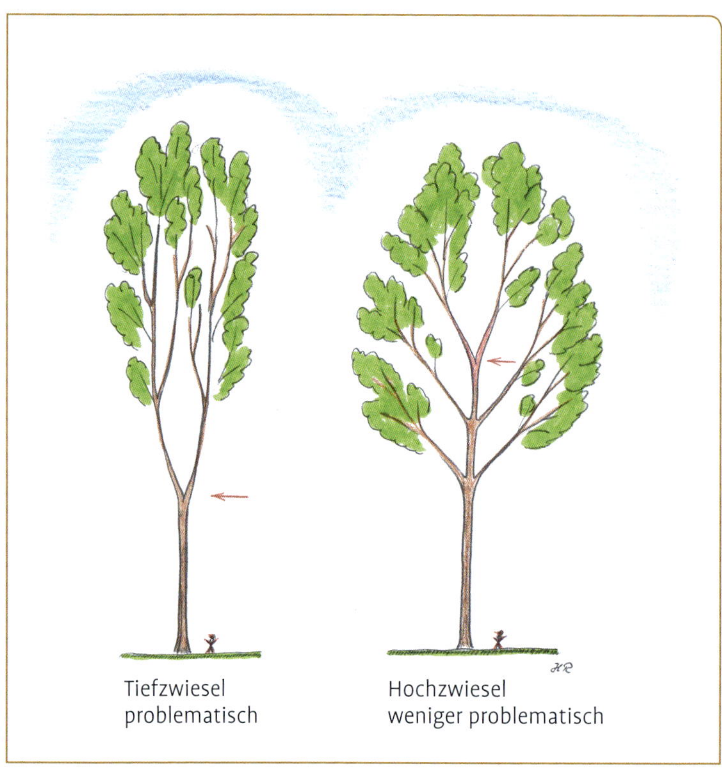

Hochzwiesel schränken die Wertbaumeigenschaft weitaus weniger ein als Tiefzwiesel.

seine Bedeutung für die Auswahl von Auslesebäumen. Die künftige Bildung astfreien Holzes unterliegt nach der fast immer gesunden Überwallung nämlich keinerlei nachwirkenden Qualitätseinschränkungen.

Differenzierte Beurteilung von Nekrosen.

Spiraliger oder plätzeweiser Bilch- oder Eichhörnchenfraß an Stämmen, ebenso wie punktförmige Spechtringelung und diese unter Umständen noch gefolgt von der Erweiterung der Wunden durch den Fraß kambiophager Gallmückenlarven, bleiben in der Regel auf junge Bäume beziehungsweise auf dünne Stammteile weit oberhalb des Wertstammbereiches beschränkt (35, 55).

Beim Vorliegen dieser Verletzungen zum Zeitpunkt der Auslesebaumauswahl sind diese in der Regel jedenfalls dann kaum entscheidungsbedeutsam, wenn es nicht zum Absterben oder zum Ausbrechen eines wesentlichen Kronenteils gekommen ist, da auch in diesen Fällen mit einer gesunden Überwallung gerechnet werden kann.

Dagegen sind wenige kleine, oft unscheinbare, schlitzförmige Nekrosen, die sich im Rindenbild von Buchen bemerkbar machen, Merkmale, die eine Eignung des betroffenen Baumes für die Wertholzerzeugung in der Regel ausschließen.

Sie gehen häufig auf die Aktivität von Nectria-Pilzen zurück und begründen die Sorge, dass sich selbst nach der vollständigen Ausheilung dieser Nekrosen in künftigen Jahren aufgrund einer erhöhten genetisch bedingten Befallsdisposition des Baumes in Verbindung mit standort- oder witterungsbedingten Stress-

U-Zwiesel schränken die Auslesebaumeignung im Gegensatz zu V-Zwieseln nicht ein.

Vollständig überwallte schlitzförmige Nekrose am Stamm einer Buche.

Nach vollständiger Überwallung bleibt die Nekrose als „T“ im Holzkörper zurück.

ereignissen erneut weitere Nekrosen einstellen können. Der astfreie Holzkörper unterliegt durch die dann fortlaufend auftretenden sogenannten T-Krebse einer ganz erheblichen Wertminderung.

Zu den häufigen Ausschlussmerkmalen für die Auslesebaumeignung gehören die Abweichungen der Stammform von der Lotrechten in Form von Krümmungen, Bogigkeit, Knicken und anderen Deformationen. Entscheidend ist dabei in erster Linie, ob diese Erscheinungen im Zuge des Durchmesserwachstums wertunschädlich ausgeglichen werden können. Diesbezüglich bestehen zwischen den einzelnen Baumarten sehr große Unterschiede. So haben Eichen bei kräftigem Durchmesserwachstum ein hohes (21), Buchen dagegen ein eher geringes Vermögen, Krümmungen zu egalisieren.

Starke Abweichungen des Holzfaserverlaufes in Form von Drehwuchs* oder von Wimmerwuchs* führen zwar zu Wertabschlägen, schließen aber die Messerfurniertauglichkeit* keineswegs aus. Gerade bei der Buche treten diese Merkmale zum Zeitpunkt der Auslesebaumauswahl im Übrigen noch gar nicht äußerlich erkennbar in Erscheinung. Insofern könnten sie bei zeitigem Dimensionierungsbeginn auch nicht vermieden werden.

Differenzierte Beurteilung von Abweichungen der Stammform.

Zum Drehwuchs, der für die meisten anderen Verwendungen gesägten oder geschälten* Holzes sehr problematisch ist, lässt sich daraus folgern, dass er, wenn er schon nicht zeitig identifiziert und damit an hiebsreifen Bäumen vermieden werden kann, allen Anlass gibt, Messerfurniereignung anzustreben (26, 213).

Andererseits erhöht der bei den Ahornen und bei der Esche als Riegelung* bezeichnete Wimmerwuchs den Holzwert oft um ein Mehrfaches, mindert ihn dagegen in der Regel bei der Elsbeere und bei der Buche.

Ein bei der Birke zuweilen auftretender verdrehter und in sich verwirkter Faserverlauf, der als Flammung* bezeichnet wird und schon früh an der Ausbildung einer sehr groben, brikettartigen Borke erkennbar ist, erhöht zumeist den Holzwert (19).

Ein Ausschlussmerkmal für die Auslesebaumeignung ist dagegen ausgeprägte Spann-

rückigkeit*, die vor allem an der Hainbuche und am Feldahorn in erheblichem Umfang in Erscheinung treten kann. Dieser Formfehler mindert die Ausbeute an hochwertigem astfreiem Holz, zumal er auch an starken Stämmen fortbesteht.
Hohlkehlen*, die besonders an Buchenstämmen auftreten, gehen stets auf Äste zurück, die seit vielen Jahren unter der größten Kronenbreite zurückgeblieben sind und in Anbetracht ihren geringen Nettofotosyntheserate keinen Beitrag zum Durchmesserwachstum ihrer Trägerstruktur leisten. Hier ist im Zusammenhang mit der Auslesebaumauswahl zu entscheiden, ob eine Ästungsmaßnahme Abhilfe schaffen kann.

Die „Brikettborke" dieses jungen Birken-Auslesebaumes lässt die Bildung geflammten Holzes erwarten.

Nach einer Ästung wird die Stammrinne in den Folgejahren durch das weitere Durchmesserwachstum wieder ausgeglichen, so dass nach Überschreitung des Zieldurchmessers mit einer im Wesentlichen uneingeschränkten Wertholzqualität gerechnet werden kann.

Aber auch bis zum Erntezeitpunkt fortbestehende Hohlkehlen, die stets vom Schattenast bis zum Stammfuß reichen, mindern dann den Holzwert nur gering, wenn sie an den starken Stämmen senkrecht verlaufen und dementsprechend nicht mit Drehwuchs einhergehen.

2.3.3.2 Markierung der Auslesebäume

Die Markierung der Auslesebäume sollte so dauerhaft sein, dass sie noch beim nächsten Eingriff eindeutig erkennbar ist. Bei Gelegenheit der Hiebsauszeichnungen wird jeweils überprüft, ob die Auslesebäume auch weiterhin ihre Eignung zur Mehrwerterzeugung aufweisen. Dabei wird die Markierung der Auslesebäume bei Bedarf erneuert.

Die Auswahl eines Auslesebaumes wird von seiner Markierung begleitet. Dadurch wird seine Position zu anderen Optionen und Auslesebäumen innerhalb des Waldbereiches weithin erkennbar. Die Einhaltung der Mindestabstände wird deutlich erleichtert, und die räumliche Verteilung der Bäume, die zur Erzeugung von Mehrwerten geeignet und bestimmt sind, tritt für alle, die waldwirtschaftlich tätig, beteiligt oder interessiert sind, offen erkennbar in Erscheinung.

Es ist empfehlenswert, die mit der ersten Auswahl eines Auslesebaums verbundene Markierung zunächst mit Papierbändern, allenfalls mit Polyäthylen- oder Polypropylenbändern zu tätigen. Auf diese Weise können Entscheidungen im Falle der günstigeren Eignung eines anderen Baumes, der in einem problematischen Abstand steht, im Rahmen des Auswahlverfahrens ohne Weiteres zurückgenommen und abgeändert werden.

Wo die Reaktion der Bäume stark ist, bereitet das wiederholte Messen ein Vergnügen, das man sich gönnen sollte. Der Durchmesser des angelehnten Stammabschnitts entspricht dem Durchmesser des Auslesebaumes zum Zeitpunkt seiner Freistellung acht Vegetationsperioden zuvor.

Die Markierung der Auslesebäume sollte mindestens so dauerhaft sein, dass sie beim jeweils nächsten Eingriff zu deren Kronenfreihaltung eindeutig erkennbar ist. Bei Gelegenheit der Hiebsauszeichnungen wird überprüft, ob die Auslesebäume auch weiterhin ihre Eignung zur Mehrwerterzeugung aufweisen. Dabei wird die Markierung der Auslesebäume bei Bedarf erneuert.

Zur Markierung gibt es unter den Forstleuten ganz unterschiedliche Vorlieben. Neben den oben erwähnten Markierungsbändern werden Farbmarkierungen, in der Regel aus Sprühdosen, in Form von allseitig sichtbaren Punkten oder auch von Farbringen aufgebracht. Zuweilen werden für Zeitmischungs-Auslesebäume, Dauermischungs-Auslesebäume, Auslesebäume mit ökologischen, ästhetischen oder anderen Zwecken unterschiedliche Farben verwendet.

Werden Auslesebäume unter Anbringung eines Messstriches in Brusthöhe mit Nummern versehen, so kann ihr jährlicher Durchmesserzuwachs zuverlässig verfolgt werden. Informationen zur Reaktion der Auslesebäume auf ihre Behandlung und dazu auf Einflüsse der Witterung, eines eventuellen Befalls durch Schadorganismen, vor allem jedoch individuelle Eigenheiten von Auslesebäumen, werden auf diese Weise aufscheinend.

Bewährt hat sich das Markieren von Auslesebäumen, die zur Wertästung anstehen, mit zwei Markierungsbändern besonders dann, wenn einige Auslesebäume unbehandelt bleiben. Hierdurch kann der für das Auffinden dieser Bäume erforderliche Zeitaufwand gering gehalten werden. Nach Durchführung der Wertästung entfernen die Ausführenden eines der beiden Bänder.

Auslesebaummarkierung ist unerlässlich: Schadenvermeidung, Orientierung, Information.

Die eindeutige Markierung der Auslesebäume erleichtert allen Handelnden das Tätigwerden. Bei der Auszeichnung der zu entnehmenden Bäume werden Laufwege auf das unbedingt erforderliche Maß beschränkt. Dies dient namentlich im Steilhang und in Waldbereichen mit Boden- oder Geländehindernissen der Vermeidung unnötiger körperlicher und damit einhergehender geistiger Erschöpfung oder des Übersehens von Bäumen, die zur Kronenförderung anstehen.

Bei der Fällung besteht durch die Auslesebaummarkierung jederzeit Klarheit, welche Bereiche zum sicheren Ausschluss von Schäden an den zur Mehrwerterzeugung bestimmten Bäumen tunlich gemieden werden müssen, beziehungsweise welche Unterstützungsmittel zur schadenfreien Fällung vonnöten sind.

Oft zeigt sich schon bei der Markierung der Auslesebäume, spätestens aber bei der Auszeichnung der zu entnehmenden Bäume, ob Seilwinde oder Pferd zur Schadenvermeidung vorgesehen werden müssen.

Schließlich ist die deutliche Markierung der Auslesebäume zur Schadenvermeidung bei der Holzbringung sehr wichtig. Auch hierbei erleichtert der jederzeitige Überblick über die Verteilung der für die Werterzeugung bedeutungsvollen Bäume die Organisation einer wirkungsvollen und hochwertigen Arbeitsausführung.

Zuweilen öffnet die Markierung der Auslesebäume den Zugang zu ansonsten kaum erreichbaren Informationen. So zeigte sich beispielsweise im Bliesgau, dass unter den Buchen-Auslesebäumen ein auffallend hoher Anteil sehr spät austreibender Bäume vertreten ist. Diese supervitalen* „Spätbuchen" sind Jahr für Jahr noch unbelaubt, während nahezu alle anderen Buchen in ihrer Umgebung bereits vollständig ergrünt sind.

Freilich sind Auslesebäume spätestens nach ihrer dritten konsequenten Kronenförderung gewissermaßen „Selbstmarkierer". Andererseits erfordert die Aufrechterhaltung beziehungsweise die Erneuerung ihrer Markierung vor waldwirtschaftlichen Maßnahmen einen so geringen Zusatzaufwand, dass diese in Anbetracht der hierdurch fortbestehenden Klarheit und Eindeutigkeit hinsichtlich dieser besonders bedeutungsvollen Bäume im Wald eigentlich völlig selbstverständlich sein sollte.

2.3.3.3 Wertästung

Wenn die Astreinigung des ausgewählten Auslesebaumes auf natürlichem Wege nicht oder erst nach langer Zeit erwartet werden kann, so müssen die Äste im Wege einer Wertästung entfernt werden. Dabei werden Trockenästungen um die Entfernung derjenigen Grünäste ergänzt, die zu diesem Zeitpunkt bereits unter der größten Kronenbreite zurückgeblieben sind. Wichtig bei der Wahl der Schnittführung ist, dass Astwülste nicht verletzt werden.

Waldwirtschaftliche Mehrwerterzeugung mit dem Rohstoff Holz hängt wesentlich an der Verbindung starken Durchmesserwachstums mit dem Qualitätsmerkmal Astfreiheit. Ein unter scharfer Konkurrenz in dichten Jungwaldstrukturen rasch voranschreitendes Aststerben bietet zwar ideale Voraussetzungen zur Erreichung von Astfreiheit. Diese setzt aber erst ein, nachdem im Wege einer natürlichen Astreinigung die abgestorbenen Äste rückstandslos abgefal-

len sind. Wenn dies spontan jedoch nicht oder erst nach langer Zeit erwartet werden kann, so müssen die Äste im Wege einer Wertästung entfernt werden.
Bei unseren meisten Laubbaumarten fallen abgestorbene Äste im Regelfall innerhalb weniger Jahre vollständig ab, so dass schon bald und ohne zusätzliche waldwirtschaftliche Veranlassungen die Bildung astfreier Holzschichten einsetzt. Dieser Vorgang des Aststerbens und der Astreinigung erfasst nach Beginn der Kronenfreistellung von Auslesebäumen letztlich alle Äste, die unter der größten Kronenbreite zurückgeblieben sind, wennschon unter bestimmten Umständen mit so großer Verzögerung, dass auch in diesem speziellen Fall eine Wertästung angezeigt sein kann.
Dagegen bleiben bei der Waldkiefer und bei der Weißtanne, wie überhaupt bei den meisten Nadelbaumarten, die Stummel abgestorbener Äste nahezu unabhängig von deren Durchmesser noch über viele Jahre und oft über Jahrzehnte am Stammkörper zurück, in den sie im Zuge der Durchmesserentwicklung einwachsen, so dass über diesen gesamten Zeitraum hinweg kein astfreier Holzkörper entsteht. Unter den Laubbäumen gilt Gleiches für die Vogelkirsche (178). Bei diesen Baumarten setzt die Erzeugung des astfreien Wertholzes zwingend die Wertästung mit dem Beginn der Dimensionierung von Auslesebäumen voraus.

Darüber hinaus kommt die Entfernung der abgestorbenen Äste beziehungsweise der Totaststummel vor allem bei solchen Laubbaumarten in Betracht, für deren Wertholzerzeugung nur ein kurzer Zeitraum zur Verfügung steht. Dies betrifft namentlich die Birken, aber auch die Schwarzerle, die zur Vermeidung eines hohen Holzentwertungsrisikos tunlichst bis spätestens in einem Alter von 60 Jahren geerntet werden sollen, im Falle der Aspe sogar noch deutlich früher.

Bei diesen Laubbaumarten kann zur Vermeidung spürbarer Werteinbußen schwerlich auf die astfreien Zonen verzichtet werden, die von den breitesten Jahrringen in der Zeit unmittelbar nach dem Dimensionierungsbeginn gebildet werden können. Es besteht hier nämlich keine Möglichkeit, die ansonsten fehlende astfreie Holzmantelstärke mittels einer Verschiebung des Erntezeitpunktes auch nur um ein Jahrzehnt nachzuholen, da dann erhebliche Entwertungsrisiken durch Farbkernbildung* wenn nicht sogar Fäuleentwicklung drohen.

In diesem Sinne durchgeführte Wertästungen beziehen sich auf bereits abgestorbene Äste. Allerdings ist es sinnvoll, diese Trockenästungen um die Entfernung derjenigen Grünäste zu ergänzen, die zu diesem Zeitpunkt bereits unter der größten Kronenbreite und damit unter dem künftig definitiv anzuhaltenden Kronenansatz zurückgeblieben sind. Dieser Art Äste, die in den Folgejahren ohnehin abstürben, tragen zur Nettoassimilation nicht mehr oder nur noch in unbedeutendem Umfang bei, so dass ihre Ent-

Nachqualifizierung.

fernung das physiologische Gleichgewicht des Baumes in keiner Weise stört.

Im Sinne der Qualitätsanforderungen an die Auslesebäume wird dabei natürlich stets vorausgesetzt, dass die Totäste, wie auch die Grünäste, die kritischen Grenzen bezüglich der Astdurchmesser in Verbindung mit den Astabgangswinkeln nicht überschritten haben.

Bedarfsweise Wertästung stets bis zur größten Kronenbreite.

Die Trockenästung als Regelfall der Wertästung wird gegebenenfalls um die Entnahme zurückgebliebener, noch lebender Äste ergänzt. Die Grünästung wird ansonsten nur angewendet, wenn dies zur Erzeugung von Wertholz unerlässlich ist.

Insbesondere bei der schattenertragenden Buche, gelegentlich aber auch bei anderen Baumarten, kann das Zurückbleiben einzelner lebender Äste an im Übrigen astgereinigten Optionen festgestellt werden. Die Entfernung dieser Äste erfordert nur einen geringen Aufwand, erweitert aber den waldwirtschaftlichen Handlungsspielraum ganz erheblich. Unter Umständen wird sogar erst durch eine solche „Nachqualifizierung" die Voraussetzung für die Mehrwerterzeugung in einem sonst nicht oder spärlich mit Optionen ausgestatteten Waldbereich erreicht.

In erweitertem Umfang, aber in der gleichen Handlungslinie, betrifft dies schließlich die Aufästung* von Auslesebäumen, an denen spontanes Aststerben nicht oder nicht in angemessener Zeit bis in den Bereich der waldwirtschaftlich gewünschten Kronenansatzhöhe möglich ist, um auf diese Weise die ansonsten nicht realisierbaren Mehrwertpotenziale zu erschließen.

Diese Handlungsaufgabe stellt sich häufig in lückig herangewachsenen Jungwäldern aus sukzessionaler Erstbewaldung, vor allem aber aus der Wiederbewaldung nach Orkan-, Nassschnee- und Borkenkäferbefallsereignissen.

45-jährige Auslese-Buche nach dem dritten Dimensionierungseingriff unter 105-jähriger Waldkiefer in der Reifephase.

Dies gilt insbesondere dann, wenn die qualitativen Anforderungen an die Optionen schon zuvor durch Ausästungen* aktiv gewahrt worden waren.

Ein weiterer bedeutsamer Anwendungsbereich dieser Aufästungen betrifft die häufig qualitativ ausgezeichneten, zuweilen aber in weitem Abstand erwachsenen Buchenoptionen unter dem Schirm von Lichtbaumarten, wie vor

Ausgangssituation: Buche unter Kiefer

Dimensionierung der Buche

Buche in fortgeschrittener Dimensionierung

Pfälzer Aufgabe.

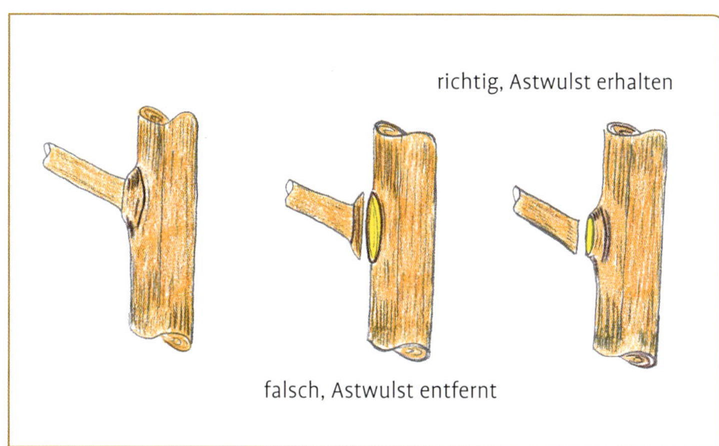

Richtige Schnittführung ist bei der Wertästung unerlässlich.

allem Kiefer und Eichen, in der Reifephase. Im Pfälzerwald und in den Nordvogesen stellt sich diese Herausforderung der Dimensionierung von Buchen unter Waldkiefern in der Reifephase auf so großer Fläche, dass man dort von der „Pfälzer Aufgabe“ spricht.

Schließlich stellt die Entfernung von Klebästen als fortgeschrittenen Sekundärastbildungen einen sinnvollen Spezialfall der Wertästung dann dar, erneutes Auftreten ist unwahrscheinlich, weil der betreffende Baum zwischenzeitlich hinreichend ausgewogene Wuchsverhältnisse erreicht hat. Eichen bilden keine Triebe aus Wundgewebe. Die sorgfältige Entfernung aller Knospen am Wertstamm ist zwar aufwändig, aber sehr wirkungsvoll, um Sekundärtriebbildung auszuschließen.

Wertästungen sind, vom Sonderfall der Ausästungen abgesehen, die ausschließlich in der sonst drohenden Überschreitung kritischer Astdurchmesser begründet sind, in unmittelbarer zeitlicher Verbindung zur Auswahl und Kronenförderung der Auslesebäume in einem einzigen Durchgang bis zur Kronenbasis auszuführen.

Wenn Sie die Wertästung in mehreren Stufen vornehmen, entstehen Mehrkosten, die lange verzinst werden müssen. Für wenige zusätzliche Kubikdezimeter lohnt sich das nicht.

Schonende Ästung mit der richtigen Schnittführung zum geeigneten Zeitpunkt.

Bei der Wertästung dürfen nur Verfahren in Anwendung kommen, die ohne Verletzung des Kambiums* ergonomisch günstig und in hoher Schnittqualität ausgeführt werden können. Von der Verwendung des Schweizer Baumvelos ist auch in der Ästungs-Ausführung („BVA“) abzuraten, da es hierbei zu Kambiumquetschungen kommen kann. Der Einsatz vertikal stehender Spezialleitersysteme hat sich dagegen bestens bewährt. Auch alpine Klettertechniken können die schonungsvolle Wertästung ermöglichen.

Weiterhin müssen, besonders bei Grünästungen, zeitliche Einschränkungen beachtet werden. Solche Ästungen müssen bei Frost und in der Zeit des frühjahrlichen Saftsteigens unterbleiben.

Wichtig bei der Wahl der Schnittführung ist, dass Astwülste nicht verletzt werden. Wo kein Astwulst vorhanden oder erkennbar ist, gewährleistet eine stammnahe Schnittführung senkrecht zur Astachse, dass nur Astgewebe durchtrennt wird, keinesfalls aber der Stammkörper verletzt wird (14, 176).

2.3.4 Waldwirtschaftliche Einflussnahme in der Dimensionierung

In der Dimensionierung steht der volle Kronenausbau des Auslesebaums im Vordergrund. Zuweilen sind Überleitungseingriffe angezeigt. Das vergleichsweise Schattenerträgnis des Auslesebaums gibt weithin das Maß für seine Reaktionsmöglichkeit, aber auch für die waldwirtschaftliche Beeinflussbarkeit seiner weiteren Entwicklung.

2.3.4.1 Dimensionierungsbeginn unmittelbar oder nach Überleitung

Wenn ansonsten mit Sekundärtriebbildung gerechnet werden muss, so ist es ratsam, nach der Auslesebaumauswahl zunächst einen Überleitungseingriff von der Qualifizierungs- in die Dimensionierungsphase zu führen. Dabei wird dem Auslesebaum dort Wuchsraum verschafft, wo er diesen am besten und am raschesten zu seinem Kronenausbau nutzen kann. Dies ist an den Triebspitzen seiner Leitäste der Fall.

Sphäroblasten.

Nach der Auswahl und Markierung der Auslesebäume bringt für diese der Übergang von der Qualifizierungsphase in die Dimensionierungsphase einen grundlegenden Wechsel der waldwirtschaftlichen Vorzeichen. Ging es bis dahin um möglichst rasch fortschreitendes Aststerben, so soll ab jetzt das Aststerben beendet werden.
Im Idealfall kann dieser Wechsel übergangslos erfolgen. Supervitale* Bäume, die bereits zum Dimensionierungsbeginn eine große, ausgewogen ausgeformte Krone aufweisen und Arten angehören, die auf durchgreifend veränderte Wuchsbedingungen im Allgemeinen nicht oder nur ausnahmsweise mit Sekundärtriebbildung* reagieren, können und sollen unmittelbar nach ihrer Auswahl zum Auslesebaum allseitig vollständig kronenfrei gestellt werden. Danach können sie in dieser Zeit großer Triebverlängerung unverzüglich ihren Kronenausbau aufnehmen. Unter den meist nur wenig zur Schaftbegrünung neigenden Baumarten finden sich namentlich Waldkiefer, Birke, Elsbeere, Vogelkirsche und Esche.

Bezüglich der Neigung zur Wasserreiserbildung* bestehen bei der Buche große Unterschiede, die auf standörtliche und genetische bedingte Ursachen zurückzuführen sind.
Meist zeigt der kundige Blick auf den Stamm, womit gegebenenfalls zu rechnen ist. Buchen, die bereits Wasserreiser oder gar Klebäste* aufweisen, sind ebenso kritisch zu beurteilen wie solche, auf deren Rinde Knospen oder Sphäroblasten* zu erkennen sind oder deren etwa erbsengroßen Rindenaufwölbungen schlafende Knospen unter der Rinde anzeigen.

Unter den Baumarten, bei denen stets mit einer hohen Neigung zur Sekundärtriebbildung gerechnet werden muss, sind neben den Eichen auch Hainbuche, Schwarzerle, die Ahorne, Linden und dazu die Weißtanne zu nennen. Wasserreiserbildung kann hier, von genetischen Ursachen abgesehen, durch eine Vielzahl von Ursachen physiologischer Ungleichgewichte, wie einem unausgewogenen Spross-Wurzelver-

Köpfen von Buchen zur Schaftdeckung des jungen Eichen-Auslesebaums.

hältnis, Wassermangel in der Vegetationszeit, direktem Lichtzutritt zum zuvor beschatteten Stamm und vielem mehr ausgelöst werden. Bei Fortbestehen dieser Bedingungen entwickeln sich die Wasserreiser zu Sekundärästen (111), sogenannten Klebästen, weiter.

Die wirkungsvollste Vorkehrung zur Minderung des Risikos der Sekundärtriebbildung besteht in der ausschließlichen Auswahl von Bäumen höchster Vitalität, die bereits mit großen, ausgewogenen Kronen ihre Qualifizierungsphase verlassen. Solche Bäume können stets vollständig kronenfrei gestellt werden, da sie schon zuvor über hohen Lichtzutritt verfügten.

Überleitungseingriffe zur Minderung der Sekundärastbildung.

Immerhin ist es auch unter diesen günstigen Ausgangsbedingungen vorteilhaft, minderwüchsige Bedränger nach Möglichkeit in mehreren Meter Höhe nach Herabbiegen oder unter Verwendung einer Stangensäge zu köpfen, um so ihre Schaftbeschattungswirkung für den unteren Stammbereich des Auslesebaumes zu wahren.

Liegen diese günstigen Ausgangsvoraussetzungen jedoch nicht vor, so ist es ratsam, nach der Auslesebaumauswahl zunächst einen Überleitungseingriff von der Qualifizierungs- in die

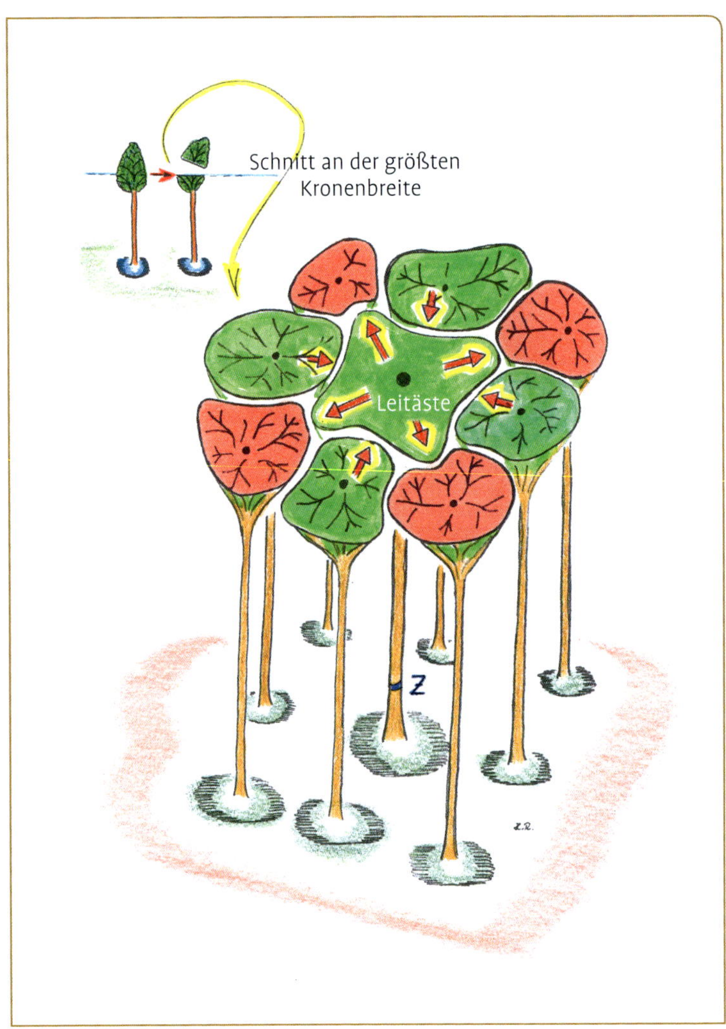

Überleitungseingriffe machen die Leitäste frei.

Dimensionierungsphase zu führen. Bei dieser Maßnahme kommt es darauf an, dem Baum durch Entnahme von Nachbarbäumen dort zusätzlichen Wuchsraum zu verschaffen, wo er diesen am besten und am raschesten zum Kronenausbau nutzen kann.

Dies ist an der Peripherie seiner Leitäste der Fall, die am wirkungsvollsten in den freien Raum expandieren können. Die begünstigenden Eingriffe orientieren sich also an der Reaktionsfähigkeit des Auslesebaums, nicht aber an der Vitalität der Nachbarbäume. Was nutzt nämlich die häufig beobachtete Entfernung eines starken Nachbarbaumes, wenn dadurch eine schwach beastete Flanke des Auslesebaumes freigestellt wird, an der dieser seine Krone kaum erweitern kann, während seine Leitäste unter Konkurrenzdruck bleiben?

Wichtig ist aber, dass der Aufschwung des in Überleitung genommenen Auslesebaumes nach Ablauf von zwei, längstens aber drei Vegetationsperioden zufolge seiner zwischenzeitlichen

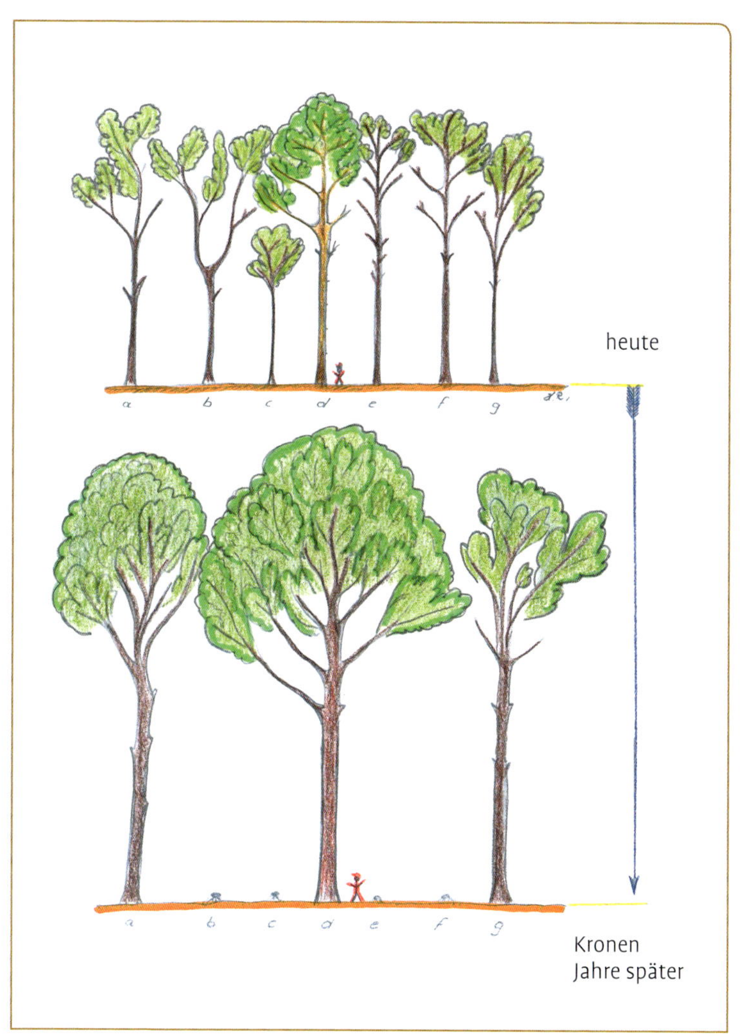

Einseitige Kronenausbildung vermeidet man nicht durch vorzugsweise Begünstigung an der schwach ausgebildeten Kronenflanke.

Reaktion mittels einer dann kompletten Kronenfreistellung weitergeführt wird. Der Auslesebaum kann nunmehr auch im Bereich seiner minder beasteten Kronenteile wesentlich aktiver reagieren als zuvor.

Sekundärtriebbildung ist fast immer erheblich holzwertmindernd, stellt allerdings ausnahmsweise ein Wertmerkmal dar. Dies ist zum Beispiel bei bestimmten Eichen der Fall, die in extremer Weise Jahr für Jahr zahlreiche Wasserreiser bilden, die nach kurzer Zeit unter Entstehung meist mehrerer Knospenanlagen absterben. Auf diese Weise entstehen regelrechte Stammbeulen, die im Französischen als „brogne" oder „broussin" bezeichnet werden. Besetzen diese dicht an dicht und womöglich sogar zusammenfließend den gesamten Bereich über 60 cm starker Stämme, so können diese als sogenannte „Wildeichen" zur Herstellung sehr dekorativer Furniere sehr gesucht sein und einen hohen Wert erreichen.

„Wildeiche“ auf dem Wertholzlagerplatz Saint-Avold.

2.3.4.2 Erfordernisse und Spielräume bei der Auslesebaumförderung

Wird durch den Kronenkontakt eines Nachbarbaumes die Schattentoleranz des Auslesebaumes nicht überfordert, kann dieser als Begleiter verbleiben, wenn hierdurch eine höhere Gesamtwerterzeugung möglich ist. Bäume, die keinen Anschluss an den äußeren Kronenrand des Auslesebaumes erreichen, können in der Regel belassen werden.

Zur konsequenten Förderung des Auslesebaumes muss in der frühen Dimensionierungsphase ein Bedränger auf jeden Fall entfernt werden, wenn ein Astkontakt mit der Krone des Auslesebaumes vorliegt oder in den nächsten beiden Vegetationsperioden bevorsteht, und wenn das Beschattungsvermögen dieses Baumes die Schattentoleranz des Auslesebaumes überfordert.

Minder beschattende Begleiter mit Mehrwerterwartung können oft belassen werden.

Wird durch den Kronenkontakt eines Nachbarbaumes die Schattentoleranz des Auslesebaumes nicht überfordert, kann dieser nach einer Vorteilsabwägung unter bestimmten Voraussetzungen als Begleiter verbleiben. Zunächst muss ein solcher Begleiter in Anbetracht seiner Qualitäts- und Wuchseigenschaften eine wesentliche Mehrwerterzeugung erwarten lassen. Diese muss zudem deutlich größer sein, als der Wertzuwachs-Entgang am Auslesebaum, der durch den geminderten Lichtzutritt auf den betroffenen Kronenbereich bedingt wird. Immerhin wird durch den minder beschattenden Begleitbaum die Kronenexpansion des Auslesebaumes meist nicht erheblich eingeschränkt.

Generell können alle Bäume belassen werden, die keinen Anschluss an den äußeren Kronenrand des Auslesebaumes erreichen können, sei es, weil sie bereits von diesem überwachsen sind oder aber, weil ihr Überwachsenwerden mit hoher Wahrscheinlichkeit bevorsteht. Dies gilt natürlich nicht für den Fall, dass diese Bäume am Stamm oder an einem Leitast des Auslesebaums Schäden durch Reiben verursachen könnten.

Der Fortbestand hinreichend schattentoleranter Bäume im Kroneninnern von Auslesebäumen ist für deren Wertentwicklung oft vorteilhaft, unter bestimmten Umständen sogar sehr wichtig. Dies betrifft insbesondere die Auslesebäume von Arten, bei denen die Schaftbeschattung für die Unterdrückung der Sekundärastbildung* von großer Bedeutung ist, allen voran für Eichen-Auslesebäume. Wachstumsbezogen leisten solche unterständigen Bäume zwar nur einen geringen, dennoch aber willkommenen Beitrag zur Gewährleistung einer möglichst vollständigen Stoffproduktion. Außerdem mindern sie das waldwirtschaftliche Risiko im Falle von Störungen.

Begleiter im Kroneninneren können immer und müssen manchmal bleiben.

Nicht zuletzt bieten die unter- und zwischenständigen Bäume auf weitere Sicht sehr günstige Voraussetzungen zur waldwirtschaftlichen Beeinflussung der Lichtverhältnisse mit Blick auf das Aufkommen und die Artenzusammensetzung der Verjüngung. Waldökologisch erhöhen sie namentlich unter den Ausgangsbedingungen weitgehend altersgleicher Wälder die Strukturvielfalt ganz beträchtlich.

Die unter- und zwischenständigen Bäume sind auch in waldästhetischer Hinsicht sehr vorteilhaft und zwar im Allgemeinen durch die erhöhte und differenzierte Raumfüllung mit Blattgrün und nach waldwirtschaftlichen Eingriffen im Besonderen, da sie deren visuelle Wirkung dämpfen.

All dies wiegt in der Regel die meist nur in Maßen abträglichen Wirkungen, die unterständige Bäume durch die Abschöpfung von Wasser und Nährstoffen auf die Auslesebäume haben können, bei Weitem auf. Solche Wirkungen werden im Zusammenhang mit Mangel- und Stresssituationen während der Vegetationszeit und im Hinblick auf erwartete Folgen des Klimawandels erwähnt.

Die QD-Strategie bietet in der Dimensionierungsphase oft mehrere Handlungsalternativen.

In der Gesamtsicht auf die breiten baumartenbezogenen Spielräume bei der Auslesebaumauswahl, auf die Gelegenheiten der Zeitmischung und auf die Möglichkeiten, qualitativ gute Bäume minder beschattender Arten gegebenenfalls übergangsweise als Begleiter zu belassen, eröffnen sich in der Dimensionierungsphase sehr große Gestaltungsfelder für das waldwirtschaftliche Vorgehen. Dies sei am Beispiel einer Buchenoption dargestellt, die in 6 m Abstand von einer Bergahorn-Option flankiert wird.

- **Handlungsmöglichkeit 1** besteht in der Auswahl des Bergahorns als Auslesebaum. Dies geschieht etwa im Alter von etwa 20 Jahren. Die Buche reicht spätestens beim zweiten Dimensionierungseingriff an die Kronenperipherie des Bergahorns und wird dementsprechend noch vor einem Alter von 25 Jahren entnommen.

- In **Handlungsmöglichkeit 2** wird die Buche als Auslesebaum im Alter von etwa 35 Jahren ausgewählt. Der Bergahorn wird spätestens beim zweiten Dimensionierungseingriff und damit etwa im Alter von 40 Jahren zugunsten der vollen Buchenleistung entnommen.
- Auch in **Handlungsmöglichkeit 3** wird die Buche als Auslesebaum ausgewählt. Der Bergahorn wird jedoch an der Buchenkronenperipherie belassen, bis ein Stammholzabschnitt der Stärkeklasse 3 a in B-Qualität geerntet werden kann. Dies mag in einem Alter von etwa 55 Jahren soweit sein.
- **Handlungsmöglichkeit 4** sieht den Bergahorn im Alter von 20 Jahren als Zeitmischungs-Auslesebaum vor, die Buche im Alter von 35 Jahren als Dauerauslesebaum. Die Ernte des Bergahorns, der dann einen Brusthöhendurchmesser von über 60 cm aufweist, erfolgt im Alter von etwa 70 Jahren.

2.3.4.3 Auszeichnung der ausscheidenden Bäume

Entnahmen werden ausschließlich nach vorheriger Markierung der ausscheidenden Bäume durchgeführt. Sehr vorteilhaft ist auch hier das gemeinsame Auszeichnen in der zwei- bis fünfköpfigen Gruppe.

Im Rahmen des bereits Ausgeführten kann festgestellt werden, dass Entscheidungen zur Entnahme von Bäumen zugunsten der Auslesebäume, wenn diese erst einmal ausgewählt und vor jedem Eingriff erneut bestätigt sind, auf einer quasi objektiven Grundlage getroffen werden.

Gerade bei Eingriffen in der frühen Dimensionierungsphase zeigt sich, dass sich die Ergebnisse zwischen erfahrenen Auszeichnenden kaum je bei mehr als 5 % der zur Entnahme markierten Bäume unterscheiden.

Gleichwohl muss darauf bestanden werden, dass die Entnahmen ausschließlich nach vorheriger Markierung der ausscheidenden Bäume ins Werk gesetzt werden (48). Diese Auszeichnungstätigkeit bildet nächst der Auswahl von Auslesebäumen einen der Schwerpunkte der waldwirtschaftlichen Gestaltungsaufgaben mit intellektuellem Anspruch. Sie erfordert zur vollen Konzentration des Ausführenden, dass dieser von vermeidbarer körperlicher Ermüdung durch gleichzeitig zu verrichtende andere Tätigkeiten frei bleibt.

Sehr vorteilhaft ist auch hier das gemeinsame Auszeichnen im lockeren Kontakt der zwei- bis fünfköpfigen Gruppe gut aufeinander abgestimmter Praktiker. Erfahrungsgemäß wird hierdurch die mentale Ermüdung verringert. Qualität und Fortschritt des Auszeichnens profitieren von Hinweisen der jeweiligen Nachbarn zu Baummerkmalen, die aus deren Position günstiger angesprochen werden können, ansonsten aber zu ihrer Ansprache zusätzliche Laufwege erforderten.

Es ist mit dem Selbstverständnis und mit den Qualitätsanforderungen einer wirkungsvollen Mehrwerterzeugung absolut unvereinbar, Entnahmeentscheidungen gewissermaßen beiläufig bei laufender Motorsäge zu treffen und damit zwangsläufig auch ohne den vollen Überblick zur räumlichen Verteilung der in einem bestimmten Bereich ausscheidenden Bäume.

Eine solche improvisatorische Vorgehensweise verspräche im Übrigen keinerlei Einsparungen, zumal der Zeitaufwand für das Auszeichnen meist deutlich weniger als ein Zehntel des Zeitbedarfs für die Fällung der markierten Bäume beträgt. Dagegen würden sich bei fehlender Auszeichnung, allein schon angesichts der eingeschränkten Orientierung zur bestgeeigneten Fällabfolge, größere Laufwege unter erhöhter Behinderung durch bereits gefällte Bäume ergeben.

Diese Effekte verstärkten sich außerdem mit zunehmender Geländeneigung. Sichtbehinderungen und Geherschwernisse würden zudem gerade am Hang immer wieder das Belassen des einen oder anderen entnahmenotwendigen

Baumes nach sich ziehen und damit vermeidbare qualitative Nachteile herbeiführen.

Auszeichnung der ausscheidenden Bäume: immer, nie beiläufig, vorzugsweise gemeinsam.

Diese strikte Ablehnung der Nichtauszeichnung der ausscheidenden Bäume bedeutet umgekehrt keineswegs, dass die Fällungen stur auf die markierten Bäume beschränkt bleiben, wenn die Ausführenden sachkundig feststellen, dass die Entnahmenotwendigkeit des einen oder anderen Baumes offensichtlich übersehen wurde. Jeder Sachkundige steht vielmehr in der Verantwortung, Fehlentwicklungen, die durch fehlerhafte oder unterlassene Entscheidungen drohen, durch eigenes fachlich begründetes Verhalten abzuwenden.

Wichtig ist, dass die Markierung der ausscheidenden Bäume von allen Seiten her gut erkennbar ist. Dies gewährleistet einen klaren Überblick und ermöglicht eine optimale Lauf- und Eingriffsabfolge bei der Fällung. Traditionell wurden zur Markierung Risser und Beile verwendet. Heute überwiegt die Verwendung von Sprühfarben und von Markierungsbändern.

2.3.4.4 Entnahme in der frühen Dimensionierung

Die sichere Vermeidung von Aststerben und die Fähigkeit von Ästen zur Raumeroberung bestimmen die Entnahmeentscheidungen. Entnahmen erfolgen ausschließlich mit Bezug auf die Auslesebäume.

In der frühen Dimensionierungsphase gehen die waldwirtschaftlichen Handlungsentscheidungen ganz wesentlich von den Kronenmerkmalen der einzelnen Auslesebäume aus. Dabei zeigt sich in der Praxisanwendung immer wieder, dass die Fähigkeit der supervitalen Auslesebäume, in der Zeit ihres stürmischen Höhenwachstums freie Lücken in erster Linie durch die Triebverlängerungen ihrer Leitäste, durch Ausbildung von Seitenästen, aber auch durch Astabsenkungen rasch zu schließen, kaum je überschätzt, oft aber deutlich unterschätzt wird.

Nach der Entnahme von Bedrängern kommt der freigemachte Standraum freilich nicht nur den Auslesebäumen zugute. Wohl verfügen diese über den mit jeder weiteren Begünstigung wachsenden Vorteil, ihre überlegene Vitalität in Verbindung mit ihren zunehmend in die Horizontale ausgerichteten Triebverlängerungen ausspielen zu können.

Andererseits ist aber die Reaktionslinie der von außen her in großer Zahl nachdrängenden, teilseitig begünstigten Kronen der Nachbarbäume vergleichsweise größer. Später stehen diese Bäume dann jedoch ihrerseits ebenfalls zur Entnahme heran und zwar möglichst schon vor dem Eintritt von Astkontakt mit dem Auslesebaum, jedenfalls aber kurze Zeit danach.

Ohne Berücksichtigung eines eventuellen Überleitungseingriffes, decken in der frühen Dimensionierungsphase die ersten drei Kronenfreistellungen der Auslesebäume in der Regel einen Wirkungszeitraum von 9 bis 15 Jahren ab.

Weitgehende Zuwachsabschöpfung für Kronenflächenerweitungen um ein Mehrfaches.

In diesem Zeitraum werden je Auslesebaum insgesamt selten weniger als 15, durchaus aber im Bedarfsfall bis zu 30 Bedränger entnommen.

Im gleichen Zeitraum vergrößern sich die Kronenschirmflächen der Auslesebäume meist auf das Drei- bis Fünffache des Ausgangswertes, und nicht selten werden dann bereits Werte in einer Größenordnung von 100 m^2 erreicht.

Unabhängig von den beteiligten Baumarten zeigt sich, dass die zielentsprechenden Baumentnahmen zur Freistellung der Auslesebaumkronen in der frühen Dimensionierungsphase regelmäßig mit einer Abschöpfung von 80 bis 100 % des laufenden flächenbezogenen Volumenzuwachses verbunden sind.

Dies ist jedenfalls dann zu erwarten, wenn die Auslesebäume angesichts ihrer Abstände und ihrer Verteilung in der späteren Reifephase eine weitgehende Überschirmung der betreffenden Bereiche erwarten lassen, und wenn dementsprechend die Zwischenbereiche zugunsten der Auslesebaumkronen nahezu komplett aufgelöst werden. Der untere Prozentwert bezieht sich auf durchschnittlich größere Abstände zwischen den Auslesebäumen, der obere Prozentwert auf eine häufigere Verteilung von Auslesebäumen im Bereich des Minimalabstandes.

Dies verdeutlicht allerdings, dass von Beginn der Dimensionierung an in diesen Zwischenbereichen jedwede Eingriffe, die über eine Entnahme von Bäumen hinausgehen, die in absehbarer Zeit natürlich abstürben, keinesfalls in Frage kommen.

Neben der waldwachstumskundlichen Problematik mit Blick auf die Wahrung der vollen Zuwachsleistung, würden hinsichtlich der Dosierbarkeit der weiteren Eingriffe zugunsten der Auslesebäume die waldwirtschaftlichen Handlungsmöglichkeiten durch solche Eingriffe in den Zwischenbereichen beeinträchtigt und eingeschränkt.

Keine Entnahmen in den Zwischenbereichen.

Es kann kein Interesse an einer über das Maß der spontanen Entwicklung hinausgehenden Kronenvergrößerung der späteren Bedränger von Auslesebäumen bestehen. In den Zwischenbereichen stehen im Übrigen ohnehin weder der Platz noch die Wirkungszeit zur Verfügung,

A steiler Astabgangswinkel
B flacher Astabgangswinkel

Der Auslesebaum kann mit flachen Astwinkeln den freien Raum wirkungsvoller erobern, als dies Zwischenbereichsbäumen möglich ist.

Kronenfreie 16-jährige Birke mit bereits abgesenkten Leitästen nach dem zweiten Dimensionierungseingriff.

die Bedränger im Sinne einer Zwischenförderung zu einer nennenswerten Wertsteigerung führen könnten.

Vielmehr wäre eher das Gegenteil der Fall. Im Maße seiner Kronenvergrößerung würde der begünstigte Baum zeitlich bereits früher zum Bedränger des Auslesebaumes. Sein bescheidener Mehrzuwachs an Durchmesser müsste früh abgebrochen werden. Was nach seiner Entnahme bliebe, wäre eine vermeidbar vergrößerte Lücke, die zumal vom Auslesebaum nur verzögert geschlossen würde.

Im günstigsten Fall wären geringe Zuwachseinbußen die Folge, im ungünstigsten Fall die Unverhältnismäßigkeit der Bedrängerentnahme und damit ein Zurückbleiben des Wertzuwachses am Auslesebaum, unter Umständen sogar verbunden mit einem Entwertungsrisiko durch Aststerben.

2.3.4.5 Entnahmen in der fortgeschrittenen Dimensionierung

In der fortgeschrittenen Dimensionierung wird die Abwägung der Verhältnismäßigkeit einer Bedrängerentnahme hinsichtlich ihrer Folgewirkungen auf den flächenbezogenen Zuwachs wichtig. Verhältnismäßigkeitskonflikte können auf der Grundlage objektiver Sachverhalte entspannt werden.

Den Auslesebäumen wird nach Maßgabe ihrer konkreten Möglichkeiten zur Raumbesetzung der Platz verschafft, der zur bestmöglichen Erfüllung ihrer speziellen Bedeutung erforderlich ist. Dabei sollen allerdings die Grenzen gewahrt werden, die durch eine wesentliche Minderung der Gesamtwuchsleistung* an Derbholz, als einer typischen waldwachstumskundlichen Mess- und Prüfgröße, abgesteckt sind.

Als diesbezüglich kritisch sehen wir Einbußen von mehr als 15 % bezogen auf die Gesamtwuchsleistung unbehandelter Wälder an.

Keine unverhältnismäßigen Entnahmen.

Dieser waldwirtschaftliche Gesichtspunkt spielt in der frühen Dimensionierungsphase regelmäßig noch keine Rolle. Er gewinnt jedoch meist ab dem vierten Dimensionierungseingriff an Bedeutung. In der dann bereits weit fortge-

Entnahmevorrangigkeit am Steilhang (Entnahme von 1 vor 2).

schrittenen Dimensionierung wird die Abwägung der Verhältnismäßigkeit einer ins Auge gefassten Bedrängerentnahme hinsichtlich ihrer Folgewirkungen auf den flächenbezogenen Zuwachs wichtig. Sie bemisst sich nach der voraussichtlichen Dauer des Zeitraums, der bis zur weitgehenden Übernahme des freigemachten Standraumes durch den Auslesebaum und durch die anderen verbleibenden Bäume vergeht.

Diese Thematik steht weniger mit einer etwa nachlassenden Triebverlängerungsmöglichkeit der Auslesebäume oder mit inzwischen deutlich größeren Bedrängerkronen in Zusammenhang. Die diesbezügliche Entwicklung ist jedenfalls dann eher unbedeutend, wenn in den Zwischenbereichen Eingriffe unterblieben sind.

Vielmehr entstehen Verhältnismäßigkeitskonflikte vor allem aus der Situation, in der zwischen zwei benachbarten Auslesebäumen nur noch zwei Bäume ohne nennenswerte seitliche Versetzung verblieben sind, die mit je einem der beiden Auslesebäumen in Astkontakt kommen. Je geringer der Abstand zwischen Auslesebäumen ist, desto früher ist mit solchen Situationen zu rechnen.

Im Regelfall ist dann die Entscheidung zu treffen, welcher der beiden Bedränger zunächst so lange zu belassen ist, bis auch der entfernt stehende Auslesebaum an seine Kronenperipherie herangerückt ist. Diese Entscheidung erfordert einen Abwägungsprozess, der aus der je eigenen Konstellation getroffen werden muss, die im Wald vorgefunden wird.

Immerhin können einige Hinweise gegeben werden, die hierzu eine Orientierungshilfe bieten. Am Leichtesten fällt dabei die Entscheidung am steilen Hang. Hier ist es nahezu immer angezeigt, als Erstes den unteren der beiden Bedränger zu entnehmen, der mit der

Entnahmevorrangigkeit Reaktionsfähigkeit des Auslesebaums.

Entnahmevorrangigkeit der kleinen Bedrängerkrone.

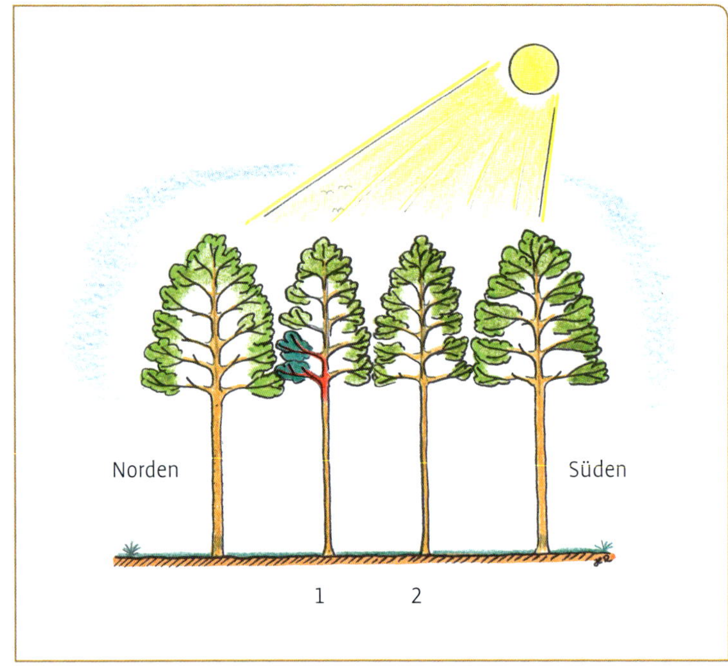

Entnahmevorrangigkeit Himmelsrichtung

hangoberen Kronenflanke des Auslesebaumes in Berührung kommt. Durch seinen Lagevorteil bedingt, wird dieser Baum eine vergleichsweise stärkere Beeinträchtigung auf den tiefer stehenden Auslesebaum ausüben, als der lagebenachteiligte Bedränger auf den höher stehenden Auslesebaum.

Verhältnismäßigkeitskonflikte durch sinnvolle Entnahmefolge vermeiden.

In ebener oder schwach geneigter Lage empfiehlt sich, zunächst die konkreten Kronenexpansionsfähigkeiten der jeweiligen Auslesebäume an den Kontaktflanken zu den Bedrängern zu beurteilen. Im Zweifel entnimmt man vorzugsweise den Bedränger an der reaktionsfähigeren Auslesebaumflanke. Der freigemachte Standraum wird so rascher besetzt und die Standraumübernahme des zunächst verbleibenden Bedrängers kann dann von zwei Seiten her vergleichsweise früher beginnen.

Sofern sich die Auslesebäume hinsichtlich ihrer Kronenexpansionsfähigkeiten nicht wesentlich unterscheiden, sollten die vergleichsweisen Kronenradien der Bedränger in der Kontaktrichtung beurteilt werden. In der Regel ist es vorteilhaft, zunächst den Bedränger mit dem geringeren Kronenradius zuerst zu entnehmen. Auch in diesem Fall tritt der Lückenschluss rascher ein, und der größere Kronendurchmesser des verbliebenen Bedrängers wird anschließend von zwei Seiten her übernommen.

Bestehen auch diesbezüglich keine nennenswerten Unterschiede, kann die Himmelsrichtung für die Reihenfolge der Entnahme den Ausschlag geben. Der südseitig vom Bedränger befreite Auslesebaum wird im Zweifel durch vergleichsweise höhere Lichtzufuhr stärker begünstigt, als der nordseitig befreite Auslesebaum.

Schließlich könnte ganz ausnahmsweise in Erwägung gezogen werden, die unteren Äste des zunächst verbleibenden Bedrängers soweit zu entnehmen, dass ein abträglicher Kronen-

Kontaktästung.

kontakt zum Auslesebaum verzögert wird, bis der bereits von seinem Bedränger freigestellte Auslesebaum seinerseits mit seiner Krone zum verbliebenen Bedränger herangerückt ist.

Unabhängig von den beteiligten Baumarten zeigt sich, dass die zielentsprechenden Baumentnahmen zur Freistellung der Auslesebaumkronen in der fortgeschrittenen Dimensionierungsphase unter Berücksichtigung dieser Sachverhalte nur noch mit einer Abschöpfung von 60 bis 80 % des laufenden Volumenzuwachses einhergehen. Dabei wird vorausgesetzt, dass im betreffenden Waldbereich auch weiterhin eine volle Ausstattung mit Auslesebäumen gegeben ist.

Im Übrigen stellt sich die Verhältnismäßigkeitsfrage ins Auge gefasster Baumentnahmen in der Dimensionierungsphase in solchen Waldbereichen generell und schon sehr früh und oft mit hoher Brisanz, die zuvor bereits bestandesorientierte Eingriffe erfahren hatten, wie zum Beispiel Stammzahlverminderungen, klassische flächenweise Durchforstungen, aber auch Auslesedurchforstungen mit mäßiger Förderung einer vergleichsweise hohen Zahl von Bäumen.

In allen diesen Fällen treten im Gefolge der flächenwirksamen Entnahme minder vitaler Bäume Homogenisierungen* auf. Durch solche Eingriffe werden nämlich Bäume, deren Wuchskraft dem guten Durchschnitt entspricht, gegenüber den spontan überlegenen Supervitalen* in einer Weise gefördert, die im natürlichen Ablauf nicht zu erwarten wäre. Außerdem schaffen und verschärfen Eingriffe in den Bereichen zwischen den ansonsten methodisch geförderten Auslesebäumen spätere Verhältnismäßigkeitskonflikte.

Bestandesorientierte Eingriffe führen sehr häufig zu Bäumen mit mittelgroßen Kronen, die nur mit unverhältnismäßigen Begleitwirkungen und nie in der erforderlichen Konsequenz zugunsten von Auslesebäumen entnommen werden könnten, deren Erzeugung astfreien Holzes optimiert werden soll.

Verzicht auf Kronenfreihaltung, wenn zuvor flächenweise entnommen wurde.

In der Regel bleibt nach homogenisierenden flächenwirksamen Eingriffen keine andere Möglichkeit, als auf die Auswahl einer angemessenen Zahl von Auslesebäumen und auf deren stringente Kronenfreihaltung zu verzichten und bereits in der Dimensionierungsphase waldwirtschaftliche Eingriffe nach ähnlichen Grundsätzen zu führen, wie dies sonst erst in der Reifephase geschieht.

Noch am ehesten kommt eine verspätete Hinwendung zu konsequent auslesebaumorientierten waldwirtschaftlichen Eingriffen bei der Buche in Frage, insbesondere nachdem diese zuvor nur schwach und niederdurchforstungsartig behandelt worden war. Die Buche verfügt nämlich vor allem dann, wenn sie flach abgehende Äste aufweist, über ein ausgeprägtes und lange anhaltendes Reaktionsvermögen.

2.4 Reife: Wertbäume

In der Reifephase hat sich die Fähigkeit der Bäume zur Raumbesetzung weitgehend erschöpft. Künftig geht es bei diesen Bäumen vor allem um die Erhaltung des bisher errungenen Wuchsraums. In Vorbereitung und als Voraussetzung der Ernte und in Verbindung mit dieser rückt die Verjüngung und Etablierung einer nachfolgenden Generation ins Blickfeld.

2.4.1 Bäume wachsen nicht in den Himmel

Regelmäßig lassen Bäume, die 75–80 % ihrer Endhöhe erreicht haben, in ihrer Fähigkeit zur Raumbesetzung nach. Solche Bäume, die nur noch kurze Jahrestriebe bilden können, befinden sich in der Reifephase.

Solange Bäume leben, hören sie nicht auf zu wachsen. Allerdings wachsen sie nicht in den Himmel. Sie nähern sich in einer S-förmigen Wachstumskurve einer Endhöhe, die vor allem von den standörtlichen Verhältnissen abhängt. Die Höhenwachstumsverläufe der einzelnen Baumarten unterscheiden sich recht charakteristisch.

Frühdynamische Baumarten, wie zum Beispiel die Birke, erreichen schon sehr früh sehr hohe Jahreshöhenzuwächse, die aber auch sehr früh stark abfallen. Dagegen nehmen die Jahreshöhenzuwächse spätdynamischer Baumarten, wie zum Beispiel der Buche, zunächst erst allmählich zu. Sie erreichen dann in der Zeit ihrer Gipfelung nur mäßig hohe, über längere Zeiträume allerdings kaum abnehmende Werte, die erst zu vorgerückter Zeit schließlich doch deutlich zurückgehen. Allgemein kann jedoch festgestellt werden, dass Bäume, die bereits 75 bis 80 % ihrer standörtlich bedingten Endhöhe erreicht haben, im weiteren Höhenwachstum erheblich nachlassen.

Die seitliche Kronenausdehnungsfähigkeit der Bäume steht stets in straffer allometrischer* Beziehung zu ihrem Höhenwachstum. Bäume wahren nämlich verlässlich den Rahmen ihrer arttypischen Proportionen. Erfahrene Forstleute und Waldfreunde sind daher dazu in der Lage, Bäume im belaubten wie auch im unbelaubten Zustand aus vielen hundert Metern Entfernung ganz sicher nach ihrer Baumart zu unterscheiden.

Daraus leiten sich wichtige Folgerungen für die waldwirtschaftlichen Beeinflussungsmöglichkeiten des Wachstums von Bäumen ab, die in fortgeschrittenem Baumalter keinesfalls überschätzt werden dürfen. Bäume mit verhaltenem Höhenwachstum sind zwar in der Lage, ihre Krone weiterhin auszudehnen, allerdings nur noch in den geringen Jahresraten, die mit ihren nachlassenden Höhenzuwächsen vereinbar sind. Auch ohne nähere Kenntnis der standörtlichen Verhältnisse und trotz fehlender Sicht auf den Gipfeltrieb eines Baumes kann der aufmerksame Begutachter meist eindeutig feststellen, ob ein Baum in diese Entwicklungsphase eingetreten ist.

Dies ist stets der Fall, wenn führende, bedrängungsfreie Äste im unteren Kronendrittel den ihnen gebotenen freien Raum nicht mehr zügig überschirmen können, weil sie nur noch zur Bildung von weniger als 10 cm langen Jahrestrieben in der Lage sind. Solche „Weiseräste" findet man besonders häufig an Wege- und Gassenrändern.

An bedrängungsfreien Ästen im unteren Kronendrittel wird die Reifephase erkennbar.

Bäume, die nur noch kurze Jahrestriebe bilden können, befinden sich in der Reifephase. Diese wird von der Aspe meist schon vor einem Alter von 25 Jahren erreicht, von der Birke und der Schwarzerle mit etwa 30 Jahren und von der Waldkiefer ebenso wie von der Vogelkirsche und der Esche mit etwa 45 Jahren. Bei den Ahornen, der Stieleiche, der Elsbeere, den Linden und der Hainbuche ist dies mit gut 60 Jahren der Fall. Es folgen die Traubeneiche mit einem Beginn ihrer Reife in einem Alter von etwa 70 Jahren und schließlich Buche und Weißtanne mit etwa 75 Jahren.

Rückblickend auf die Dimensionierungsphase kann mithin festgestellt werden, dass sich diese bei den frühdynamischen, kurzlebigen Arten über Zeiträume von kaum 20 Jahren erstreckt, bei der Traubeneiche und den spätdynamischen Arten aber auch über kaum mehr als 40 Jahre.

Keinesfalls kann danach in der Reifephase der Kronenausbau nachgeholt werden, der bis dahin versäumt wurde. Mehr noch als in der fortgeschrittenen Dimensionierungsphase kommt es in der Reife darauf an, jeden erwogenen Eingriff auf seine Verhältnismäßigkeit zu überprüfen, um insbesondere dann Zuwachseinbußen zu vermeiden, wenn noch kein zielentsprechender Nachwuchs vorhanden ist. Selbst an die Buche, deren vergleichsweise gute Reaktionsfähigkeit in der Reifephase als sogenannte Altersplastizität sprichwörtlich ist, dürfen keine überzogenen Erwartungen gerichtet werden. Hier gilt es, genau hinzuschauen. Wohl können sich flach abgehende Äste älterer Buchen oft noch erstaunlich wirkungsvoll in Lücken ausdehnen. Den Steilästen von Buchen mit ausgesprochenen Trichterkronen ist dies aber nur sehr eingeschränkt möglich.

2.4.2 Grundlagen des waldwirtschaftlichen Handelns in der Reife

In der Reife geht es zunächst darum, den Zuwachs der mehrwertleistenden Bäume zu stützen. Nachdem diese Bäume reichlich Gelegenheit hatten, sich in die nächste Generation zu vererben, kommt ihre Ernte nach Überschreitung des Mindestzieldurchmessers in Betracht. Ernteeingriffe, die den Zuwachs mindern, werden allerdings erst geführt, nachdem zielentsprechender Nachwuchs erreicht ist.

2.4.2.1 Mindestzieldurchmesser

Die Mindestzieldurchmesser unterscheiden sich je nach den baumartenspezifischen Merkmalen und der baumindividuellen Entwicklung in einem breiten Rahmen. Im Mittelpunkt steht das Vorliegen einer Zone astfreien Holzes, die mindestens 20 cm breit ist, um den Bereich des höchsten festmeterbezogenen Wertes zu erreichen.

Mit dem Eintritt in die Reifephase kommt für den zuvor konsequent geförderten Auslesebaum der Zieldurchmesser* in Sicht. Bis zu dessen Erreichung geht es aber zunächst noch um seine Reifung zum Wertbaum.

Der Mindestzieldurchmesser bemisst sich baumindividuell nach dem Durchmesser des astbesetzten Stammes zum Zeitpunkt seiner Astreinigung beziehungsweise seiner Wertästung. Diesem Durchmesser ist die Breite der Holzzone hinzuzufügen, in der die Astüberwallung noch mit einer deutlichen radialen Auslenkung des Faserverlaufes einhergeht.

Daran schließt sich die für die Mehrwerteigenschaften entscheidende Zone astfreien Holzes an. Diese sollte eine Breite von mindestens 20 cm aufweisen, um den Bereich des höchsten festmeterbezogenen Wertes zu erreichen. Bei den meisten Baumarten mit obligatorischer Verkernung, vor allem bei den Eichen, aber auch bei der Vogelkirsche und bei den Ulmen, muss die Breite des helleren Splintes dazugerechnet werden, da dieser nicht für hochwertige Verwendungen geeignet ist. Weiterhin muss der Durchmessereffekt von Unregelmäßigkeiten des Stammquerschnitts berücksichtigt werden, wie Stammauswölbungen und -einbuchtungen. Zuletzt tritt die Rindenstärke hinzu.

Die Ermittlung der Mindestzieldurchmesser, die sich daher je nach den baumartenspezifischen Merkmalen und der baumindividuellen Entwicklung bei gleicher astfreier Mantelstärke in einem breiten Rahmen unterscheiden können, sei an zwei Beispielen erläutert.

Im ersten Fall handele es sich um eine Elsbeere, die sich in harter Konkurrenz unter dem Schirm von Bäumen qualifiziert hat, die erst zum Zeitpunkt des Dimensionierungsbeginns der Elsbeere entnommen wurden. Der Radius ihres astbesetzten Kernes beträgt lediglich 4 cm. Eine Astüberwallungszone tritt in Anbetracht des geringen Durchmessers der Äste zum Zeitpunkt ihrer Astreinigung nicht in Erscheinung. Es folgt der 20 cm breite astfreie Mantel. Nennenswerte Unregelmäßigkeiten des Stammquerschnittes liegen nicht vor. Die Rindenstärke beträgt 1 cm. Durch Verdopplung des Radius von insgesamt 25 cm errechnet sich der Mindestzieldurchmesser von 50 cm.

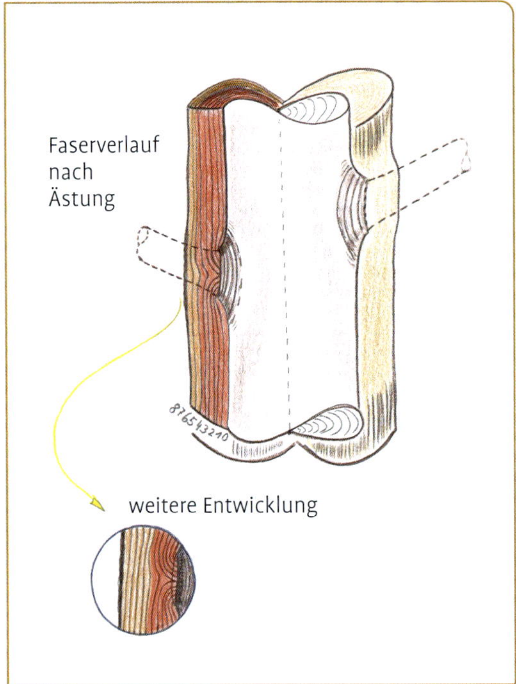

Wertholz wird erst nach Erreichen eines nahezu ungestörten Faserverlaufs gebildet.

Im zweiten Fall gehe es um eine Stieleiche, die auf einer orkanschadenbedingten Freifläche erst im Alter von 10 Jahren in den qualifizierenden Kontakt zu anderen Stieleichen-Jungbäumen kam. Der Radius des astbesetzten Kernes dieser Stieleiche beträgt 9 cm. Die Überwallungszone der zum Zeitpunkt ihrer Reinigung bis zu 4 cm starken Äste ist 2 cm breit. Es folgt der 20 cm breite astfreie Mantel. Der Splint umfasst mindestens 12 Jahrringe (165, 175) mit durchschnittlich gut 3 mm Breite und damit insgesamt 4 cm. Die Unregelmäßigkeiten des Stammquerschnittes betreffen 2 cm. Die Stärke der arttypisch groben Borke beträgt 3 cm. Durch Verdopplung des Radius von insgesamt 40 cm errechnet sich der Mindestzieldurchmesser von 80 cm.

Allgemein kann festgestellt werden, dass Entwicklungsgänge supervitaler* Bäume, die in der Qualifizierungsphase mit zunächst geringem Ast- und damit Stammdurchmesserwachstum einhergehen, wie dies namentlich unter Schirm der Fall ist, in der Fortfolge höchsten Holzwert bereits bei vergleichsweise geringem Stammdurchmesser erreichen können. Nicht von ungefähr haben die Jahrringbreiten im Stamminnern für Holzkäufer seit jeher einen hohen Informationswert, wenn es um die Beurteilung der Holzgüte und der Ausbeute eines hochwertigen Stammes geht.

Umgekehrt verschiebt ein mit stärkerer Astentwicklung einhergehendes beschleunigtes

Durchmesserwachstum in der Qualifizierungsphase für den gleichen Holzwert den Zieldurchmesser nach oben. Sofern diese Entwicklung im Jungwald zudem mit einer verzögerten Astreinigung verbunden ist, hat sie durch eine Verlängerung des Erzeugungszeitraumes für sonst vergleichbare Ergebnisse sogar handfeste Nachteile in ihrem Gefolge.

Mit dem Mindestzieldurchmesser erreicht ein Baum den Bereich höchsten Volumenwerts.

Die auf die dargestellte Weise hergeleiteten Zieldurchmesser sind bei den waldwirtschaftlichen Erwägungen zur Ernte von Wertbäumen stets als Mindestwerte aufzufassen, nach deren Überschreitung überhaupt erst die Ernte in Betracht kommt. Der tatsächliche mittlere Erntedurchmesser der Wertbäume liegt in Zusammenhang mit den weiter unten erörterten Entscheidungskriterien meist deutlich mehr als 10 cm über dem Mindestzieldurchmesser. Solange nämlich keine Anzeichen für eine drohende Holzentwertung erkennbar sind, leisten gesunde, großkronige Wertbäume sehr hohe Volumen- und damit Wertzuwachswerte auch dann, wenn der festmeterbezogene Holzpreis mit dem Stammdurchmesser nur noch langsam steigt.

Andererseits ist die Erzeugung von Messerfurnieren* aus Stammteilen mit hervorragenden Qualitätseigenschaften bereits möglich, wenn eine astfreie Mantelstärke von etwa 12 cm erreicht ist. Dementsprechend liegen die Mindeststammdurchmesser für die Messerfurnierverwendung rund 16 cm niedriger als die oben hergeleiteten Mindestzieldurchmesser. Dies kann unter bestimmten waldwirtschaftlichen Umständen, vor allem im Falle von konkreter Entwertungsgefahr, Entscheidungen zur Ernte vor Erreichen des Mindestzieldurchmessers begründen.

2.4.2.2 Erhaltung der Wertbaumkronen

Bis zur Erreichung des Zieldurchmessers gilt es, am heranwachsenden Wertbaum auf die vollumfängliche Erhaltung der Krone zu achten. Vor allem muss vermieden werden, dass an der Kronenperipherie emporwachsende Bäume stark schattender Arten das Absterben von Seitenästen und schließlich sogar von Leitästen herbeiführen.

Wenn nun in der Reifephase die Kronenausdehnung nur noch mäßig vorankommen kann, so muss bei Kronenkontakten zwischen Wertbäumen kaum noch mit dem Absterben der inzwischen starken Leitäste gerechnet werden. Im Bereich der Kronenbasis sind die Leitäste oft vielfach verzweigt. Das Absterben einzelner Seitenäste führt dann kaum je zum Absterben des Leitastes.

Der in der Zeit stürmischen Höhenwachstums ausgeprägte Ausscheidungs- und Verdrängungswettbewerb unter den Bäumen ist in der Reifephase nunmehr einer Neigung zu Toleranz gewichen, da die Voraussetzung, um sich Standraum streitig zu machen, nämlich kräftige Triebverlängerung, nicht mehr gegeben ist. Dies gilt insbesondere für Nachbarbäume der gleichen Art.

Bei artverschiedenen Nachbarbäumen tritt dann, wenn der Mindestabstand zwischen diesen Auslesebäumen gewahrt wurde, der Kronenkontakt regelmäßig erst ein, nachdem der Vertreter der spätdynamischeren Art, dessen kräftige Kronenausdehnung einen längeren Zeitraum in Anspruch nimmt, die Reifephase erreicht hat.

Kontakt zwischen Bäumen in der Reifephase: die Leitäste bleiben intakt.

Dies könnte auf längere Sicht für den weniger schattentoleranten Baum schließlich dennoch zu Astverlusten führen. Tatsächlich wird dies jedoch kaum je vollständige Leitäste betreffen,

Eichen-Restkrone: Die Buche sagt einer Eiche nicht „Guten Tag“ sondern „Adieu“.

zumal der Baum angesichts seiner früheren Entwicklungsdynamik bis dahin längst seinen Mindestzieldurchmesser überschritten haben wird.

Auch wenn Kontakte zwischen den künftigen Wertbäumen kaum problematisch sind, bleibt gleichwohl bis zur Erreichung des Zieldurchmessers in dieser Reifung die waldwirtschaftliche Aufgabe, auf die vollumfängliche Wahrung der Wertbaumkronen sorgfältig achtzugeben.

Je weniger schattentolerant der heranreifende Wertbaum ist, desto größer ist die Gefahr, dass an seiner Kronenperipherie emporwachsende Bäume stark schattender Arten das Absterben von Seitenästen und schließlich sogar von Leitästen an der Kronenbasis herbeiführen. Dadurch kann es zu einem regelrechten Einbruch des weiteren Durchmesserwachstums kommen.

Während die Buche keine Mühe hat, nachdrängende Schatter auf Distanz zu halten, wird diese fatale Entwicklung in vielen vernachlässigten durchgewachsenen Mittelwäldern an den Eichen-Oberständern sichtbar. Vor allem von unten nachdrängenden Hainbuchen ohne eigene Wertperspektive kann es gelingen, an den Eichen Leitast um Leitast zu überschatten und zum Absterben zu bringen.

So können zuvor weit ausladende Eichenkronen auf hochangesetzte Restkronen reduziert werden, die an den starken Stämmen nur noch Zuwächse im Bruchteil eines Millimeters ermöglichen. Gleichzeitig geht der Fruktifikationsraum der Eichen zurück und damit deren Samenproduktion, so dass die erfolgreiche Verjüngung und Etablierung der Eichen weiter erschwert wird. Schließlich drohen von den zuweilen schon seit Jahrzehnten toten Überbleibseln der unteren Leitäste ausgehende Fäuleentwicklungen, die Eichenstämme zu entwerten.

Gleich gelagerte Entwicklungen sind natürlich auch in herkömmlich behandelten Hochwäldern an nahezu allen Eichen und Kiefern in der Reifephase zu beobachten, in denen Buchen hochdrängen. Dort herrscht gerade mit Blick auf die Wertentwicklung der noch weit von ihrem Zieldurchmesser entfernten Eichen oft ein unauflösliches Dilemma, weil die „kronenfressenden“ Buchen gleichzeitig zur Schaftbeschattung der Eichen unerlässlich sind.

Diese Problematik besteht an den konsequent dimensionierten Eichen mit ihren großen Kronen dagegen überhaupt nicht. Innerhalb deren laubfreien Kronenkernes können Bäume schattentoleranter Arten dem Wertstamm Schaftdeckung geben, ohne an die Kronenperipherie zu reichen und dort Schaden anzurichten.

An Außenkronen lichtbedürftiger Baumarten auf nachdrängende Schatter achten.

Selbst diese Bäume im Kroneninnern sind als Schaftschutz entbehrlich, denn ein unmittelbarer Lichtzutritt zum Wertstamm, der Sekundärtriebentwicklung auslösen könnte, ist angesichts der Bekronungsmerkmale von Eichen-Wertbäumen in der Reifung nicht zu befürchten.

Es bleibt die waldwirtschaftlich wichtige Aufgabe, an den Außenkronen lichtbedürftiger Wertbäume in Reifung zuverlässig und rechtzeitig solche Schatter zu entnehmen, die ohne eigene Aussicht auf Wertleistung schwere Nachteile herbeiführen könnten.

2.4.2.3 Nachwuchs vor Zuwachsminderung und Ernte

Vitale und wertleistungsfähige Bäume müssen schon lange vor ihrer Ernteentnahme Gelegenheit gehabt haben, sich in die nächste Waldgeneration zu vererben. Wer gezielt erntet, muss daher verjüngt und soll möglichst bereits etabliert haben. Noch günstiger ist es, wenn schon Bäume in fortgeschrittener Qualifizierung vorhanden sind. Im Bestfall kann der Wertzuwachs auf Auslesebäume der Folgegeneration übergeleitet werden, die dimensioniert werden.

In nahezu altersgleichen Wäldern können Bäume in der Reifephase unter waldwirtschaftlichen, aber auch unter waldökologischen Gesichtspunkten im Wesentlichen drei Kategorien zugeordnet werden. Der ersten Kategorie gehört die bereits weiter oben angesprochene geringe Zahl der Bäume mit sehr großen, tief angesetzten Kronen an, die unter günstigen Bedingungen die weit überwiegende Fläche beschirmen.

„Wertleister" stets im Blick behalten.

Es handelt sich dabei fast ausschließlich um die in der Dimensionierungsphase konsequent geförderten Auslesebäume. Sie sind als künftige Wertbäume für den bis dahin erzeugten Wert, vor allem aber für den weiteren Wertzuwachs bestimmend und leisten einen auf ihren Schirmflächenanteil bezogen meist weit überdurchschnittlichen Beitrag zur Pollen- und Samenerzeugung.

Die zweite Kategorie betrifft in mehr oder weniger großem Flächenzusammenhang Bäume, in deren Konkurrenzgefüge durch Baumentnahmen nicht mit einer eigenen Zielsetzung, gegebenenfalls aber indirekt im Zusammenhang mit der Förderung der Auslesebäume, eingegriffen wurde. Bei nahezu allen diesen Bäumen, die sich in den Bereichen befinden, in denen keine Auslesebäume gefunden wurden oder aber in denen Auslesebäume vorzeitig ausgeschieden sind oder als solche aufgegeben wurden, hat sich der Kronenansatz in der Dimensionierungsphase fortlaufend weiter nach oben verlagert.

Diese Bäume sind hauptsächlich im Zusammenhang mit der flächenbezogenen Mengenerzeugung von Bedeutung. Aktuell werden die waldwirtschaftlich konventionell behandelten Waldbereiche in der Reifephase weithin von Bäumen dieser Kategorie geprägt, deren Entwicklung von fortlaufendem Aststerben bestimmt war. Die waldwirtschaftlichen Eingriffe waren nämlich nicht dazu geeignet, das Aststerben nennenswert zu verlangsamen und den Ausbau großer Kronen zu ermöglichen.

Je höher in der Reifephase der Überschirmungsanteil der Bäume dieser Kategorie ist, desto wichtiger ist es angesichts der nun nur noch eingeschränkten Möglichkeit der nach waldwirtschaftlichen Eingriffen belassenen Bäume, frei werdende Standräume zügig zu übernehmen, alles zu unterlassen, was den Mengenzuwachs deutlich mindert. Dies muss jedenfalls so lange gelten, bis die nächste Baumgeneration erfolgreich etabliert ist.

Holzvolumenerzeugung mit Mengenleistern.

Diese zuwachsbewusste Vorgehensweise ist insbesondere dann angezeigt, wenn es um die Abschöpfung von Wert im Sinne einer regelrechten Ernte von reifen Bäumen geht. Der Grundsatz lautet diesbezüglich, dass wer gezielt erntet, auf jeden Fall verjüngt haben muss, etabliert haben soll, möglichst schon Bäume in fortgeschrittener Qualifizierung haben sollte, am Besten jedoch den Wertzuwachs auf bereits in die Dimensionierung eingetretene Auslesebäume der Folgegeneration überleiten kann.

In diesem Sinne ist es wichtig, bereits viele Jahre, bevor Bäume ihre Mindestzielstärke erreichen, günstigen Gelegenheiten zur Verjüngung und Etablierung von wertleistungsfähigen Jungbäumen waldwirtschaftliche Beachtung zu schenken, wenn nicht sogar diese unaufwändig herbeizuführen. Diese Beachtung ist freilich keinesfalls mit einer aktiven Förderung zu verwechseln, die nie in den Vordergrund der Vorgehensweise rücken darf.

Vitale und wertleistungsfähige Bäume müssen auf jeden Fall schon lange vor ihrer Ernteentnahme Gelegenheit gehabt haben, sich in die nächste Waldgeneration zu vererben. Die Voraussetzungen hierfür sind ausgesprochen günstig, denn die in der Dimensionierungsphase sehr groß entwickelten Kronen der künftigen Wertbäume erzeugen reichlich Pollen und fruchten vergleichsweise früh und ergiebig.

Allein schon die Pollenausbreitung gewährleistet eine umfangreiche Weitergabe der männlichen Komponente des Fortpflanzungsmaterials. Mehr noch verdient die erfolgreiche Etablierung von Jungpflanzen aus dem Samen dieser Bäume, gegebenenfalls aber auch aus Wurzelbrut, ihre besondere Chance. Im Umfeld der Auslesebäume bieten sich hierzu häufig bereits in der fortgeschrittenen Dimensionierungsphase erste Ansätze, die dann in der Reifephase zunehmend bedeutungsvoll werden.

2.4.3 Waldwirtschaftliche Einflussnahme in der Reife

Noch bevor die eigentliche Ernte begonnen hat, wird die Verjüngung und Etablierung des Nachwuchses meist durch Entnahmen von Lichtfressern erreicht. Die Ernteentscheidungen nach Menge und Zeit folgen Prioritäten, die sich an bestimmten Baummerkmalen orientieren.

2.4.3.1 Dosierte Entnahme von Lichtfressern

Schatter können schon in lockerem Schluss das Aufkommen jeglicher Verjüngung zurückhalten. Im anderen Extrem führt die komplette Entnahme von Lichtfressern häufig zu flächig gleichartigen Verjüngungs- und Vegetationsverhältnissen. Im ungünstigsten Fall kommt es unter der lichtdurchlässigen Beschirmung durch Eichen oder Waldkiefern zu einer Verjüngungsblockade durch das Aufkommen einer dicht geschlossenen, hohen Bodenvegetation. Dagegen bietet sich oft an, mittels des kleinen Lichtspiels schon sehr frühzeitig spontane Verjüngungsansätze auf kleinsten Teilflächen aufzugreifen, um diese ihrer Etablierung zuzuführen.

In diesem Zusammenhang spielen die Bäume der dritten Kategorie eine ganz bedeutende Rolle. Diese meist deutlich niedrigeren Bäume, die aufgrund ihrer Schattentoleranz bis in den unteren Schaftbereich, teilweise sogar bis in Bodennähe, lebende Äste aufweisen, die nicht selten sekundäre Bildungen darstellen, wachsen vornehmlich im Umfeld der kräftig geförderten Auslesebäume.

Oft handelt es sich dabei um Buchen, Hainbuchen oder Weißtannen, aber auch die Linden, die Elsbeere und die Stechpalme können in dieser Weise in Erscheinung treten. Schließlich geht unter bestimmten Umständen eine vergleichbare Wirkung von den Vertretern einer ausgeprägten Großstrauchflora wie Hasel, Weißdornen, Schlehe, Liguster, Rotem Hartriegel und anderen Arten aus.

Diese Bäume und Großsträucher bedürfen dort, wo sie als Schatter an den Außenkronen von heranwachsenden Wertbäumen auftreten, einer sorgfältigen Aufmerksamkeit, haben im Übrigen aber auch eine besondere Bedeutung für die Lichtverhältnisse im betreffenden Waldbereich. Damit wirken sie ganz wesentlich auf die Voraussetzungen für die Verjüngung und für die Etablierung von Jungbäumen. Je nachdem, welche waldwirtschaftliche Rolle ihnen in einer bestimmten Situation zugedacht ist, stellen diese Schatter entweder Platzhalter oder aber sogenannte Lichtfresser dar.

Schatter nehmen Licht weg.

Schatter können schon in lockerem Schluss das Aufkommen jeglicher Verjüngung in den betreffenden Waldbereichen über Jahrzehnte zurückhalten. Im anderen Extrem führt die komplette Entnahme von Lichtfressern je nach den standörtlichen Bedingungen, den dann gegebenen Lichtbedingungen und dem Samenfall oder -flug von Waldbäumen zu flächig gleichartigen Verjüngungs- und Vegetationsverhältnissen.

Im ungünstigsten Fall kommt es unter der lichtdurchlässigen Beschirmung durch Eichen oder Waldkiefern zu einer Verjüngungsblockade durch das Aufkommen einer dicht geschlossenen, hohen Bodenvegetation, die zum Beispiel von der Brombeere, von Adlerfarn oder von Gräsern bestimmt wird.
Aber auch die großflächig dichte Ansamung einer schattentoleranten Baumart, wie der Buche oder der Hainbuche, kann unter stark schattender Überschirmung waldwirtschaftlich und waldökologisch nicht erstrebenswert sein, weil sie auf einen Schlag und mit langer Folgewirkung die Möglichkeiten eines Neben- und Nacheinanders verschiedener Baumarten nimmt und insbesondere die Lichtfenster vieler Pionier- und Nachpionierbaumarten rasch schließt.

Dagegen bietet sich oft an, mittels des „kleinen Lichtspiels“ schon sehr frühzeitig, das heißt gegebenenfalls sogar schon in der fortgeschrittenen Dimensionierungsphase, erste spontane Verjüngungsansätze auf kleinsten Teilflächen aufzugreifen, um diese je nach den arttypischen Lichtbedürfnissen durch Entnahme des einen oder anderen Lichtfressers, keinesfalls aber unter Hiebsopfern in wertleistungsfähigen Bäumen, ihrer Etablierung zuzuführen.

Dabei ist es fast immer wichtig, unter Berücksichtigung von Hangrichtung, Hangneigung und Sonnenlauf in der Vegetationszeit, die direkte Einstrahlung gezielt zu beeinflussen, wenn Baumarten mit hohem Lichtbedarf etabliert werden sollen.

2.4.3.2 Ernteentnahmen nach Zeiträumen und Mengen

Eine wichtige Orientierungsgröße bietet das Ausgangsvolumen zu Beginn der Ernteeingriffe zuzüglich des im Erntezeitraum zu erwartenden Zuwachses. Abgezogen werden hiervon das Volumen und die Zuwachserwartung der Bäume, die ungenutzt im Waldökosystem verbleiben. Die Erntezeiträume, die dann beginnen, wenn die ersten Bäume ihren Zieldurchmesser erreicht haben, können sich selbst in Wäldern aus nahezu gleich alten Bäumen meist auf deutlich über 50 Jahre erstrecken. Die Eingriffswiederkehr sollte ausschließen, dass Entnahmemengen von über 100 m^3 pro ha anfallen.

Die frühe Sorgwaltung bezüglich der Verjüngung bedeutet keineswegs, dass diese im Mittelpunkt der waldwirtschaftlichen Aktivitäten in der Reifephase steht. Ganz im Gegenteil! Keinerlei Wertperspektive an reifenden und reifen Bäumen wird der Verjüngung auch nur im Geringsten geopfert.

Die Verjüngung wird lediglich durch geschickte Eingriffe in wertunbedeutenden Bäumen so in Gang gesetzt, und der Nachwuchs etabliert, dass in der Folge Erntezugriffe auf die wertbedeutenden Bäume im Rahmen eines wohlerwogenen Generationenwechsels waldwirtschaftlich nahezu frei gestaltbar und verantwortbar werden.

In diesem Zusammenhang ist der Ausgangsvorrat zu Beginn der Ernteeingriffe eine grundlegende Orientierungsgröße, die um den im Erntezeitraum zu erwartenden Zuwachs erweitert werden muss. Andererseits ist es aber wichtig, den Vorrat und die Zuwachserwartung der Bäume in Abzug bringen, die dazu bestimmt sind, bis zu ihrem vollständigen Zerfall ungenutzt im Waldökosystem zu verbleiben. Zuletzt sind Rahmensetzungen für die Dauer der vorgesehenen Erntezeiträume von Bedeutung.

Baumartenspezifische Entwertungsrisiken bestimmen die Erntezeiträume.

Unter Lichtfressern (links im Vordergrund) stellt sich kaum Verjüngung ein.

Zielstarke Bäume, die arttypisch einem hohen altersbedingten Entwertungsrisiko unterliegen, wie zum Beispiel Birke, Aspe, Vogelkirsche und Esche, werden in der Regel als Zeitmischungsbäume frühzeitig in einem Zeitraum von jeweils kaum über 15 Jahren geerntet, der meist bereits seit Langem abgeschlossen ist, wenn die übrigen Bäume zur Ernte anstehen.

Dieser kurze Erntezeitraum ist auch für die Schwarzerle vorzusehen, die allerdings häufig nicht als Zeitmischung zu behandeln ist, da sie auf Bruchstandorten weitgehend rein vertreten ist und in Bachauen hauptsächlich in Mischung mit der Esche auftritt, die im gleichen Altersrahmen geerntet wird.

Unter fast allen anderen Umständen können sich die Erntezeiträume, die dann beginnen, wenn die ersten Bäume ihren Zieldurchmesser erreicht haben, selbst in Wäldern aus überwiegend nahezu gleich alten Bäumen auf deutlich über 50 Jahre erstrecken. Insbesondere wo Eichen beteiligt sind, umfassen die Erntezeiträume auch über 100 Jahre.

Für die Eingriffsregelung und die Erntefolge der Bäume in der Reifephase empfiehlt sich die Beachtung einiger Maßgaben, die dazu dienen, eine weitgehende Ausschöpfung aller Möglichkeiten zur Mehrwerterzeugung zu sichern. Hierzu werden zunächst die in einer Eingriffswiederkehr von 8 bis 12 Jahren zur Entnahme anstehenden Holzvolumina aus Bäumen in der Reifephase näherungsweise ermittelt.

Dies schließt natürlich nicht aus, dass je nach Marktlage, Fruktifikationsereignissen oder Verjüngungs- und Etablierungsverlauf im Einzelfall waldwirtschaftliche Maßnahmen in einer kürzeren Wiederkehr durchgeführt werden.

> Das rechte Maß in Eingriffswiederkehr und Entnahmemenge wahren.

Keinesfalls darf die Eingriffswiederkehr so weit ausgedehnt werden, dass Entnahmemengen von über 100 m³ pro ha bei einzelnen Maßnahmen erforderlich werden. Übermäßige Entnahmemengen erhöhen die Schadensgefährdung vor allem am Nachwuchs. Außerdem kann der Verbleib großer Mengen unverwerteter Stamm- und Kronenteile Behinderungen der laufenden Holzaufarbeitung und -bringung bedingen, die unter Umständen bis zum nächstfolgenden Eingriff fortbestehen.

Andererseits sollte im Interesse der waldwirtschaftlichen Effizienz die Eingriffswiederkehr auch nicht so kurz sein, dass Entnahmemengen von unter 40 m³ pro ha anfallen. Nicht zuletzt würde dies die Befahrungshäufigkeit der Rückegassen untunlich erhöhen beziehungsweise im Steilhang die wirtschaftlich vertretbare Anwendbarkeit schonender seilgebundener Verfahren in Frage stellen.

Oft nehmen Verjüngung und Etablierung schon in der fortgeschrittenen Dimensionierungsphase der Vorgeneration ihren Ausgang. So können zum Beginn der Ernte zielstarker Bäume bereits Bäume der Folgegeneration in der Qualifizierungsphase, ja womöglich gar in der Dimensionierungsphase angelangt sein. Die QD-Strategie eröffnet damit ganz breite und besonders sichere Wege aus altersähnlichen Wäldern in die für West- und Mitteleuropa als naturtypisch angesehenen Phasen-Mosaikstrukturen altersverschiedener und artengemischter Wälder.

> Die QD-Strategie eröffnet Wege in altersverschiedene und artengemischte Wälder.

Die Voraussetzungen hierfür sind nach Realisierung der zuvor skizzierten konsequenten Qualifizierung und Dimensionierung künftig weitaus günstiger als in den meisten heute in ihrer Reifephase angelangten konventionell bewirtschafteten Hochwäldern. Sie sind mindestens aber so günstig wie in durchgewachsenen Mittelwäldern.

2.4.3.3 Ernteprioritäten nach Bäumen und ihren Merkmalen

Eingriffsentscheidungen gehen in erster Annäherung immer von den Bäumen aus, die einen hohen Mehrwert bereits aufweisen oder in absehbarer Zeit erreichen können, sodann von den Bäumen, die in ihrer Entwicklung vergleichsweise weiter vorangeschritten sind. Insofern kann nie die Ernte von der Verjüngung getrieben werden. Entwertungsrisiko ist ein wichtiger Erntegrund. Geringste Ernteprioritát haben dagegen hochwertige Bäume, die ihre Zielstärke überschritten haben, aber keiner erkennbaren Entwertungsgefahr unterliegen.

Wenn nun die Größenordnungen der Entnahmemengen für die jeweiligen Ernteeingriffe zufolge der zuvor dargestellten Gesichtspunkte bekannt sind, bieten diese eine wichtige Orientierung für die Auszeichnung der Bäume im Wald. Die Auswahl der zu entnehmenden Bäume stellt sehr hohe Ansprüche an das Beobachtungs-, Bewertungs- und Entscheidungsvermögen der Ausführenden. Immerhin können einige grundlegende Gesichtspunkte in Maßgaben gefasst werden, die in einem breiten Anwendungsbereich für die laufenden Auszeichnungsentscheidungen einen hilfreichen Leitfaden bieten.

Die Ernte ist nie verjüngungsgetrieben.

Grundsätzlich gilt, dass Eingriffsentscheidungen immer in erster Annäherung von den Bäumen ausgehen, die einen hohen Mehrwert bereits aufweisen oder in absehbarer Zeit erreichen können, sodann von den Bäumen, die in ihrer Entwicklung vergleichsweise weiter vorangeschritten sind. Insofern kann nie die Ernte von der Verjüngung getrieben werden.

So ist das Hauptaugenmerk auf die besonders wertvollen Bäume zu richten, die den Mindestzieldurchmesser näherungsweise erreicht oder sogar überschritten haben. An diesen Bäumen ist sorgfältig zu beurteilen, ob es ein konkretes Entwertungsrisiko gibt, das eine zügige Ernte fordert.

Wichtige Risikomerkmale dieser Art sind das noch nicht lange zurückliegende Absterben oder der Abbruch von Ästen im Kronenansatzbereich von Baumarten, bei denen eine Farbkernbildung durch oxidative Vorgänge möglich ist.

Bei den Eichen, aber auch bei Waldkiefer oder Weißtanne, sind diese Merkmale jedoch nicht unmittelbar besorgniserregend, da die Ausbildung von Fäulen, die von solchen Erscheinungen ausgehen könnten, meist erst nach einem längeren Zeitraum zu einer wesentlichen Entwertung führen.

Ein Alarmsignal ist stets das Auftreten von Pilzfruchtkörpern am Stamm oder im Wurzelanlaufbereich. Hier muss allerdings geklärt werden, ob überhaupt und, im zutreffenden Fall, welche Wirkungen von der betreffenden Pilzart auf die Wertentwicklung des Baumes zu erwarten sind.

Im äußersten Fall kann auf eine bereits vorliegende weitgehende Holzentwertung geschlossen werden, wenn zum Beispiel der Zunderschwamm an Buche gefunden wird. Dann ist der waldökologische Wert des Baumes unter Umständen weitaus höher einzuschätzen ist als der Holzwert.

Entwertungsrisiken erkennen und bewerten.

Bei mechanisch bedingten äußeren Stammverletzungen durch Fällung oder Bringung gilt es abzuschätzen, ob von der Schadstelle schwere Entwertungswirkungen ausgehen und rasch fortschreiten können. Je nach Baumart und Verletzungsmerkmalen ist das oft nicht der Fall.

Bruchschäden im oberen Kronenbereich ziehen, ebenso wie das Zurücktrocknen von Oberkronenästen, Devitalisierungsentwicklungen nach sich beziehungsweise sind deren Folge, bringen aber in den meisten Fällen kein spezifisches Entwertungsrisiko mit sich. In manchen

Fällen (wie an älteren, „wipfeldürren" Eichen zu beobachten) handelt es sich dabei einfach nur um die Reaktion wuchskräftiger Bäume auf durchgreifend veränderte Wachstumsbedingungen.

Besonders sorgfältig müssen die Folgen von Spechtaktivitäten beurteilt werden, vor allem, wenn diese den wertvollsten Stammteil betreffen oder sich auf diesen auswirken können. Soweit es sich erst um ganz frische Anschläge handelt, die zudem nicht mit Entwertungen durch Fäule in Verbindung zu bringen sind, was allerdings häufig der Fall ist, kann dies eine dringende Ernteindikation darstellen.

Andererseits ist nach der bereits vollendeten Anlage einer Spechthöhle zu berücksichtigen, dass dem Baum dadurch eine sehr hohe Lebensraumwertigkeit zukommt, insbesondere wenn es sich um eine vom Schwarzspecht gezimmerte Großhöhle handelt, die über einen langen Zeitraum einer großen Vielzahl von Nachnutzern zugutekommt.

Außerdem ist zu bedenken, dass der Specht im Falle der Ernte des Baumes einen Ersatzbaum bearbeiten wird. Insofern ist es kaum sinnvoll, einen von einem Specht bearbeiteten Baum zu entnehmen, wenn sein Holzwert nicht deutlich über dem Durchschnitt liegt.

Der zweite Blick gilt den Nachbarschaftsbeziehungen von Bäumen, die Wertholzanteile erwarten lassen, allerdings von ihrem Mindestzieldurchmesser noch deutlich entfernt sind. Bäume dieser Art wachsen vornehmlich in zuvor konventionell durchforsteten Wäldern, zuweilen aber auch in den unbehandelten Waldbereichen, in denen keine Auslesebäume gefördert wurden. Bei diesen Bäumen ist zu klären, ob fördernde Eingriffe durch Entnahme geringwertiger Nachbarn wirksam werden können und gleichzeitig verhältnismäßig sind.

Möglichkeiten zur Förderung der Wertentwicklung erkennen und nutzen.

Das dritte Augenmerk gilt qualitativ geringwertigen Bäumen, in deren Wirkungsbereich zielentsprechende Jungbäume wachsen, die von der Ernteentnahme des Baumes in der Reifephase einen merklichen Vorteil ziehen könnten. Auch diese Bäume treten typischerweise in flächenweise vorbehandelten, seltener dagegen in unbehandelten Waldteilen auf.

Die vierte und letzte Ernteprioriät haben hochwertige Bäume, die ihre Zielstärke überschritten haben, aber keiner erkennbaren Entwertungsgefahr unterliegen. Dabei ist zu bedenken, dass diese Bäume oft einen wesentlichen, wenn nicht gar überwiegenden Anteil des laufenden Wertzuwachses in ihrem Waldbereich leisten und außerdem noch wichtige Beiträge für den Umfang und die Qualität des Nachwuchses erbringen können.

Sorgfältige Überleitung des Wertzuwachses auf die nächste Generation.

Die Entnahme solcher Bäume sollte zuverlässig an die Voraussetzung gebunden sein, dass hiervon zielentsprechende Jungbäume in fortgeschrittener Qualifizierung ganz erheblich profitieren, so dass auf diese Weise der Wertzuwachs wirkungsvoll auf die nächste Baumgeneration übergeleitet werden kann.

Alte Traubeneichen haben 27 Jahre nach plötzlichem Freistand durch Orkan ihre Krone komplett „eine Etage tiefer gesetzt". Im Englischen gibt es dafür den treffenden Begriff „stag headed" = geweihtragend.

2.4.3.4 Lichtkegel für den Generationenwechsel der Eichen

Zur gezielten Begünstigung der Eichen-Etablierung werden durch die Schaffung eines Lichtkegels zwischen Südost und Südwest freilageähnliche Lichtbedingungen herbeigeführt. Über dem Nachwuchs können Bäume mit sehr hoch angesetzten Kronen zunächst noch über Jahre stehen bleiben. Dies gilt auch für die Sameneiche.

Ernteentnahmen von Bäumen der dritten, vor allem aber der vierten Priorität, stehen stets im Zusammenhang mit dem sogenannten großen Lichtspiel, da sie mit einer massiven Öffnung des Kronendaches einhergehen (194). In der Regel fördern sie Jungbäume lichtbedürftiger Baumarten ganz wesentlich und vergleichsweise viel stärker, als diejenigen schattentoleranter Baumarten, denen hierdurch unter Umständen sogar eine wertvolle Erziehungswirkung abgeht.

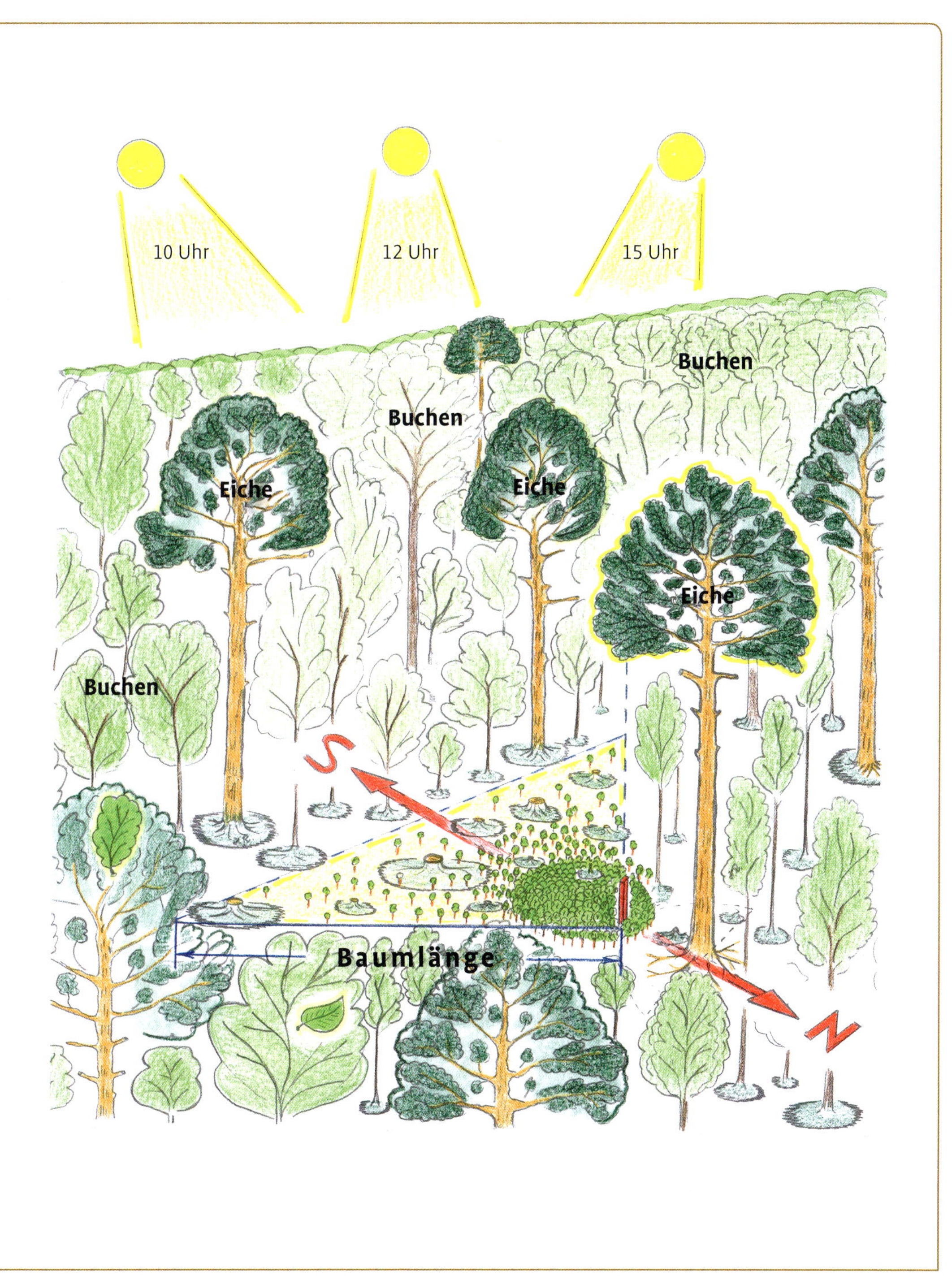

Lichtkegel zur Eichenetablierung.

Gerade die Beteiligung der Eichen in der künftigen Waldgeneration kann vom großen Lichtspiel substanziell abhängen und zwar gerade dann, wenn Bäume mit großen, wenig lichtdurchlässigen Kronen, namentlich Buchen, ein Strahlungsregime bedingen, das ihrer eigenen Nachkommenschaft einen mit der Zeit ständig zunehmenden Wettbewerbsvorteil wahrt. Selbst supervitale* Jungeichen lassen unter Bucheneinfluss in ihrem Höhenwachstum soweit nach, dass sie von Jungbuchen durchschnittlicher Vitalität eingeholt und schließlich überwachsen werden.

Jungeichen bleiben oft nur, wenn sie frühzeitig reichlich Licht haben.

Die besondere Problematik des Generationenwechsels der Traubeneiche, die zumal im Gegensatz zur Stieleiche nur mit Einschränkung über den Eichelhäher* als Vektor verfügt, liegt darin, dass sich bei ihr die Folgen der sehr verkürzten Entwicklungszyklen in bewirtschafteten Wäldern überaus stark auswirken.

Die Traubeneiche setzt offenbar im Zusammenspiel von Langlebigkeit und episodischer Erzeugung einer großen Zahl an Samen, die mit einer hohen Menge an Reservestoffen ausgestattet werden, dadurch aber nur baumnah aufschlagen, in ganz besonderen Maß auf die Karte der irgendwann eintretenden günstigen Gelegenheit. Diese muss nach der Samenkeimung immer mit frühzeitig gegebenem und lange fortbestehendem nahezu vollem Lichtzutritt verbunden sein.

Eine häufig übersehene und waldwirtschaftlich kaum je berücksichtigte Stärke der Eichen besteht in ihrer Fähigkeit, sich auch noch in hohem Alter zu reorganisieren. Dies kann erforderlich werden, wenn die langlebigen Eichen durch die Ernte oder das natürliche Ausscheiden kurzlebigerer Nachbarbäume in Freistand kommen oder wenn andere tiefgreifende Änderungen ihrer Lebensbedingungen unvermittelt auftreten. Eichen, die ihre Oberkrone zurücknehmen, während sie die dort ausbleibende Assimilationsfläche gleichzeitig weiter unten durch die Bildung kräftiger Sekundärtriebe ausgleichen, verfügen über einen enormen ökologischen Anpassungsvorteil, der freilich häufig als eine Schwäche- oder gar Absterbesymptomatik völlig fehlgedeutet wird (41).

Eine solche Selbst-Reorganisation über 100-jähriger Eichen ist übrigens in den meisten Fällen durchaus nicht mit Werteinbußen verbunden. Vielmehr ist unter dem Strich meist sogar das Gegenteil der Fall. Das Holzvolumen der abgestorbenen Oberkrone hat keinen wirtschaftlichen Wert. Der darunter liegende Stammbereich ist von mehr oder weniger stark überwallten Totästen in seinem Wert gemindert. Dort treten dann sekundär gebildete Grünäste auf, die im allgemeinen keine weitere Werteinbuße von nennenswertem Belang nach sich ziehen. Der untere, seit langem astfreie Stammteil profitiert aber von gesteigertem Durchmesserzuwachs. Auf diese Weise können dann Eichen, die mit 150 Jahren kaum 40 cm stark waren, bis zum Alter von 200 Jahren unter ganz erheblicher Wertsteigerung durchaus Stammdurchmesser von über 60 cm erreichen.

Werden jedoch Eichen regelmäßig schon nach einem vergleichsweise kurzen Zeitraum, der kaum einem Drittel ihrer üblichen natürlichen Lebensdauer entspricht, ernteweise entnommen, so kann angesichts ihrer Fortpflanzungsökologie eben keine beiläufig gelingende Einbeziehung in einen weitgehend spontanen Ablauf des Generationenwechsels erwartet werden. Zudem entfällt in diesem kurzen Nutzungszyklus meist die Hälfte der Zeit auf den Lebensabschnitt, in dem keine oder nur wenige Eicheln gebildet werden.

Oft wird vergessen, dass zu Beginn des 20. Jahrhunderts pilzliche Neuankömmlinge massiv in die Verjüngungsökologie unserer europäischen Weißeichen eingebrochen sind, nämlich Echte Mehltau-Arten, insbesondere Microsphaera alphitoides. Diese befallen vor allem die wiederholten Neuaustriebe im Sommer, schwächen sie zum Teil bis zum Absterben oder verhindern ihr Ausreifen zur Frosthärte. Der englische Ökologe Oliver Rackham prägte hierfür den Begriff „oak change“, Eichenwandel (152).

Allerdings sind einzelne Eichen offenbar resistent, denn sie bleiben auch in Jahren mit starker Mehltauentwicklung befallsfrei. Wenn diese Eichen bei günstiger Wasserversorgung reichlichen Lichtzutritt haben, wachsen sie dank mehrfacher Triebe im Sommer den jungen Buchen weit voraus und können selbst mit den Pionierbaumarten im Höhenwachstum mithalten. Es handelt sich aber oft nur um wenige Exemplare pro Hektar.

Die QD-Strategie ist besonders geeignet, die Potenziale dieser Ausnahme-Eichen und ihrer weiteren supervitalen Artgenossen auch in Buchenwaldgesellschaften zur vollen Entfaltung zu bringen. Hierzu gilt es, Startbedingungen zu bieten, unter denen bei viel Licht der Verbiss durch große Pflanzenfresser verhindert wird. Flächige Freilagen sind aber keineswegs erforderlich.

Daher stellt sich die waldwirtschaftliche Herausforderung, die zuvor angesprochenen günstigen Gelegenheiten in angemessenem Maße gezielt herbeizuführen (22, 99, 126). Dies stützt sich auf situations- und baumbezogene Verfahren, wie sie in Frankreich in durchgewachsenen, reich gemischten Mittelwäldern praktiziert werden (76, 162). Dabei ist unter anderem von Bedeutung, dass junge Eichen im Nordbereich von Lücken oft besonders günstige Etablierungsbedingungen finden (38).

Eichenetablierung ist im Südrandbereich von Eichenkronen besonders gut gestaltbar.

Ein solches waldwirtschaftliches Vorgehen bedient sich des reichlichen Samenfalls im südlichen Randbereich der großen Krone einer Eiche, deren Ernte innerhalb der nächsten 20 Jahre möglich ist. Dort werden im Bereich eines Klumpens von 5–7 m Durchmessers unter Belassung des Eichen-Samenbaumes alle übrigen unmittelbar überschirmenden Bäume nach dem Samenfall der Eicheln entnommen. Dadurch wird sichergestellt, dass dieser Bereich nach der Keimung der Eicheln nicht mehr unter der dann drohenden Trittschädigung der Eichensämlinge begangen werden muss.

Nach dem erfolgreichen Auflaufen der Eichensämlinge im folgenden Frühjahr werden nunmehr sämtliche Bäume entnommen, die von Mai bis August zwischen 10 und 15 Uhr den direkten Lichtzutritt auf diesen Klumpen abschirmen würden. In diesen Stunden und in diesem Jahresabschnitt beträgt der Einstrahlungswinkel des direkten Sonnenlichtes in Mittel- und Westeuropa durchweg über 55 Grad.

Diese kleinflächig freilageähnlichen Lichtbedingungen werden durch die Schaffung eines Lichtkegels zwischen Südost und Südwest herbeigeführt, innerhalb dessen in ebener Lage alle Bäume entnommen werden, deren Höhe deutlich größer ist, als ihr Abstand zum Klumpen.

Variationen in der Ausgestaltung des gewünschten Lichtzutritts werden nach Maßgabe der Hangneigung und der Hangexposition erforderlich. Bei südseitigen Expositionen können die Kegel mit zunehmender Hangneigung immer gedrungener und damit kleinflächiger ausgeführt werden. Bei nordseitigen Expositionen müssen sie dagegen mit zunehmender Hangneigung immer gestreckter und großflächiger angelegt werden, so dass sich in diesem Fall freilich Verhältnismäßigkeitskonflikte ergeben können. Die waldwirtschaftliche Entscheidung zugunsten der Eichenverjüngung bedarf dann einer sehr sorgfältigen Abwägung.

Durch Lichtkegel werden die Lichtansprüche der Jungeichen gesichert.

Über dem Nachwuchs können regelmäßig Bäume mit hoch angesetzten Kronen zunächst noch über Jahre stehen bleiben. Dies gilt natürlich auch für die Sameneiche, die so lange belassen werden kann, bis sich supervitale* Nachwuchseichen ihrem Kronenansatz nähern und in ihrer Entwicklung erheblich gehemmt werden. Innerhalb des Lichtkegels stören einzelne Bäume mit ausgesprochen lichtdurchlässigen Kronen nur wenig, so dass bezüglich ihrer Ernte keine Eile geboten ist.

Alle diese Gesichtspunkte sind für die Anwendungsflexibiltät dieser Vorgehensweise von entscheidender Bedeutung. Dagegen kommt jedoch die Öffnung eines Lichtkegels keinesfalls in Frage, wenn hierzu wertholzfähige Bäume entnommen werden müssten, die noch weit von ihrem Mindestzieldurchmesser entfernt sind. Auch im Falle der Entnahmenotwendigkeit eines hochwertigen Baumes ohne erkennbares Entwertungsrisiko sollte eher Zurückhaltung geübt werden.

2.4.4 Auszeichnung und nachwuchsschonende Vorkehrungen

Die Auszeichnung in der Reifephase umfasst die Begutachtung jedes Baumes hinsichtlich der Möglichkeit, die Fällung ohne den Einsatz von Hilfsmitteln, die über das übliche Hauungswerkzeug hinausgehen, schadenfrei zu bewerkstelligen. Für die Handelnden muss ein sicherer Überblick über alle Bereiche bestehen, von denen Gefahren ausgehen. Dies betrifft insbesondere Dürrständer. Außerdem müssen die Bereiche kenntlich sein, die auf keinen Fall von fallenden Bäumen getroffen werden sollten. Dabei handelt es sich um die Klumpen in Etablierung und Qualifizierung und um die gegebenenfalls schon vorhandenen Auslesebäume in Dimensionierung.

Damit sind alle wesentlichen Aspekte, die bei der Auszeichnung in der Reifephase integrative Beachtung finden müssen, angesprochen. Sehr wichtig im praktischen Vollzug dieser hoch anspruchsvollen Tätigkeit ist die klare räumliche Orientierung bei der Erwägung, Planung und Durchführung aller einzelnen Eingriffe. Dazu sind neben der Markierung der ausscheidenden Bäume zusätzliche Markierungen erforderlich.

Für die in der Fällung und Bereitstellung Handelnden muss ein sicherer Überblick über alle Bereiche bestehen, von denen für sie Gefahren ausgehen. Dies betrifft insbesondere stehende abgestorbene Bäume beziehungsweise Baumfragmente. Außerdem müssen die Bereiche kenntlich sein, die aus wirtschaftlichen Gründen auf keinen Fall von fallenden Bäumen getroffen werden sollten.

Drohende Gefahr und schadengefährdete Bereiche markieren.

Dabei handelt es sich um die Klumpen in Etablierung und Qualifizierung und um die gegebenenfalls schon vorhandenen Auslesebäume in Dimensionierung. Je weiter Bäume der Folgegeneration bereits in ihrer Entwicklung fortgeschritten sind, desto mehr Sorgfalt und desto höherer Aufwand sind gerechtfertigt, um die Schonung dieses wertvollen Nachwuchses zu gewährleisten.

Oft muss auch von Bäumen mit ökologisch bedeutungsvoller Habitatfunktion Schaden abgewendet werden. Klarheit muss zudem zum Verlauf der Rückegassen herrschen, da alle Hölzer, die einer Nutzung zugeführt werden sollen, zu diesen ohne vermeidbare Begleitschäden hinbewegt werden müssen.

Alles in allem stehen fast immer Flächenanteile von über 80 % für die Fällung der Bäume und für die Holzbringung zur Verfügung. Trotzdem ist es oft alles andere als einfach, sicher zu verhindern, dass Bäume in den zu schonenden Bereichen aufschlagen. Besondere Schwierigkeiten bereitet die Fällung in steilen Hanglagen und dies vor allem dann, wenn in herkömmlich behandelten Laubwäldern nahezu alle Kronen zur Talseite hin erheblich stärker ausgebildet sind.

Auch die schonende Bringung ist unter diesen Bedingungen deutlich erschwert. Soweit die Hangneigung überhaupt die Feinerschließung durch Rückegassen zulässt, steigt die Schadenneigung durch das Vorrücken im schrägen Beizug mit zunehmender Hangneigung an und kann oft nur durch Kurzschneiden der Stämme in Abschnitte im vertretbaren Rahmen gehalten werden. In reinem Seilgelände steigt die Schadenneigung mit Zunahme der seitlichen Beiseilentfernung zur Seiltrasse.

Eine fachlich vollständige Auszeichnung in der Reifephase umfasst die Begutachtung eines jeden Baumes hinsichtlich der Möglichkeit, die Fällung ohne den Einsatz von Hilfsmitteln, die über das übliche Hauungswerkzeug hinausgehen, schadenfrei zu bewerkstelligen. Bisweilen ist es angezeigt, die Fällrichtung am Baumstamm zu markieren. Dies geschieht am besten durch Anbringen einer Farb- oder Risserlinie, die zur zielentsprechenden Fällung die Unterseite des liegenden Stammes bezeichnet.

Seilunterstützung zur Sicherheit und Schadenvermeidung.

Ansonsten sind die zur Schadenvermeidung erforderlichen Vorkehrungen zu planen und an den zur Entnahme vorgesehenen Bäumen kenntlich zu machen. In der Regel handelt es sich dabei um Seilzugarbeiten, für die die Zugrichtung gegebenenfalls auf die oben dargestellte Weise markiert werden sollte.

Generell seilunterstützt zu Boden gebracht werden ohnehin die zur Fällung bestimmten Dürrständer, aber auch lebende Bäume mit toten Ästen, von denen Gefahr ausgeht. Auch die gesunden Bäume, die im Fallbereich von Dürrständern zur Ernte anstehen, werden seilunterstützt zu Boden gebracht. Bei allen diesen seilunterstützten Maßnahmen halten sich beim Niedergehen der Bäume keine Menschen im Gefährdungsbereich auf.

Ein unverzichtbares Element der schadenvermeidenden Maßnahmen bei der Entnahme von Bäumen mit sehr großen Kronen ist die Stehendentkronung, die bei sachgerechter Ausführung einen Zeitaufwand erfordert, der erfahrungsgemäß zwischen einer und zwei Minuten pro Zentimeter Stammdurchmesser liegt (37).

Schonung des Nachwuchses durch Stehendentkronung.

Im Wege der Stehendentkronung gelingt es, selbst Bäume mit Kronendurchmessern von über 25 m, wie sie zuweilen in durchgewachsenen Mittelwäldern angetroffen werden, zu entnehmen, ohne nennenswerte Schäden an den Bäumen der Folgegeneration zu verursachen.

2.5 Alter und Zerfall: Waldlebensgemeinschaften in Fülle

Wenn die volle Artenfülle des natürlichen Waldökosystems erreicht oder gewahrt werden soll, müssen Bäume in ausreichender Menge und Verteilung ungenutzt belassen werden (5).
Im Rahmen der naturnahen Waldwirtschaft ist es eine anspruchsvolle Herausforderung, den vollen Naturablauf so einzubeziehen, dass die Lebensraumvernetzung der auf diesen Naturablauf besonders angewiesenen Arten gewährleistet ist.

2.5.1 Kurzer Nutzungsablauf – langer Naturablauf

„Imiter la nature – hâter son œuvre“ (Es der Natur nachtun, ihr Werk beschleunigen; Übersetzung des Verfassers) lautet ein in der französischsprachigen Fachliteratur häufig zitierter Leitspruch für die Waldwirtschaft, der auf Adolphe Parade (1802–1865), einen der frühen Leiter der Forsthochschule in Nancy (Frankreich) zurückgeht. Dieser Leitspruch wird vielfach mit einer naturnahen Wirtschaftsweise in Zusammenhang gebracht, ist diesbezüglich aber nicht unumstritten und zwar einerseits, weil sich die Nachahmung durchaus als das „Ersetzen durch etwas Ähnliches“ aufgefasst werden kann und andererseits, weil die Beschleunigung einen wesentlichen Teil der in der Natur wirkenden Fülle ausklammert.

Der hier vorgestellte waldwirtschaftliche Ansatz will sich dagegen in den Naturablauf so einfügen, dass dieser nicht über ein vertretbares Maß hinaus gestört wird. Hierzu sollen waldwirtschaftliche Einflussnahmen darauf Bedacht nehmen, die Maßgabe der Natur möglichst sorgfältig aufzufassen. Gleichwohl ist aber mit der QD-Strategie eine Beschleunigung des Durchmesserwachstums der Auslesebäume verbunden, die in ihrer fortgeschrittenen Entwicklung zur Einnahme hoher Standraumanteile bestimmt sind.
Mit dem dimensionierungsgesprägten Wachstumsgang der Auslesebäume ist die Möglichkeit verbunden, diese als Wertbäume vergleichsweise früh ernten zu können. Dies kann gerade in einer Epoche des Klimawandels in Verbindung mit einem häufigeren Generationenwechsel und den mit einer generativen Vermehrung verbundenen Steigerungen der genetischen Anpassungsmöglichkeiten ganz besonders vorteilhaft sein.

Früher Erntebeginn und die Belassung sehr dicker Bäume bis ins hohe Alter können frei kombiniert werden.

Allerdings besteht die Möglichkeit, das beschleunigte Dickenwachstum der Bäume, die sich in ihrer Jungbaumentwicklung als supervital* zeigten, auch unter Beibehaltung der konventionellen Erntealter zum Heranwachsen besonders dicker Bäume zu nutzen.

Angesichts der hohen Einzelbaumstabilität der volumen- und wertträchtigen Bäume bietet die QD-Strategie überaus gute Ausgangsbedingungen, beide Vorgehensweisen, nämlich das Fördern einer raschen Generationenfolge und die Belassung alter, sehr dicker Bäume, fast beliebig zu kombinieren.

Trotz alledem erstrecken sich die nutzungsorientierten waldwirtschaftlichen Generationenfolgen unserer Bäume selbst dann nicht, wenn sehr hohe Erntedurchmesser angestrebt werden, auch nur auf die Hälfte der Lebensdauer, die von den betreffenden Bäumen im unbewirtschafteten Waldökosystem erreicht werden könnte. 150-jährige Buchen, Waldkiefern, Weißtannen, Bergahorne und Elsbeeren können nämlich waldökologisch ebenso wenig als „alte“ Bäume gelten, wie 200-jährige Eichen oder Linden. Die Mindestzieldurchmesser der Wertbäume werden im Nutzungsablauf sogar schon in kaum mehr als einem Viertel dieser Lebensspannen erreicht.

2.5.1.1 Volle Artenvielfalt erfordert die Einbeziehung des Naturablaufs

Die sorgfältige Einbeziehung der Alters- und Zerfallsphase in die Waldwirtschaft schafft den entscheidenden Schritt zur Naturnähe. In der Waldwirtschaft kann die volle Artenvielfalt nur erreicht und aufrechterhalten werden, wenn dem vollständigen Naturablauf ausreichend Raum und Zeit vorbehalten bleiben.

Wo Bäume in der Alters- und Zerfallsphase fehlen, ergibt sich zwangsläufig eine Knappheit, wenn nicht sogar ein völliges Fehlen von Existenzgrundlagen für Arten, die auf den jahrzehnte- bis jahrhundertelangen Fortbestand von sehr alten Bäumen mit ihren besonderen waldökologischen Lebensraumausprägungen angewiesen sind (62).

Volle Artenvielfalt und -vernetzung nur im vollständigen Naturzyklus.

Einige Lebensräume entstehen in den sehr kurz greifenden Nutzungsabläufen erst gar nicht, weil schlicht die Zeit zu ihrer vollen Ausbildung und Belebung fehlt. So hat beispielsweise Hertel (68) Untersuchungsergebnisse zur Ausbildung organischer Böden in den Kronen starker

200- bis 300-jährigen Buchen vorgestellt und interessante Befunde zur Erschließung dieser „Kronenböden" durch sprossbürtige Buchenfeinwurzeln und zu deren Mykorrhiza-Besatz mitgeteilt.

Eine umfassende Hochwertigkeit der Waldökosysteme in ihrer vollen Artenfülle und -vernetzung ist nicht gewährleistet, wenn allein der auf menschliche Vorteilserwartungen beschränkte kurze Nutzungszyklus verwirklicht wird. Vielmehr muss in hinreichendem Maße der vollständige Naturzyklus in die naturnahe Waldwirtschaft einbezogen werden (113).

> Naturnahe Waldwirtschaft gebietet die angemessene Berücksichtigung des vollen Naturzyklus.

Hierzu muss dafür Sorge getragen werden, dass Bäume in ausreichender Zahl, mit einem ausreichenden Holzvolumen und in einer, gemessen an den Lebensansprüchen empfindlicher Arten, genügenden Vernetzung ihren ganzen Alters- und Zerfallsablauf vollenden können und auch danach endgültig im Ökosystem verbleiben (93, 128).

Erst die sorgfältige Einbeziehung der Alters- und Zerfallsphase in die Waldwirtschaft schafft den entscheidenden Schritt zu tatsächlicher Naturnähe. Im wohlverstandenen Sinne erfordert sie keineswegs Verzicht, sondern stellt eine Überlebensversicherung der eigenen Art dar, jedenfalls sofern sich der Mensch als integraler Teil der Lebewelt dieser Erde versteht.

Eine alleinige und einseitige Ausrichtung der Biosphäre auf die menschenbezogenen Lebensbedürfnisse, zumal in den kurzlebigen Auffassungen, die in einer bestimmten Epoche und in einem bestimmten Bereich der Erde vorherrschen, ist aus dieser Sicht in höchstem Maße riskant.

Ein Rückblick in die Vergangenheit und ein Seitenblick auf die heute nebeneinander bestehenden Wirklichkeiten lassen erahnen, dass diese Auffassungen in keiner Weise in sich schlüssig waren und sind. Es spricht jedoch vieles dafür, dass die über die reinen Lebensbedürfnisse hinausreichenden Ansprüche von Menschen nur dann vernünftig, zukunftssicher und auf Gesellschaftsebene handlungsleitend sein können, wenn sie die Lebensbedürfnisse aller anderen Arten dieser Erde in unbedingter Ernsthaftigkeit achten (183).

Die Beschleunigung des weltweiten Artensterbens ist ein deutlicher Fingerzeig auf die dringende Notwendigkeit einer Erweiterung der Sensibilität des Menschen für die generelle Gefährdung der Lebensgrundlagen und damit auch des Lebens der eigenen Art.
So wie die Auffassung des Nachhaltigkeitsbegriffes vor mehr als drei Jahrhunderten im Wald ihren Ausgang nahm, so ist auch gegenwärtig der Wald als höchstorganisiertes und naturnächstes Landökosystem in den Bereichen der Welt, in der die Überprägung durch den Menschen am weitesten ausgreift, nämlich bei uns, der geeignete Ausgangsort zur Besinnung auf das existenziell Wichtige.

In der Waldwirtschaft kann die volle Artenvielfalt nur erreicht und aufrechterhalten werden, wenn dem vollständigen Naturablauf ausreichend Raum und Zeit vorbehalten bleiben.

2.5.1.2 Sensibilität für Arten, Artenfolgen und Lebensnetze

Ein Waldbesitzer stellt bei einer Begehung im Mai fest, dass in 7 m Stammhöhe ein Schwarzspecht seine Höhle in eine 70 cm starke Buche von guter Holzqualität gezimmert hat. Er ist betroffen. Was wird er tun?
Vielleicht kommt der Waldbesitzer, nachdem sein erster Ärger verflogen ist, zu dem Ergebnis, dass der Baum noch genau so schön ist wie zuvor. Vielleicht freut er sich schließlich darauf, dass nun über viele Jahre Schwarzspechte und eine ganze Artenschar von Nachnutzern die Baumhöhle beleben.

Verzichten muss er dann allerdings auf die „Rettung" des materiellen Holzwertes zu seinen

Vor vielen Jahren schon hat ein Zwieselbruch die sprossbürtigen Wurzeln im Kronenboden dieser Buche freigelegt.

Gunsten und für die „Verwertung“ durch und für den Menschen.

Während Waldarbeiter im Winter starke Buchen fällen, fliegt ein Schwarzspecht im alten Buchenwald aufgeregt von Baum zu Baum. Was werden die Menschen wohl tun?

Vielleicht wird der Schwarzspecht seine Höhlenbäume unangetastet und seinen Lebensraum intakt vorfinden, wenn die Waldarbeiter abgerückt sind, weil verständige Menschen bei der Auszeichnung und bei der Fällung der zu erntenden Bäume sorgfältig auf die Schonung der Großhöhlenbäume achteten.

In beiden Fällen ging es nicht um den Lebensbedarf des Menschen, möglicherweise aber um die Erhaltung der Mindestausstattung eines knappen Lebensraums und zwar durchaus nicht mit einem auf den Schwarzspecht verengten Blick, wohl aber auf eine beträchtliche Zahl von Arten, die auf das Vorhandensein von Großhöhlen und Mulmkörpern existenziell angewiesen sind.

Die jahrhundertelange Gegenwart des Menschen in großen Landschaften, die er völlig entwaldete, ja sogar in ihres Bodens weitgehend beraubte Steinwüsten verwandelt hat, scheinen zu beweisen, dass unsere Art in einem sehr weitmaschigen, durchlöcherten Netz der Lebewelt fortexistieren kann. Dennoch benötigt der Mensch aber schließlich doch einige zur Fotosynthese befähigte Arten. Er braucht sie mindestens zu seiner schieren Ernährung, sei es unmittelbar oder aber mittelbar über Pflanzenkonsumenten, die er selbst verzehrt.

Warum sollte der Mensch aber eine Lebensweise fortsetzen, die immer mehr Arten aussterben lässt, wenn sich dadurch seine Lebensqualität nicht weiter erhöht und er nicht sicher sein kann, als letzte verbleibende Art in seinem Kunstgebilde existieren zu können?

Gibt es auf diese Frage keine schlüssige Antwort, so gebietet alles, was der eigenen Existenz nicht abträglich ist, die Rücksichtnahme nicht nur auf die Mitmenschen sondern auf alle Mitlebewesen. In welchem terrestrischen Ökosystem ließe sich dies eindrücklicher erfahren, als in einem Wald mit seiner ganzen Artenfülle und -verwobenheit (123)? Deren volle Vielfalt hängt aber auf jeden Fall davon ab, dass wenigstens ein Teil seiner längstlebigen und größten Lebewesen, nämlich die Bäume, ihren vollständigen Daseinsgang von der Keimung bis zur Humifizierung* durchlaufen können.

„Letztlich sind unsere materiellen Bedürfnisse sehr beschränkt. Dagegen ist unser Durst nach dem Absoluten unstillbar“ (J. Perrin, 2011, Übersetzung der Verfasser (141)).

2.5.1.3 Wahrung und Einleitung von Habitattraditionen

Soll in den Wäldern die volle Vielfalt ihrer natürlichen Artenausstattung erreicht werden und gewahrt bleiben, kommt es darauf an, dass ein großer Reichtum an Habitaten erlangt wird und fortbesteht (s. a. 222). Bestimmte hochspezialisierte, Mulm besiedelnde Arten, die nur über eine geringe Fähigkeit verfügen, sich fortzubewegen oder sich zu verbreiten, benötigen Habitate, die über Jahrzehnte und Jahrhunderte ununterbrochen vorhanden sind. Allein wenn genügend uralte, absterbende und abgestorbene Bäume im Wald verbleiben, haben diese Arten die Möglichkeit, den Fortbestand ihrer Populationen zu gewährleisten.

Weil die Anwesenheit dieser oft recht unauffälligen Arten nur mit Mühe festgestellt werden kann, treten auch ihr Verschwinden und dann ihr Fehlen kaum ins Bewusstsein der Menschen. Fällt das Verschwinden solcher Arten aber überhaupt ins Gewicht? Wenn man etwas nicht vollständig kennen und verstehen kann, wird man solcherlei Fragen nicht mit letzter Sicherheit beantworten können. Welches Gewicht hat aber die Achtung vor der ganzen Fülle der Lebensformen?

Aus der menschengemachten Welt der Technik, die nach Perfektionsprinzipien funktioniert, wissen wir immerhin, dass, wenn bestimmte Bauteile fehlen oder nicht mehr intakt sind, seien sie auch noch so klein, der gesamte Mechanismus zu versagen droht. Ökosysteme verfügen dagegen bis zu einer gewissen Grenze über Selbstheilungs-, Kompensations-und Reorganisationskräfte, die ihre Fähigkeit zur Resilienz* bestimmen.

Paradoxerweise neigen ausgerechnet solche Menschen, die großes Vertrauen in die Beherrschbarkeit einer Technik setzen, bei der schon der Ausfall eines Schräubchens zur Katastrophe führen kann, zu bemerkenswerter Unbekümmertheit im Hinblick auf das beschleunigte Artensterben auf dieser Erde, das offensichtlich weit über die Wirkung der Evolution hinausgeht.

Bis an welchen Punkt kann man aber auf die Resilienz von Ökosystemen angesichts des völligen Ausfalls einzelner Arten, ja ganzer Artengruppen und vernetzter Lebensgemeinschaften setzen?

Die vernunftmäßige Antwort kann in Übereinstimmung mit dem noch vorhandenen Rest an Instinkt nur lauten, bis an gar keinen Punkt! Alle Arten verdienen, wenn sie überhaupt erst einmal erkannt sind, eine respektvolle Beachtung. Aus dieser Haltung erwächst die Bereitschaft, unter Wahrung ihrer Habitatansprüche jegliche substanziell gefährdende Beeinträchtigung zu unterlassen, ihnen aber dort, wo sie offensichtlich verloren gegangen sind, durch Wiederherstellung und Vorhaltung ihrer Habitate die Möglichkeit zur Rückkehr zu eröffnen.

In fast allen unseren bewirtschafteten Wäldern mit ihrem raschen, rein nutzungsbestimmten Generationenwechsel fehlen die uralten Bäume der natürlichen Waldentwicklungszyklen. Diese öffnen mit den alters- und ereignisbedingten Folgeerscheinungen ihrer Vitalitätsminderung, wie zum Beispiel mit großen Mulmkörpern nach Starkastabbrüchen und Zwieselausrissen, mit Großhöhlen, mit Pilzkon-

Lebensräume in Fülle.

solen und mit Borkenablösungen, die Türen für Arten, die sonst nur in Urwäldern vorkämen, in denen die lange Altersphase große Flächen einnimmt und auch die Zerfallsphase ihren Platz hat (135).

2.5.2 Interessenlagen

Zur Aufrechterhaltung der vollen natürlichen Artenvielfalt ist es wichtig, alle wesentlichen Interessenlagen, denen die Waldwirtschaft Rechnung tragen muss, sorgfältig ins Auge zu fassen.

2.5.2.1 Vielgestaltige Lebensräume

In der Alters- und Zerfallsphase bieten stehende tote Bäume eine ganz besondere Habitatausprägung. Aus Vorstellungen über den Teilzeitraum der Totphase bis zum Umfallen des Baumes, bezogen auf den Gesamtzeitraum seit seiner Keimung, der natürlich je nach Baumort und nach Standortmerkmalen erheblich variieren kann, sind Ableitungen zu einer angemessenen Ausstattung bewirtschafteter Wälder mit diesem wichtigen Habitatelement möglich. Ebensolche

Eschen, die den Sturmwurf überleben.

Nach Teilbruch können manche Bäume noch lange weiterleben und vielfältige Lebensräume bieten.

Nicht zurück geklappte Sturmwurfteller zeugen zuweilen in einer bizarren Formensprache von dem lange zurückliegenden Störereignis.

Ableitungen sind für liegendes Holz möglich, wenn man die baumarten-, standort-, dimensions- und situationsabhängigen Zersetzungszeiten ins Auge fasst.

Bleiben in von Menschen unbeeinflussten Waldbereichen alle Bäume nach ihrem Absterben über eine bestimmte Zeit stehen, so entspricht ihr Volumen im Durchschnitt dem Zuwachs, der in dieser Zeit in diesem Waldbereich geleistet wird. Gleiches gilt für das Volumen des liegenden Totholzes. Dieses setzt sich aus Bäumen zusammen, die im Rahmen der natürlichen Ausscheidungskonkurrenz schon früh und bei geringer Dimension absterben, hauptsächlich aber aus Bäumen, die in fortgeschrittenem Alter ausscheiden.

Diese Darstellungsweise schematisiert allerdings sehr grob. Häufig fallen nämlich tote Bäume nicht im Ganzen um, sondern verlieren nach dem Absterben schon bald ihre feinen Äste, schließlich die stärkeren Äste, und zuletzt kann es auch zu Teilbrüchen des Stammes kommen. Die zurückbleibenden, nur wenige Meter hohen Bruchstümpfe mit meist in Stufen ebenen Bruchflächen können dann noch viele Jahre, wenn nicht gar Jahrzehnte stehen bleiben und stellen einen besonders wertvollen Lebensraum für spezialisierte Organismen dar.

Außerdem ist zu berücksichtigen, dass in Wäldern, die ihrer spontanen Entwicklung überlassen bleiben, ein erheblicher Teil der Mortalität* nicht allein mit dem Vorhandensein stehender toter Bäume einhergeht. In Mittel- und Westeuropa stellen nämlich vor allem Stürme ein ganz wesentliches Element des natürlichen Störungsregimes dar (120, 198, 217).

Die Zahl und Menge an Dürrständern wird in Wäldern, die ihrer Eigendynamik überlassen werden, durch Stürme somit nicht nur unmittelbar, sondern auch mittelbar gemindert, die Menge liegender toter Bäume dagegen erhöht. Der Zeitraum der Zersetzung lebend geworfener Bäume ist gegenüber zu Boden gefallenem totem Holz meist deutlich länger, zumal zunächst oft kein vollständiger Bodenkontakt gegeben ist.

Geworfene Bäume sterben je nach der Verfassung ihrer Wurzelteller entweder innerhalb von wenigen Wochen, zuweilen aber auch erst nach Jahren ab, wenn es ihnen nicht sogar gelingt, sich über Sprossbewurzelung zu erneuern.

Daneben treten alle möglichen Formen von Stammbrüchen auf, für die zersplitterte Bruchstellen typisch sind. Diese bieten holzabbauenden Organismen eine große Besiedlungsfläche. In bestimmten Anteilen leben Bäume aber nach Zwieselausriss, Starkastabriss oder Teilbruch noch lange als Torso weiter und bieten dabei häufig ganz spezielle Lebensraumeigenschaften.

Solche besonderen und vielgestaltigen Lebensräume stellen auch die Sturmwurfteller und -gruben dar (91, 92, 132, 161, 166). Im Interesse der Lebensraumvielfalt sollte die Nutzung der Stammteile dort, wo von den Wurftellern keine Sicherheitsgefährdungen ausgehen und wo für die Waldwirtschaft keine erheblichen Hindernisse entstanden sind, so erfolgen, dass kein anschließendes Zurückklappen dieser Wurfteller erforderlich ist.

Aus all dem erwächst im naturnah und multifunktional bewirtschafteten Wald die anspruchsvolle Aufgabe, die Interessen des Waldeigentümers und der Gesellschaft an der Erzeugung und Nutzung des Rohstoffes Holz mit den Erfordernissen der Sicherheit von Leib und Leben der Menschen, die im Wald arbeiten oder sich erholen, in Einklang zu bringen. Dies muss innerhalb der Handlungsgrenzen geschehen, die zur Wahrung des intakten Waldökosystems mit seiner ganzen natürlichen Artenvielfalt beachtet werden müssen.

2.5.2.2 Eigentümerinteresse

Unter Bedingungen, in denen ein sehr hoher Anteil des Reinerlöses aus der Ernteentnahme einer sehr geringen Anteilmenge an der Gesamtwuchsleistung eines Waldes möglich ist, öffnen sich weite Handlungsspielräume. Der Abgleich des finanziellen Eigentümerinteresses aus der Holznutzung wird dann nämlich in minimaler Spannung zu allen übrigen Interessenlagen möglich.

Das eigentümerseitige Erzeugungs- und Nutzungsinteresse kann sich allein oder in Verbindung auf die Deckung des Eigenbedarfes und auf die Erzielung von Einnahmen aus der Veräußerung von Holz, gegebenenfalls aber auch anderer Erzeugnisse und Leistungen des Waldes erstrecken. So hat Schönheit ihren Wert, wenn sie erlebbar gemacht wird, Bildung, wenn sie Interesse findet, Stimmung, wenn es Saiten gibt, die sie zum Schwingen bringen kann, Himbeeren, wenn erfahren wird, dass sie aus dem Wald anders schmecken als aus der Plantage, Waldluft, wenn sie duftet, Stille und Ruhe, wenn sich im Wald weithin nur die Blätter von Pflanzen bewegen.

Diese anderen Produkte und Leistungen bleiben im Folgenden außer Betracht. Ihre Erzeugung, Abschöpfung und Bereitstellung folgt jedoch grundsätzlich den gleichen Abstimmungsregeln, die für den Rohstoff Holz erörtert werden.

Abgesehen von vielfältigen, hier nicht weiter behandelten Eigenbedarfsinteressen, die oft in einer ganz bestimmten jahrzehntelangen, mancherorts in einer jahrhundertelangen Tradition verfolgt werden und die Wälder sehr stark prägen können, wenn nicht sogar überprägen (Bauernplenterwälder im Mittleren Schwarzwald, Brennholzwald, Niederwald altrechtlicher Eigentümergemeinschaften und andere),

sind im Zusammenhang mit der Abschöpfung von Masse und Wert finanzielle Interessen maßgeblich.
Es ist davon auszugehen, dass vor allem drei Aspekte den von finanziellen Eigentümerinteressen geprägten Entscheidungsrahmen bestimmen, nämlich zum einen die absolute Höhe möglicher Zahlungseingänge (Aspekt 1), schließlich die Zeitnähe ihrer Realisierbarkeit (Aspekt 2) und zuletzt die Wertdifferenzierung innerhalb der nutzungsmöglichen Holzmenge (Aspekt 3).

Die hier vorgestellte QD-Strategie führt unter der Voraussetzung, dass der breite astfreie Holzmantel* das Schlüsselmerkmal höchsten Holzwertes ist, zu einer maximalen Wertdifferenzierung innerhalb der insgesamt erwachsenden Holzvolumina. Es leuchtet ein, dass sich unter Bedingungen, in denen ein sehr hoher Anteil des Reinerlöses aus der Ernteentnahme einer sehr geringen Anteilmenge an der Gesamtwuchsleistung eines Waldes möglich ist, weite Handlungsspielräume öffnen. Das finanzielle Eigentümerinteresse aus der Holznutzung steht dann nämlich in minimaler Spannung zu allen übrigen Interessenlagen (Aspekt 3).

Diese Situation ist in Mittel- und Westeuropa zur Zeit bestenfalls in sorgsam bewirtschafteten Plenterwäldern, aber auch in einigen einigen ehemaligen Mittelwäldern zu finden, die heute in ungleichaltrige Hochwälder überführt werden. Vor allem in Letzteren bleibt jedoch eine erhebliche Lücke zwischen der derzeit oft allzu niedrigen Höhe der erreichbaren Zahlungseingänge und dem, was durch eine Umsetzung der hier skizzierten waldwirtschaftlichen Strategie in Aussicht steht (Aspekt 1). Zwischen der Perspektive und ihrer Verwirklichung steht freilich ein Zeitraum, in dem der Interessenabgleich zunächst noch erschwert bleibt (Aspekt 2).

2.5.2.3 Bedeutung des Rohstoffes Holz für die Gesellschaft

Die Interessen der Gesellschaft an der Nutzung des Rohstoffes Holz sind im Vergleich zu den Eigentümerinteressen wesentlich weniger überschaubar und vorhersehbar. Dies wurde in den Jahren seit der Jahrtausendwende besonders deutlich.

War zuvor Holz in seinen schwachen und minder wertvollen Erscheinungsformen ein verschmähter Rohstoff, dessen Verbleib im Ökosystem äußerstenfalls und eher ausnahmsweise mit dem Blick auf die Sicherheit im Wald gewisse Spannungen hervorrief, so hat sich diese Ausgangssituation inzwischen in ihr Gegenteil verkehrt.

Im wahrsten Sinne des Wortes angefeuert durch den Energiehunger der Menschen und der in tief greifender Wandlung begriffenen Auffassung von den gesellschaftlich gebilligten Mitteln, mit denen dieser Hunger gesättigt werden kann, wächst bis zum gegenwärtigen Zeitpunkt der Drang nach der Verfügbarkeit einer möglichst hohen Nutzungsmenge bis in kleinste Holzdimensionen und in Holzsortimente geringsten Wertes.

Die energetische Verwertung vollzieht sich in einer scharfen Konkurrenz zur stofflichen Be- und Verarbeitung des Holzes. In der Vielstimmigkeit aller möglichen Argumente hat man ständig das Lied in den Ohren, dass das Wohl von Mensch und Gesellschaft von der höchstmöglichen Holznutzungsmenge abhänge, die dem Wald oder den als Wald bezeichneten Bestockungen abzuringen sei.

Bis zu dieser jüngst angebrochenen Holzhungerzeit war es zu einer allmählichen Anreicherung von Holz aus Bäumen gekommen, die nach ihrer Fällung ungenutzt blieben, aber auch von spontan abgestorbenen Bäumen und Baumteilen, die im Ökosystem Wald belassen wurden.

2.5.2.4 Sicherheitsbedürfnis der arbeitenden und der Erholung suchenden Menschen

In diesem Zusammenhang entstanden für Waldbesucher, mehr aber noch für die im Wald arbeitenden Menschen, spezifische Sicherheitsprobleme. Diese gehen vor allem von Dürrständern aus, die jederzeit und zumal nach Erschütterungen durch aufschlagende gefällte Bäume brechen oder umfallen können. Tatsächlich nahm in den letzten Jahren die Zahl dadurch bedingter schwerer und tödlicher Unfälle zu.

In den bewirtschafteten Wäldern ist daher ein angemessener Interessenabgleich zwischen der Sicherheit des Menschen und den ökologischen Erfordernissen unerlässlich, da arbeitstechnische Maßnahmen allein nicht zur Gewährleistung annehmbarer Verhältnisse ausreichen.

Die durch das menschliche Sicherheitsbedürfnis gestellten Ansprüche erfordern dabei nicht die Beschränkung auf eine bestimmte Zahl toter Bäume oder auf eine Menge ungenutzten Holzes im Wald schlechthin. Vielmehr geht es im Wesentlichen lediglich um alles tote Holz, das nicht bereits auf der Erdoberfläche angelangt ist, sondern im Herabfallen Menschen schwer verletzen kann, selbst wenn diese Sicherheitskleidung tragen. Bei Dürrständern kann als Gefährdungsgrenze das Überschreiten eines Baumdurchmessers von 12 cm bei einer Baumhöhe von über 12 m angenommen werden.

Jenseits dieser Gefährdungsgrenze ist ein sicherer Abstand des handelnden Menschen zur möglicherweise frei werdenden Energie fallender Holzteile eine selbstverständliche Maßgabe für jegliche waldwirtschaftlichen Aktivitäten.

2.5.3 Eckpunkte des Interessenausgleichs

Zum erfolgreichen Interessenausgleich ist es vorteilhaft, zunächst von den Bäumen auszugehen, auf deren Nutzung am ehesten verzichtet werden kann. In einem nächsten Schritt müssen die Bäume in Betracht kommen, deren Belassung die höchsten waldökologischen Wirkungen verspricht. Stets muss die Sicherheit berücksichtigt werden.

2.5.3.1 Belassung von Schwachholz zur Minderung des Nährstoffaustrags

Der Anteil des im Ökosystem verbleibenden Schwachholzes an der Gesamtwuchsleistung erreicht mindestens 25 %, wenn alle Hölzer mit einem Durchmesser unter 10 cm ungenutzt im Wald belassen werden, die ja nur einen geringen wirtschaftlichen Wert besitzen.

In der Gesamtsicht aller dieser naturgegebenen, aber auch der durch die Bedürfnisse des Menschen gesetzten Rahmenbedingungen können Eckpunkte abgesteckt werden, innerhalb derer ein Abgleich zwischen den vorgenannten Aspekten einigermaßen ausgewogen verwirklicht werden kann.

Ein erster Eckpunkt entspricht dem Erfordernis nach Minderung des Nährstoffaustrags aus dem Waldökosystem durch Festsetzung eines Durchmessers in einer Größenordnung von 10 cm, unterhalb dessen keine Holzbereitstellung stattfindet. Bei diesen schwachen Dimensionen sind die Anteile der Rinde und damit der Nährstoffe bezogen auf die Gesamttrockenmasse sehr hoch. Dagegen ist der wirtschaftliche Wert dieser Hölzer vergleichsweise sehr gering.

Solche Schwachhölzer fallen bereits im Zuge der Ringelungen in der Qualifizierungsphase an. In den frühen Eingriffen in der Dimensionierungsphase erreichen sie über 50 % des anfallenden Gesamtvolumens und zwar einerseits in ganzen dünnen Bäumen, die unaufgearbeitet im Wald verbleiben, andererseits aus den oberen Stamm- und Kronenteilen der im Übrigen aufgearbeiteten Auslesebaum-Bedränger größeren Durchmessers.

In der fortgeschrittenen Dimensionierungsphase und in der frühen Reifephase kommt der Schwachholzanteil in einer Größenordnung von 30 % fast ausschließlich aus dem Kronenbereich der entnommenen Bäume. Dies ist auch bei einem Schwachholzanteil von dann immer noch mindestens 15 % in der fortgeschrittenen Reife und bei der Ernte der großkronigen Bäume über Zielstärke der Fall. Schwache Bäume fallen in der Reifephase nur in Form der an der Kronenperipherie emporwachsenden Schatter* und im Zuge des Generationenwechsels als Lichtfresser* an.

Insgesamt erreicht auf diese Weise der Anteil des im Ökosystem verbleibenden Schwachholzes an der Gesamtwuchsleistung* mindestens 25 %. Aus einem Durchschnittszuwachs von 10 m³ pro Jahr und Hektar und einer mittleren Zeitdauer von 15 Jahren vom Anfall bis zur vollständigen Zersetzung der Schwachhölzer (115) errechnet sich beispielsweise ein durchschnittlich im Wald vorhandenes Volumen von knapp 40 m³ pro Hektar.
Lediglich die geringelten Bäume und die stärkeren Teile nicht zerkleinerter großer Kronen ohne Bodenkontakt haben dabei die Lebensraumwirkung stehenden Totholzes.
Sie erlangen zwar angesichts ihres geringen Durchmessers nur eine eingeschränkte Bedeutung für spezialisierte Totholzbewohner, bieten aber gemeinsam mit den liegenden Schwachhölzern eine wichtige Lebensgrundlage für die zahlreichen Arten der Zerkleinerungs- und Zersetzungskette. Dabei geht von ihnen keine nennenswerte Gefährdung der Sicherheit im Wald aus.

Zuweilen besitzen bereits dünne Bäume einen beträchtlichen Habitatwert.

2.5.3.2 Belassung starker Bäume zur Erfüllung der Lebensraumansprüche

Im Rahmen der QD-Strategie ist damit zu rechnen, dass meist zwischen 5 und 10 % der Gesamtwuchsleistung auf Bäume mit sehr großen Kronen entfallen, die die erhoffte waldwirtschaftliche Mehrwertperspektive nicht erfüllen können. Diese sind dann allerdings für die Aufrechterhaltung von Habitattraditionen, die an starke, alte, absterbende und zerfallende Bäume gebunden sind, hervorragend geeignet. Zur Minimierung der Bewirtschaftungserschwernisse kann es vorteilhaft sein, im Umfeld dieser Habitatbäume bis zu 20 weitere Bäume geringen wirtschaftlichen Wertes zu bestimmen und zur dauerhaften Belassung zu markieren. Auf diese Weise wird die langfristige Mindestausstattung mit Bäumen in der Alters- und Zerfallsphase für einen Flächenbereich von 2 bis 4 ha Größe gewährleistet.

Der zweite Eckpunkt orientiert sich vor allem an den Lebensraumansprüchen der zum Teil hochspezialisierten Bewohner, die auf Bäume hinreichend starker Dimension angewiesen sind, dazu außerdem darauf, dass diese Bäume im Sinne eines lückenlosen Habitatfortbestandes über viele Jahrzehnte von der Verfassung in voller Vitalität über die Altersphase bis hin zum Zerfall zur Verfügung stehen.

Zur Erfüllung dieser Ansprüche bieten sich vorzugsweise solche Auslesebäume und in der Reifephase auch solche angehenden Wertbäume an, deren Wertentwicklung durch eines der zahlreichen unvorhersehbaren Ereignisse (zum Beispiel Blitzschlag, Sturm) oder durch allmähliche, nicht beeinflussbare Entwicklungen (zum Beispiel Krankheit), die in der Natur typisch sind, abgebrochen wurde. Außerdem können die besonderen Lebensraumwirkungen gerade in solchen Waldbereichen in den Vordergrund rücken, in denen nur Bäume wachsen, die keine Mehrwertvoraussetzungen in der Holzerzeugung bieten.

Sofern in einem bestimmten Waldbereich eine volle Ausstattung mit Auslesebäumen vorliegt, hängt (ohne Widmung von Bäumen zugunsten waldökologischer Wirkungen) das Vorhandensein von Bäumen, die bis zu ihrem Zerfall im Ökosystem verbleiben, vom Umfang der spontanen Entwertung im Zeitraum zwischen der Auswahl des Auslesebaumes und seiner Ernte ab.

Dieser Zeitraum umfasst im Sinne der QD-Strategie je nach der Baumart meist zwischen 40 Jahre bei der Birke und 80 Jahre bei der Buche, wenn man die Extreme ausklammert, die von der Aspe (unter 30 Jahren) bis zur Traubeneiche (bis über 150 Jahre) reichen.

Das baumbezogene Ausfall- und Entwertungsrisiko mag in diesem Zeitraum zwischen 0,15 % und 0,35 % pro Jahr liegen und in multiplikativer Verknüpfung mit der Dauer des Zeitraumes unter erneuter Vernachlässigung von Extremen insgesamt meist zwischen 10 und 25 % erreichen.

Unter einer weiteren Verknüpfung mit dem Volumenanteil der potenziellen Wertbäume in Höhe von 40 bis 50 % bezogen auf die bis dahin erreichte Gesamtwuchsleistung, kann damit gerechnet werden, dass meist zwischen 5 und 10 % der Gesamtwuchsleistung auf Bäume mit sehr großen Kronen entfallen, die die erhoffte waldwirtschaftliche Mehrwertperspektive nicht erfüllen können, dann allerdings für die Aufrechterhaltung von Habitattraditionen, die an starke, alte, absterbende und zerfallende Bäume gebunden sind, hervorragend geeignet sind.

Selbstverständlich können und sollen in Waldbereichen, die keine zur Mehrwerterzeugung geeigneten Bäume aufweisen, ebenfalls Bäume ausgewählt und dauerhaft markiert werden, die bis zu ihrem natürlichen Zerfall endgültig im Ökosystem Wald belassen werden.

In herkömmlich bewirtschafteten, nahezu altersgleichen Wäldern mit über 35 cm dicken Bäumen in der Reifephase, wird man im Allge-

Über toter Eiche toter Efeu, an dem junger Efeu empor klettert ... ein einzigartiger Lebensraum.

Was Menschentechnik kaum vermag, bewirken zuweilen Naturkräfte und bringen damit einzigartige Lebensräume zustande.

meinen keine Mühe haben, solche Bäume zu identifizieren. In erster Linie wird man hierzu Bäume mit bereits vorliegenden besonderen Habitateigenschaften auswählen.

Zur Minimierung der Bewirtschaftungserschwernisse kann es vorteilhaft sein, im Umfeld dieser Habitatbäume bis zu 20 weitere Bäume geringen wirtschaftlichen Wertes zu bestimmen und zur dauerhaften Belassung zu markieren, um auf diese Weise die langfristige Mindestausstattung mit Bäumen in der Alters- und Zerfallsphase für einen Flächenbereich von jeweils 2 bis 4 ha Größe zu gewährleisten.

Solche Bäume, die bis zur ihrer vollständigen Zersetzung im Waldökosystem verbleiben, erreichen im Naturablauf eine im Vergleich zum Nutzungsablauf meist mindestens doppelte, unter Umständen aber auch mehr als dreifache Lebenszeit.

Hieraus und aus den weiter oben dargestellten Sachverhalten kann abgeleitet werden, welche Zahl an Bäumen in der Alters- und Zerfallsphase im Laufe der Zeit dauernd vorhanden ist, wenn alle in Wertminderung kommenden Auslese- und angehenden Wertbäume ungenutzt im Wald belassen werden. Diese Bäume werden dauerhaft markiert, um die Wirkung ihrer Habitattradierung durch eindeutige Erkennbarkeit sicherzustellen.

Welche Zahl an Habitatbäumen beispielsweise der Baumart Buche ist in Anwendung der QD-Strategie zu erwarten? Die Lösung ergibt sich größenordnungsmäßig als das Ergebnis eines recht einfachen Rechengangs, dessen Eingangsgrößen an anderen Stellen bereits dargestellt und erläutert sind.

Erste Eingangsgröße ist das **durchschnittliche Erntealter** der Buche. Innerhalb eines

Wie lange wird diese Totbuche wohl noch der Schwerkraft trotzen?

Erntezeitraumes, der im Altersbereich von 80 und 150 Jahren liegt, mag das durchschnittliche Erntealter 110 Jahre betragen.

Zweite Eingangsgröße ist die **Auslesebaumzahl**. Diese betrage 40 Buchen pro ha.

Dritte Eingangsgröße ist das **Alter**, in dem Buchen-Auslesebäume in der Regel einen Durchmesser von 35 cm erreichen, der sie als Habitatbäume infrage kommen lässt. Dies wird meist in einem Alter von etwa 50 Jahren der Fall sein.

Vierte Eingangsgröße ist das **Entwertungsrisiko** des Buchen-Auslesebaums. Dieses sei mit 0,25 % pro Jahr bezogen auf die Ausgangszahl der Auslesebäume angenommen. Innerhalb des beispielsweise 60-jährigen Zeitraumes kann demzufolge mit einer Entwertung von 15 % der Buchen-Auslesebäume gerechnet werden. Das sind 6 Bäume pro ha.

Fünfte und letzte **Eingangsgröße** ist die Länge des durchschnittlichen **Zeitraumes zwischen der Keimung** der entwerteten Auslese-Buche **und** ihrer vollständigen **Zersetzung** im Naturablauf. Dieser Zeitraum mag durchschnittlich etwa 250 bis 300 Jahre umfassen (81) und damit etwa dem 2,5-fachen des durchschnittlichen Erntealters entsprechen.

Unter Berücksichtigung eines sich auf lange Sicht einstellenden Gleichgewichts zwischen Zu- und Abgängen ergäben sich demzufolge 15 Habitatbäume pro ha. Diesen wäre je nach den standörtlichen Verhältnissen ein Derbholzvolumen in der Größenordnung von 80 bis 120 m³ pro ha zuzuordnen. Der Überschirmungsanteil dieser Bäume kann auf etwa ein Viertel geschätzt werden.

Da der Zeitabschnitt, in dem abgestorbene Bäume ganz oder in wesentlichen Teilen aufrecht stehend vorhanden sind, im Durchschnitt kaum länger als 20 Jahre währt (115), werden auf längere Sicht und unter Berücksichtigung von Sturmwürfen in der Regel wohl weniger als zwei stehende tote Bäume je ha zu erwarten sein, die aber häufig ein Baumvolumen von 10 m³ und zum Teil deutlich mehr aufweisen, so dass im Mittel mit einem diesbezüglichen Volumen in einer Größenordnung von 15 m³ pro ha zu rechnen ist.

Das Volumen der dicken liegenden toten Bäume kann unter zusätzlicher Berücksichtigung der Sturmwürfe lebender Bäume und einer mittleren Zeit von mindestens 30 Jahren (115) bis zu ihrer vollständigen Zersetzung im Mittel mit über 25 m³ pro ha erwartet werden.

Daneben können aber auch Bäume von besonderer ökologischer Bedeutung sein, deren hohe Habitatwertigkeit allerdings nicht mit einer Minderung ihres Holzwertes einhergeht. Dies betrifft vor allem Bäume mit Großhorsten bestimmter Greifvögel oder des Schwarzstorches. In diesen Fällen ist unbedingt eine Verschiebung der Ernte solcher Bäume bis zum Erlöschen ihrer speziellen ökologischen Bedeutung angezeigt. Die sichernde Markierung dieser Habitatbäume muss zuverlässig vor jedem waldwirtschaftlichen Eingriff erfolgen.

2.5.3.3 Fällung gefährdender Bäume zur Gewährleistung hinreichender Sicherheit

Der dritte Eckpunkt bezieht sich auf die Gewährleistung angemessener Sicherheit für die Menschen, die im Wald Erholung suchen oder waldwirtschaftlich tätig sind. Konfliktsituationen ergeben sich im Wesentlichen im Zusammenhang mit abgestorbenen oder starke Totäste aufweisenden Bäumen im Gefährdungsbereich von Erholungseinrichtungen (vor allem Waldparkplätze, Spiel- und Sporteinrichtungen).

Aus Sicherheitsgründen ist es regelmäßig erforderlich, die im Bereich von Erholungseinrichtungen gefährdenden Bäume zu fällen. Abgestorbene Bäume können dann als liegende tote Bäume bis zu ihrer vollständigen Zersetzung im Waldökosystem verbleiben.

Über die Gewährleistung der Habitattradition hinaus ist zur Vermeidung von Gefahren für die im Wald Tätigen die deutlich sichtbare Markierung aller Dürrständer beziehungsweise ihrer über 3 m hohen Rudimente unerlässlich.

Das Zufallbringen von Bäumen im Fallbereich toter Bäume muss durch Seilzug so erfolgen, dass sich beim Aufschlagen des Baumes auf den Waldboden Menschen nur außerhalb des Gefährdungsbereichs aufhalten. Ebenso dürfen totastbesetzte Bäume ausschließlich durch Seilzug zu Fall gebracht werden.

2.5.4 Integration des Naturablaufs: Volle Produktionskraft ohne wesentlichen Verzicht

Das Belassen möglichst großer Holzmengen im Ökosystem kommt der Erhaltung der Produktionskraft des Bodens sehr zugute. Stoffkreisläufe können auf diese Weise örtlich weitgehend geschlossen bleiben und die große Vielfalt der daran beteiligten Organismen findet eine günstige Lebensgrundlage.

Es wurde zuvor bereits dargelegt, dass im Zuge der waldwirtschaftlichen Eingriffe, die auf die Mehrwerterzeugung und auf einen unaufwändigen Generationenwechsel ausgelegt sind, mindestens 25 % der Gesamtwuchsleistung*, die in Hölzern schwacher Dimension anfallen, im Ökosystem verbleiben.

Dieser Anteil nicht bereitgestellten Holzes kann erheblich erhöht werden, ohne dass sich dies auf die insgesamt erzeugte Holzmenge auswirkt. Ganz im Gegenteil kommt das Belassen möglichst großer Holzmengen im Ökosystem der Erhaltung der Produktionskraft des Bodens sehr zugute. Stoffkreisläufe können auf diese Weise örtlich weitgehend geschlossen bleiben, und die große Vielfalt der beteiligten Organismen findet eine günstige Lebensgrundlage.

Aber auch die waldwirtschaftliche Werterzeugung wird nur wenig beeinflusst, weil es sich um Hölzer handelt, deren Erlöse die Bereitstellungskosten lediglich um vergleichsweise geringe Beträge überschreiten.

Freilich bestehen jenseits der Waldwirtschaft Interessenlagen an der Verfügbarkeit solcher Hölzer zur Wertschöpfung aus deren Be- und Verarbeitung und zum Ersatz anderer Roh- und Hilfsstoffe (v. a. Beton, Stahl) oder Energieträger (v. a. Öl, Gas, Kohle).

Diese Aspekte werden hier nicht weiter beleuchtet. Sie betreffen letztlich den generellen Abgleich zwischen den Lebensansprüchen des Menschen mit denjenigen der gesamten Lebewelt. Dieser Abgleich erfolgt bislang oft überhaupt nicht, und ansonsten überwiegend situationsbezogen aus der Sicht eines Naturschutzes, der den vermeintlichen Anspruch des Menschen auf weit reichenden Verbrauch nicht grundsätzlich in Frage stellt (116).

Das waldökologische Interesse richtet sich natürlich auch, und im Hinblick auf die Vielfalt der Arten sogar in besonderem Maße, auf den endgültigen Verbleib alter und starker Bäume im Ökosystem Wald. Deutlich höhere pH-Werte und Kalziumgehalte fanden Müller et al. (128) in bodensauren Buchenwäldern unter starken liegenden und stehenden Totbäumen. Diese waren für eine Vielzahl von Landschneckenarten von Bedeutung, aber auch für das Vorkommen schneckenverzehrender Drosselarten. Allerdings ist das Belassen dieser Bäume mit gewissen Einbußen bezüglich des durchschnittlichen flächenbezogenen Zuwachses verbunden. Diese Bäume nehmen nämlich ihren Wuchsraum über lange Zeiträume ein, in denen ihr Zuwachs erheblich unter die maximal mögliche durchschnittliche Zuwachsleistung gesunken ist.

Dieser Alterseffekt ist bei lichtbedürftigen Baumarten, so zum Beispiel bei den Eichen, der Waldkiefer und der Birke, deren Zuwachs im Alter deutlich unter die Hälfte des höchsten Durchschnittszuwachses sinken kann, wesentlich stärker ausgeprägt als bei den schattenertragenden Buchen und Weißtannen.

Naturnahe Waldwirtschaft:
frei von Geiz und frei von Gier.

Immerhin muss auch berücksichtigt werden, dass sich unter den Kronen alter minder beschattender Bäume bereits die Folgegeneration aus Bäumen hinreichend schattentoleranter Arten entwickeln kann, die ihrerseits einen zwar durch den teilweisen Lichtentzug gebremsten Zuwachs leisten, der aber keinesfalls vernachlässigbar ist.
Alles in allem wird man nicht fehlgehen, wenn man den im Vergleich zu einer Ernte im Altersbereich des maximalen durchschnittlichen Zuwachses entstehenden Minderzuwachs infolge einer Überschirmung etwa eines Viertels der Gesamtfläche durch alte und sehr alte Bäume in einer Größenordnung von etwa 10 % gutachterlich veranschlagt.
Weiterhin muss berücksichtigt werden, dass unter den Kronen der endgültig im Ökosystem verbleibenden Altbäume, wenn schon nicht über deren gesamte Restlebensdauer, so doch zu ihrem überwiegenden Teil, die gezielte waldwirtschaftliche Erzeugung von Mehrwert aus hochwertigem Holz deutlich eingeschränkt ist.

Die diesbezügliche Minderung der Wertholzerzeugung wird man mit etwa 20 % veranschlagen können. Sie ist als unverzichtbare waldökologische Komponente der Multifunktionalität aufzufassen. In nahezu allen heutigen Wäldern stellt sie nur einen geringen Bruchteil dessen dar, was seit jeher an möglicher Mehrwerterzeugung verpasst wurde oder was an Wertleistung durch ungleichgewichtig hohe Pflanzenfresserpopulationen entgeht.

3

Wirtschaftliche Gesichtspunkte

Die QD-Strategie ist darauf ausgerichtet, im weiten Rahmen der naturgegebenen standörtlichen Ausgangsbedingungen und unterschiedlicher Ausprägungen von Nutzungsinteressen wirtschaftlich attraktive, in sich schlüssige Abläufe aufzuzeigen. Dabei muss ein hohes Maß an Ziel- und Handlungsflexibilität bestehen.

3.1 Der zielstarke Wertholzkörper im Brennpunkt der Investitionsrechnung

Jeder einzelne waldwirtschaftliche Eingriff hat im Rahmen der QD-Strategie einen klaren Zielbezug zur Erreichung eines Mehrwertes im Waldökosystem. Dabei gilt die Regel, dass nur dann eingegriffen wird, wenn das Ziel sonst nicht oder erst unverhältnismäßig später aus dem Naturablauf erreichbar wäre. Des Weiteren besteht der Grundsatz, dass dabei der Naturablauf im Sinne einer vertretbaren Störung zwar beeinflusst, nicht aber tiefgreifend verändert wird. Zuletzt ist wichtig, dass die zielbezogene Wirkung am geförderten Baum mit hoher Sicherheit in einem angemessenen Verhältnis zu den Folgewirkungen der hierzu veranlassten Entnahme anderer Bäume steht.

Der Mehrwert aus der Holzerzeugung wird in einem Holzkörper angestrebt, dessen Länge durch die naturgegebenen Wachstumsbedingungen bestimmt wird, die in der erreichbaren Baumhöhe ihren Ausdruck finden. Die Länge des Wertholzkörpers soll einem Viertel dieser Baumhöhe entsprechen. Hiervon werden pauschal 50 cm zur Berücksichtigung der Holzverluste durch Stockhöhe und Fallkorb in Abzug gebracht.

Für den Mittendurchmesser dieses Wertholzkörpers können nach Baumarten differenzierte Durchschnittswerte angegeben werden, die der Erlangung eines 20 cm breiten weitgehend fehlerfreien Wertholzmantels entsprechen. Diese Durchschnittswerte beruhen auf typischen Stammdurchmessern zum Zeitpunkt des Dimensionierungsbeginns, typischen Holzbreiten bis zur störungsfreien Astüberwallung und typischen Rindenstärken zum Erntezeitpunkt. Außerdem müssen bei bestimmten Baumarten (vor allem Eichen, Vogelkirsche, Ulmen) typische Splintbreiten berücksichtigt werden.

Bei schattentoleranten Baumarten kann eine Differenzierung der durchschnittlichen Mindestmittendurchmesser des Wertholzkörpers für den Fall sinnvoll sein, dass die Jugendentwicklung unter Schirm verlief. In diesem Fall sind die Stammdurchmesser zum Zeitpunkt des Dimensionierungsbeginns vergleichsweise erheblich geringer. Auch ist dann die Astüberwallungszone meist nur sehr schmal ausgebildet.

Alle waldwirtschaftlichen Eingriffe, die der QD-Strategie zuzurechnen sind, können als Investitionen aufgefasst werden, die sich auf das Erreichen des so definierten Wertholzkörpers beziehen. Die Aussagefähigkeit und -schärfe zu den Erfolgsaussichten dieser Investitionen sind an das Maß geknüpft, in dem diese der Höhe, dem Zeitpunkt und der zielbezogenen Wirksamkeit nach voraussehbar sind.

Bäume sind Lebewesen, deren Geschicke im Laufe ihres langen Daseins vielen Unwägbarkeiten unterliegen. Ab der entschiedenen Förderung von Auslesebäumen muss das Risiko von Entwertung und Untergang bis zum Vorliegen des Wertholzkörpers im erntefähigen, reifen Baum gutachterlich eingeschätzt werden.

Schließlich muss geprüft werden, welche in wirtschaftlicher Hinsicht oder für die Erreichung der multifunktionalen Aspekte bedeutungsvollen Nebenwirkungen vorteilhafter aber auch unvorteilhafter Art berücksichtigt werden müssen und wie diese bewertet werden können.

3.2 Waldwirtschaftliche Eingriffe und Übergangswahrscheinlichkeiten

Dreh- und Angelpunkt der Mehrwerterzeugung im Rahmen der QD-Strategie sind die Auslesebäume. Diese Auslesebäume in der erforderlichen Vitalität und Qualität sicher, dabei aber unter möglichst geringem Aufwand zu erreichen, bestimmt die waldwirtschaftliche Zielsetzung in der Etablierungs- und in der Qualifizierungsphase.

So besteht das erste Teilziel in der Etablierung von Jungbäumen, die zu Mehrwertleistung geeignet sind, in einer ausreichenden Zahl und Verteilung. Waldwirtschaftlicher Beobachtungs-

und bedarfsweise auch Einwirkungsspunkt ist hierzu der Klumpen, auf den alle Veranlassungen im Zusammenhang mit der Ernte und der Bringung von Bäumen der Vorgeneration, sodann vor allem aber der Förderung der Naturverjüngung, der Pflanzung, der Regulierung der Vegetationskonkurrenz und der Schlagpflege gebündelt werden.

Im Sinne einer Übergangswahrscheinlichkeit wird im Folgenden davon ausgegangen, dass aus 80 % der etablierten Klumpen mindestens eine Option hervorgeht. Diese Annahme kann mit Blick auf die Erreichung einer insgesamt vollständigen Auslesebaumausstattung als ausgesprochen zielsicher gelten, zumal in den meisten Fällen außerhalb der Klumpen weitere Optionen im Rahmen der spontanen Entwicklung heranwachsen.

In dieser ersten Investitionsstufe geht es in der QD-Strategie darum, günstige Voraussetzungen für das Wachsen von Wäldern zu gewährleisten und zwar in einer Ausprägung, die eine multifunktionale Mehrwerterzeugung ermöglicht. Hierbei entsteht kein spezifischer Mehraufwand im Vergleich zu flächig etablierenden Verfahren. Da alle Investitionen auf eine geringe Anteilfläche beschränkt werden, ist, ganz im Gegenteil, mit deutlichen Einsparungen zu rechnen. Gleichwohl werden der QD-Strategie im Folgenden die Aufwendungen für die Auswahl der Klumpen und für die wiederholten Vorort-Begutachtungen zugerechnet.

Anschließend sind die Investitionen auf die Gewährleistung von ausreichenden Qualifizierungsbedingungen für Optionen gerichtet. Hier wird der QD-Strategie der Aufwand für die fachlichen Begutachtungen, für die Anlage von Zugangslinien und für die Eingriffe zur Wahrung der Optionen zugerechnet.

Die eigentliche Mehrwerterzeugung setzt nach der Auswahl und der Markierung der Auslesebäume an. Der hierzu erforderliche Aufwand wird der QD-Strategie ebenso zugerechnet, wie die gegebenenfalls notwendige Wertästung. Außerdem können je nach Baumart und Geländebedingungen bis zu drei Dimensionierungseingriffe als rein investive Maßnahmen erforderlich werden.

Vom Beginn der Förderung von Auslesebäumen an muss mit dem Risiko ihrer Entwertung, unter Umständen sogar mit ihrem völligen Ausfall, gerechnet werden. Die diesbezüglichen Unwägbarkeiten sind vielfältiger Art und nicht nur nach Baumarten und Standorten verschieden. Vielmehr bleiben die Risiken mit zunehmender Baumhöhe und fortschreitender Zeit keineswegs konstant (63). Hierzu gibt es eine Vielzahl von Bewertungsmodellen (so z. B. 121).

In grober Vereinfachung erscheint es jedoch zulässig, für den Zeitraum nach der Auslesebaumauswahl mit einem jährlichen Totalverlustrisiko zwischen 0,15 % und 0,35 %, im Mittel mit 0,25 % zu kalkulieren, das auch teilweise Entwertungen mit einschließt. Kumulativ steigt unter dieser Annahme das Risiko mit der Zeit linear an.

In diesem Sinne errechnet sich beispielsweise für Buchen, deren Auslesebäume im Alter von 35 Jahren ausgewählt wurden, bis zum Alter von 80 Jahren ein Totalverlustrisiko von 11,25 % (0,25 % × (80 − 35) Jahre), bis zum Alter von 135 Jahren ein solches von 25 % (0,25 % × (135 − 35) Jahre).

Soweit Kalkulationen baumartenbezogen durchgeführt werden, wird freilich das Risiko, dass innerhalb des Mehrwerterzeugungszeitraumes diese Baumart nahezu völlig niedergeht, so wie dies im vergangenen Jahrhundert bei den Ulmen der Fall war und zum gegenwärtigen Zeitpunkt bei der Esche droht, nicht erfasst.

Immerhin kann auch hierzu festgestellt werden, dass dieses Totalverlustrisiko unter sonst gleichen Bedingungen vergleichsweise minimal ist, da im Rahmen der QD-Strategie die Mindestdimensionsziele sehr früh erreicht werden. Somit ist der Zeitraum, innerhalb dessen die Auslesebäume dem Risiko ausgesetzt sind, denkbar kurz.

3.3 Investitionen in fachliche Begutachtung und waldwirtschaftliche Maßnahmen

Im Interesse einer klar strukturierten und effizienten waldwirtschaftlichen Betriebsorganisation erscheint es vorteilhaft, den Wald je nach seiner von den natürlichen Gegebenheiten her bestimmten Wüchsigkeit ideell in drei bis fünf, meist in vier Blöcke zu gliedern.

Es wird davon ausgegangen, dass der Jungwald in den ersten vier Jahren seiner Etablierungsphase jährlich fachlich begutachtet wird. Auf diese Weise ist sichergestellt, dass alle eventuell erforderlichen Maßnahmen zeitgerecht veranlasst und durchgeführt werden. In allen späteren Phasen findet jedoch die fachliche Begutachtung in einem Mehrjahresturnus gemäß der Anzahl der Blöcke statt. Die Maßnahmen werden in der frühen Dimensionierungsphase in der Regel in diesem Turnus, in der Qualifizierungs- und Reifephase allerdings je nach Situation zum Teil auch in einem Mehrfachen des Turnus durchgeführt.

Die fachliche Begutachtung stellt als Intelligenz-Investition* den grundlegenden und damit den wichtigsten waldwirtschaftlichen Investitionsbereich dar. Was hier vernachlässigt oder vermeintlich eingespart würde, drohte, an anderer Stelle zu einem oft um ein Mehrfaches höheren Investitionsbedarf und / oder zu Mehrwertentgang zu führen.

Erst auf der Ergebnisgrundlage der Intelligenz-Investition können das Erfordernis und der Umfang der weiteren waldwirtschaftlichen Investition in Fremdenergie oder, äußerstenfalls, in Fremdstoffe festgestellt werden und die hierzu erforderlichen Maßnahmen zielsicher veranlasst und wirkungsvoll durchgeführt werden.

Dabei muss nicht nur aus wirtschaftlichen Erwägungen heraus ein Minimalitätsgebot gelten, sondern auch aus ökologischen Gründen, stellt doch jeder Eingriff innerhalb des Ökosystems eine Störung dar, die in dieser Art oder zu diesem Zeitpunkt von Natur aus nicht eingetreten wäre.

Außer Betracht bleiben im Folgenden ausdrücklich solche Investitionen, die zur Verhütung von Schäden getätigt werden müssen, die mit erheblich überhöhten Populationen großer Pflanzenfresser einhergehen. Diese oft stillschweigend gebilligten, durchaus regulierbaren ungleichgewichtigen Verhältnisse stehen in keinem kausalen Bezug zu den im Rahmen der multifunktionalen Bewirtschaftung des Waldes angestrebten Mehrwerten, sondern schmälern diese und stellen sie womöglich gänzlich in Frage.

Auch sind sehr hohe Populationsdichten aus vernunftmäßiger Sicht des Menschen jenseits der Fleischerzeugung mit keinerlei objektiven Vorteilswirkungen verbunden, und selbst diese sind fraglich, da die abschöpfbare Vermehrungsrate der Tiere in Populationen, deren Größe an der äußersten Grenze der Lebensraumkapazität liegt, vermutlich nicht im Höchstbereich liegt.

Bei alledem muss allerdings stets berücksichtigt werden, dass der Mensch nicht nur in West- und Mitteleuropa, sondern weltweit seit dem Beginn von Ackerbau und Viehzucht den Naturabläufen Widerstand entgegensetzt und auf diesem Weg bis heute beschleunigt fortschreitet. Die Lebensnetze naturnächster Waldökosysteme werden im Kontaktbereich zu den menschengeprägten Räumen tiefgreifend verändert, wenn nicht sogar unterbrochen und erfahren von dort her erhebliche Einwirkungen. Ohne auch nur den verbrauchenden Umgang des Menschen mit Energie und Materie ins Auge zu fassen, vergleiche man allein die flächenbezogenen Biomassen der Menschen, der von ihm domestizierten Säuger und der wildlebenden Säuger.

3.3.1 Investitionen in Fachintelligenz

Die folgenden Darstellungen gehen von einem 4-Jahres-Turnus aus, von dem je nach den örtlichen Verhältnissen selbstverständlich abgewichen werden kann oder muss. Die räumlichen Blöcke und ihr zeitlicher Turnus sind ohnehin nicht als starrer Rahmen aufzufassen, bieten allerdings eine wertvolle Orientierung, die hilft, die Entwicklung im Wald zuverlässig im Auge zu behalten und wichtige und wirkungsvolle waldwirtschaftliche Einflussmöglichkeiten nicht zu verpassen.

In Tabelle 1 sind die Entwicklungsgänge der wichtigen Baumarten in Vier-Jahres-Schritten aufgeführt. Sie können zu differenzierten Kalkulationen von Investitionen und Mehrwerterwartungen verwendet werden.

Die heutige Informationstechnik ermöglicht die georeferenzierte Erfassung von Klumpen, Auslesebäumen, Wertbäumen und anderen für die Waldbewirtschaftung bedeutungsvollen Bäumen und Objekten. Entwicklungen können auf dieser Grundlage verfolgt werden. Dynamiken werden auf diese Weise besser erkennbar.

Binnen weniger Jahre wird die Möglichkeit bestehen, Klumpen, Auslesebäume und zielstarke Wertbäume ohne großen Aufwand georeferenziert zu erfassen und in Verbindung mit den laufend erhobenen Sachdaten in ihrer Entwicklung unter hohem Erkenntnisgewinn zu begleiten (39).

In Tabelle 2 sind für einen 80-jährigen Zyklus die bis zum Erreichen der Mindestanforderungen an die Wertholzkörper erforderlichen, gutachterlich geschätzten Zeitbedarfswerte zur Aufwendung von Fachintelligenz unter günstigsten, ungünstigsten und mittleren Ausgangsbedingungen zusammengestellt. Für mittlere Bedingungen wurden diese auslesebaumbezogenen Zeitbedarfswerte unter Berücksichtigung eines jährlichen Totalausfalls ab Auslesebaumauswahl in Höhe von 0,25 % kalkuliert.

Zusätzlich wurden diese Zeitbedarfswerte mit Prozentwerten von 2 bzw. 5 % bis zum frühesten Erntezeitpunkt aufgezinst*. Diese Darstellungsweise ermöglicht in multiplikativer Verknüpfung mit Minutensätzen die Ermittlung des Investitionsaufwandes unabhängig von Einflüssen der jeweils gültigen Währungen.

Der 80-Jahres-Zyklus spiegelt die waldwirtschaftlichen Möglichkeiten in mischungsreichen Buchenwäldern wider, in denen die Dimensionierung im Durchschnitt zwischen den typischen Altern von etwa 12 Jahren bei Frühdynamikern und von etwa 35 Jahren bei der Buche und der Weißtanne aufgenommen wird, wenn anschließend bis zur Erreichung eines astfreien Mantels von 20 cm ein jährlicher Durchmesserzuwachs von mindestens 0,85 cm geleistet wird.

Die erste, bis zur erfolgreichen Etablierung reichende Investitionsstufe beginnt mit der Lokalisierung und Markierung des Klumpens. Für diesen wichtigen Ausgangsschritt werden 2–4, im Mittel 3 Minuten pro Klumpen veranschlagt. In jedem der vier darauffolgenden Jahre wird in der Regel eine Begutachtung des Klumpens erforderlich sein, die 0,5–1,5, im Mittel 1 Minute in Anspruch nimmt. Spätestens nach 8 Jahren wird die Etablierung erfolgreich abgeschlossen sein.

Insgesamt erfordert die Intelligenz-Investition in den Kostenträger Klumpen dementsprechend eine Gesamtzeit von 4–10, im Mittel 7 Minuten. Unter Berücksichtigung des späteren Ausfallrisikos der Auslesebäume erhöht sich dieser mittlere Zeitbedarf für die Investition von Fachintelligenz in der Etablierungsphase auf knapp 8 Minuten pro erntefähigem Wertbaum.

Für die fachlichen Begutachtungen in der Qualifizierungsphase im 4-Jahres-Turnus sind im Mittel 6 Begehungen vorzusehen. Bei einem Begang durchschnittlich jeder zweiten bis fünften Zugangslinie werden 100–250 m pro ha zurückgelegt. Der dafür erforderliche Zeitaufwand beläuft sich bei Marschgeschwindigkeiten zwischen 0,75 und 1,5 km pro Stunde auf 4–20 Minuten pro ha.

Insgesamt erfordert die Intelligenz-Investition in der Qualifizierungsphase, bezogen auf eine zum gegebenen Zeitpunkt durchschnittlich aus-

Tab. 1: Waldwirtschaftliche Entwicklungsgänge der wichtigsten Baumarten

Alter	Bu,Ta	TrEi	StEi	Hbu	As	Bir,Er	Kie	Kir,Es,Ul	Ah	Li	Eb,Mb,Wb	Vb	Wd,Stp	Ei	Alter
0	V	V	V	V	V	V	V	V	V	V	V	V	V	V	0
4	*Et*	Et	Et	*Et*	Qu	Qu	Qu	Qu	*Qu*	*Et*	*Et*	Qu	*Et*	*Et*	4
8	*Qu*	Qu	Qu	*Qu*	Qu	Qu	Qu	Qu	*Qu*	*Qu*	*Qu*	Qu	*Qu*	*Et*	8
12	*Qu*	Qu	Qu	*Qu*	Dim	Dim	Qu	Qu	*Qu*	*Qu*	*Qu*	Qu	*Qu*	*Qu*	12
16	*Qu*	Qu	Qu	*Qu*	Dim	Dim	Qu	Qu	*Qu*	*Qu*	*Qu*	Qu	*Qu*	*Qu*	16
20	*Qu*	Qu	Qu	*Qu*	Dim	Dim	Dim	Dim	Dim	*Qu*	Dim	Dim	*Qu*	*Qu*	20
24	*Qu*	Qu	Dim	*Qu*	R	Dim	Dim	Dim	Dim	*Qu*	Dim	Dim	*Qu*	*Qu*	24
28	*Qu*	Dim	Dim	*Qu*	R	Dim	Dim	Dim	Dim	Dim	Dim	Dim	*Qu*	*Qu*	28
32	*Qu*	Dim	Dim	*Dim*	R	R	Dim	Dim	Dim	Dim	Dim	Dim	Dim	*Qu*	32
36	Dim	Dim	Dim	Dim	R	R	Dim	Dim	Dim	Dim	Dim	Dim	Dim	*Qu*	36
40	Dim	Dim	Dim	Dim	GW	R	Dim	Dim	Dim	Dim	Dim	Dim	Dim	*Qu*	40
44	Dim	Dim	Dim	Dim	GW	R	Dim	Dim	Dim	Dim	Dim	Dim	Dim	*Qu*	44
48	Dim	Dim	Dim	Dim	GW	GW	R	R	Dim	Dim	Dim	Dim	Dim	*Qu*	48
52	Dim	Dim	Dim	Dim		GW	R	R	Dim	Dim	Dim	Dim	Dim	Dim	52
56	Dim	Dim	Dim	Dim		GW	R	R	Dim	Dim	Dim	R	Dim	Dim	56
60	Dim	Dim	Dim	Dim		GW	R	GW	R	Dim	Dim	R	Dim	Dim	60
64	Dim	Dim	R	R			R	GW	R	R	R	R	Dim	Dim	64
68	Dim	Dim	R	R			R	GW	R	R	R	R	Dim	Dim	68
72	Dim	R	R	R			R		GW	R	R	R	Dim	Dim	72
76	R	R	R	R			R		GW	R	R	GW	R	Dim	76
80	GW	R	R	R			R		GW	GW	R	GW	R	Dim	80
84	GW	R	R	R			R		GW	GW	R	GW	R	Dim	84
88	GW	R	R	GW			R		GW	GW	R		R	Dim	88
92	GW	R	GW	GW			GW		GW	GW	R		R	R	92
96	GW	R	GW	GW			GW		GW	GW	R		R	R	96
100	GW	GW	GW	GW			GW		GW	GW	GW		R	R	100
104	GW	GW	GW	GW			GW		GW	GW	GW		R	R	104
108	GW	GW	GW	GW			GW		GW	GW	GW		R	R	108
112	GW	GW	GW	GW			GW		GW	GW	GW		R	R	112
116	GW	GW	GW				GW		GW	GW	GW		R	R	116
120	GW	GW	GW				GW		GW	GW	GW		R	R	120
124	GW	GW	GW				GW		GW		GW		R	R	124
128	GW	GW	GW				GW		GW		GW		R	R	128
132	GW	GW	GW						GW		GW		R	R	132
136	GW	GW	GW						GW		GW		R	R	136
140	GW	GW	GW						GW		GW		GW	R	140
144	GW	GW	GW						GW		GW		GW	R	144
148	GW	GW	GW						GW		GW		GW	R	148
152		GW									GW		GW	R	152
156		GW									GW		GW	R	156
160		GW									GW		GW	GW	160
164		GW									GW		GW	GW	164
168		GW									GW		GW	GW	168
172		GW									GW		GW	GW	172
176		GW									GW		GW	GW	176
180		GW									GW		GW	GW	180
Erntebeginn (Jahr)	80	100	90	85	40	50	90	60	70	80	100	75	140		
Ernteabschluss (Jahr)	150	180	150	115	50	60	130	70	150	120	180	85	180		
MindestzielBHD (cm)	60	70	70	55	50	50	60	55	60	60	60	45	35		
max. ErnteBHD (cm)	>100	>100	>100	80	70	70	90	80	>100	90	90	60	50		

Tab. 2: Investitionen in Fachintelligenz je Wertholzkörper

Jahr	Maßnahme	Zeit min	Zeit max	Zeit Mittel	Zeit (0,25 % Ausfall p. a. ab Z-Wahl)		
		min	min	min	min	min (2 %)	min (5 %)
0	Klumpenmarkierung	2,0	4,0	3,0	3,41	16,62	168,96
1	Klumpenkontrolle	0,5	1,5	1,0	1,14	5,43	53,64
2	Klumpenkontrolle	0,5	1,5	1,0	1,14	5,33	51,08
3	Klumpenkontrolle	0,5	1,5	1,0	1,14	5,22	48,65
4	Klumpenkontrolle	0,5	1,5	1,0	1,14	5,12	46,33
8	Qualifizierungskontrolle	0,1	0,5	0,3	0,34	1,42	11,44
12	Qualifizierungskontrolle	0,1	0,5	0,3	0,34	1,31	9,41
16	Qualifizierungskontrolle	0,1	0,5	0,3	0,34	1,21	7,74
20	Qualifizierungskontrolle	0,1	0,5	0,3	0,34	1,12	6,37
24	Qualifizierungskontrolle	0,1	0,5	0,3	0,34	1,03	5,24
28	Qualifizierungskontrolle	0,1	0,5	0,3	0,34	0,95	4,31
32	Auslesebaummarkierung	2,0	4,0	3,0	3,41	8,82	35,46
32	Auszeichnung	1,0	3,0	2,0	2,27	5,88	23,64
36	Auszeichnung	1,0	3,0	2,0	2,25	5,38	19,25
40	Auszeichnung	1,0	3,0	2,0	2,23	4,92	15,68
44	Auszeichnung	1,0	3,0	2,0	2,20	4,50	12,77
52	Auszeichnung	1,0	3,0	2,0	2,16	3,76	8,46
60	Auszeichnung	1,0	3,0	2,0	2,11	3,14	5,61
68	Auszeichnung	1,0	3,0	2,0	2,07	2,62	3,71
80	Auszeichnung; Erntereife	1,0	3,0	2,0	2,00	2,00	2,00
80	**Investitionen in Fachintelligenz**				30,71	85,78	539,75

Zeit min / max / Mittel (min): Zeitbedarf in Minuten unter günstigsten / ungünstigsten / mittleren Ausgangsbedingungen; min (2 %) / min (5 %): mit 2 % / 5 % aufgezinster Zeitbedarf in Minuten (unter mittleren Ausgangsbedingungen).

Baumarten: Bu: Buche; Ta: Weißtanne; TrEi: Traubeneiche; StEi: Stieleiche; Hbu: Hainbuche; As: Aspe; Bir: Birke; Er: Schwarzerle; Kie: Waldkiefer; Es: Esche; Ul: Feld-, Berg-, Flatterulme; Ah: Berg-, Spitz-, Feldahorn; Li: Winter-, Sommerlinde; Eb: Elsbeere; Mb: Mehlbeere; Wb: Wildbirne; Vb: Vogelbeere; Wd: Weißdorn; Stp: Stechpalme; Ei: Eibe

Entwicklungsgänge: V: Verjüngung; Et: Etablierung; Qu: Qualifizierung; Dim: Dimensionierung; R: Reifung; GW: Ernte und Generationenwechsel; fett / kursiv: Entwicklung unter Schirm vorteilhaft oder möglich.

gewählte Zahl von 40 Auslesebäumen pro ha, Gesamtzeiten von 0,6–3, im Mittel 1,8 Minuten pro Auslesebaum. Unter Berücksichtigung des Ausfallrisikos erhöht sich dieser mittlere Zeitbedarf für die Investition von Fachintelligenz in der Qualifizierungsphase auf knapp über 2 Minuten pro erntefähigem Wertbaum.

Die Dimensionierungsphase beginnt mit der Auswahl und Markierung des Auslesebaumes, die 2–4, im Mittel 3 Minuten in Anspruch nehmen. Es folgen insgesamt 8 Markierungen der ausscheidenden Bäume im Abstand von zunächst 4, dann 8 und zuletzt 12 Jahren, für die jeweils 1-3, im Mittel 2 Minuten pro Auslesebaum benötigt werden.

In der Dimensionierungsphase und in der Reifung sind bis zur Erreichung des Mindestzieldurchmessers für die Einbringung von Fachintelligenz dementsprechend pro Auslesebaum insgesamt 9-28, im Mittel 19 Minuten aufzuwenden. Unter Berücksichtigung des Ausfallrisikos erhöht sich dieser mittlere Zeitbedarf für die Investition von Fachintelligenz in der Dimensionierung und Reifung auf knapp über 21 Minuten pro erntefähigem Wertbaum.

Der Gesamtzeitbedarf zur Investition an Fachintelligenz in der QD-Strategie kann damit unter Berücksichtung eines Ausfallrisikos von jährlich 0,25 % ab Dimensionierungsbeginn auf etwas über 15–45, im Mittel 30 Minuten pro erntefähigem Wertbaum beziffert werden. Zinst man die Zeitbedarfswerte mit 2 bzw. 5 % auf, so errechnen sich Gesamtwerte von knapp 1,5 bzw. rund 9 Stunden pro erntefähigem Wertbaum.

Die Fachintelligenz-Investition würde in einem solchen Wald bei 40 Auslesebäumen pro ha durchschnittlich etwa 15 Minuten pro Jahr und ha erfordern, eher jedoch etwas weniger, da die überwiegenden Ernteentnahmen in Baumaltern deutlich jenseits des Mindesterntealters erfolgen und da ein Teil der Bäume bis zu ihrem natürlichen Zerfall im Waldökosystem verbleibt.

3.3.2 Investitionen in Fremdenergie und in Fremdstoffe

Die Intelligenz-Investitionen schaffen erst die Voraussetzungen für die sach- und fachgerechte Planung und Durchführung der auf den unbedingt notwendigen Umfang beschränkten Investitionen in die Einbringung von Fremdenergie und äußerstenfalls auch in Fremdstoffe.

In Tabelle 3 sind für den 80-jährigen Zyklus die bis zum Erreichen der Mindestanforderungen an die Wertholzkörper erforderlichen Zeitbedarfswerte zur Aufwendung von Fremdenergie unter günstigsten und ungünstigsten Ausgangsbedingungen zusammengestellt, soweit diese für die QD-Strategie spezifisch sind und insofern als Mehraufwand der Wertholzerzeugung aufgefasst werden können. Eine Kalkulation durchschnittlicher Bedingungen wurde nicht vorgenommen, da solche keinen sinnvollen Bezug zu tatsächlichen Verhältnissen im Wald haben.

Zusätzlich wurden diese Zeitbedarfswerte mit Prozentwerten von 2 bzw. 5 % bis zum frühesten Erntezeitpunkt aufgezinst. Diese Darstellungsweise ermöglicht in multiplikativer Verknüpfung mit Stundensätzen die Ermittlung des Investitionsaufwandes unabhängig von Einflüssen der jeweils gültigen Währungen.

In der Etablierungsphase erfordert die QD-Strategie keinen spezifischen Mehraufwand, sieht man von der Beschaffung des Pfahls zur Markierung des Klumpenmittelpunktes ab. Auf dessen kalkulatorische Berücksichtigung wurde wegen Geringfügigkeit ebenso verzichtet wie auf denjenigen, der sich auf die Beschaffung von Markierungsfarbe oder -bänder bezieht. Daher beschränken sich die Darstellungen auf den Zeitbedarf, der zum Aufwand von Körperenergie benötigt wird.

In der Qualifizierungsphase ist es fast immer unabdingbar, Zugangslinien anzulegen. Ausnahmen betreffen einerseits ungleichaltrige Wälder, in denen Bäume in der Qualifizierungsphase in sehr kleinen Flächeneinheiten auftre-

Tab. 3: Investitionen in Fremdenergie je Wertholzkörper

Jahr	Maßnahme	Zeit min	Zeit max	Zeit [0,25 % Ausfall p.a. ab Z-Wahl]					
		min	min	min (min)	min (max)	min (2 %;min)	min (2 %;max)	min (5 %;min)	min (5 %;max)
8	Knicken	0,0	7,5	0,00	8,40	0,00	34,95	0,00	281,78
12	Zugangslinien	10,0	20,0	11,20	22,40	43,06	86,11	309,09	618,19
12	Ringeln	0,0	6,0	0,00	6,72	0,00	25,83	0,00	185,46
20	Ringeln	0,0	6,0	0,00	6,72	0,00	22,05	0,00	125,52
32	Wertästung	0,0	25,0	0,00	28,00	0,00	72,44	0,00	291,24
32	Fällung	0,0	12,0	0,00	13,44	0,00	34,77	0,00	139,79
36	Fällung	0,0	12,0	0,00	13,31	0,00	31,80	0,00	113,86
40	Fällung	0,0	12,0	0,00	13,17	0,00	29,08	0,00	92,73
80	**Energieinvestition bei 0,25 % Ausfall p.a. (ab 32)**			**11,20**	**112,16**	**43,06**	**337,04**	**309,09**	**1848,56**

Zeit min / max / Mittel (min): Zeitbedarf in Minuten unter günstigsten / ungünstigsten / mittleren Ausgangsbedingungen; min (2 %) / min (5 %): mit 2 % / 5 % aufgezinster Zeitbedarf in Minuten (unter mittleren Ausgangsbedingungen).

ten. Andererseits kann dann, wenn sich zwischen gepflanzten Klumpen keine weiteren Jungbäume eingestellt haben, wie dies vor allem auf Flächen der Fall ist, die vom Adlerfarn dominiert wurden, auf die Anlage von Zugangslinien verzichtet werden.

Im Regelfall beträgt der Abstand zwischen den Zugangslinien 20 m, so dass pro ha 500 laufende Meter erreicht werden. Der Zeitbedarf für die Anlage der Zugangslinien wird je nach den Ausgangsverhältnissen zwischen 0,8 und 1,6 Minuten pro laufendem Meter angesetzt. Daraus errechnen sich hektarbezogene Zeitbedarfswerte von 400–800 Minuten. Bezogen auf eine durchschnittlich ausgewählte Zahl von 40 Auslesebäumen pro ha belaufen sich die Zeitbedarfswerte auf 10 bis 20 Minuten pro Auslesebaum.

Unter günstigen Bedingungen wird die Qualifizierungsphase ohne das Erfordernis waldwirtschaftlicher Eingriffe durchlaufen, es können aber auch bis zu 3 Maßnahmen erforderlich werden, dies vor allem dann, wenn es darum geht, Optionen lichtbedürftiger Baumarten in einer von Pionierbaumarten geprägten Jungwalddynamik zu wahren.

In diesem Fall wird mit einem Eingriff durch Knicken bereits ganz zu Beginn der Qualifizierungsphase noch vor der Anlage von Zugangslinien gerechnet. Bei einem mittleren Zeitbedarf von 5 Stunden pro ha und Maßnahme entfallen bei einer späteren Auslesebaumzahl von 40 pro ha jeweils 7,5 Minuten auf den einzelnen Auslesebaum.

Zwei weitere Eingriffe durch Ringeln folgen dann bei Bedarf vier Jahre später bzw. in der fortgeschrittenen Qualifizierungsphase 12 Jahre vor deren Abschluss. Hierzu ist von einem mittleren Zeitbedarf von 4 Stunden pro ha bzw. 6 Minuten bezogen auf den Auslesebaum auszugehen.

Für die Investition von Energie in der Qualifizierungsphase zur Anlage von Zugangslinien, zum Knicken, zum Ringeln, ersatzweise auch zu Aufästungen, muss dementsprechend insgesamt mit einem auslesebaumbezogenen Zeitbedarf zwischen 10 und knapp 40 Minuten gerechnet werden. Unter Berücksichtigung des Ausfallrisikos von jährlich 0,25 % ab Dimensionierungsbeginn erhöht sich dieser Zeitbedarf für die Investition von Energie in der Qualifizierungsphase auf Werte zwischen etwas über 10 und knapp 45 Minuten pro erntefähigem Wertbaum.

Zu Beginn der Dimensionierung fallen an den Auslesebäumen der Waldkiefer, der Weißtanne, der Vogelkirsche, aber auch bei notqualifizierten Laubbäumen Investitionen für die Wertästung bis zur Kronenbasis an. Diese können bei einer Ästungshöhe von 10 m und einem Zeitbedarf von 2,5 Minuten pro Meter Wertästungshöhe einen Zeitbedarf von bis zu 25 Minuten pro Auslesebaum erreichen.

Schließlich sind im ungünstigen Fall, in dem bis zu drei Maßnahmen zur Entnahme der Bedränger zugunsten der Auslesebäume keine kostendeckende Holzbereitstellung ermöglichen, die Zeiten für die Fällungen zu investieren. Der Zeitaufwand beträgt hierfür durchschnittlich 12 Minuten je Auslesebaum und Maßnahme, wenn man davon ausgeht, dass durchschnittlich 8 Bedränger je Auslesebaum

Stehendentkronung gehört hier zum Standard wertnachhaltiger Wirtschaft.

mit einem Zeitaufwand von jeweils 1,5 Minuten gefällt werden müssen.

In der Dimensionierungsphase ist unter günstigen Bedingungen für die Mehrwerterzeugung überhaupt kein zusätzlicher Einsatz von Energie erforderlich. Im Höchstfall wird für die Wertästung und für drei Maßnahmen zur Entnahme von Bedrängern ein Zeitbedarf von insgesamt gut 1 Stunde pro Auslesebaum erforderlich. Unter Berücksichtigung des Ausfallrisikos erhöht sich in diesem Fall der Zeitbedarf auf knapp 68 Minuten pro erntefähigem Wertbaum.

Der Gesamtzeitbedarf zur mehrwertspezifischen Investition von Energieeinsatz in der QD-Strategie kann damit unter Berücksichtung eines Ausfallrisikos von jährlich 0,25 % ab Dimensionierungsbeginn auf etwas über 10 Minuten bis zu knapp 2 Stunden pro erntefähigem Wertbaum beziffert werden. Verzinst man die Zeitbedarfswerte mit 2 bzw. 5 %, so errechnen sich Gesamtwerte von weniger als 1 bis zu gut 5 Stunden bzw. von rund 5 bis über 30 Stunden pro erntefähigem Wertbaum.

Erneut kann nicht deutlich genug darauf hingewiesen werden, dass nicht nur aus ökologischen, vielmehr aber auch aus handfesten wirtschaftlichen Gründen, alles getan werden muss, um den Etablierungsaufwand auf dem niedrigsten Niveau zu halten, das zur Zielerreichung gerade noch zureichend erscheint. Allein schon von daher ist jeglicher Aufwand, der über eine strikte Punktwirksamkeit hinausgeht, äußerst kritisch zu beurteilen.

Die Gesamtzeitinvestitionen an Fachintelligenz und Energie werden zur Erlangung eines Wertholzkörpers im Rahmen der QD-Strategie mithin in einer Spanne zwischen weniger als einer halben Stunde und höchstens gut 2,5 Stunden erforderlich.

Bei Verzinsungen dieser Zeitbedarfswerte in Höhe von 2 % bzw. 5 % errechnen sich Gesamtzeiten zwischen rund 1,5 und 8 Stunden bzw. zwischen knapp 10 und knapp 45 Stunden pro erntefähigem Wertbaum.

Zuletzt muss gegebenenfalls der Mehraufwand bei der Ernte der Wertbäume berücksichtigt werden, die zur Schonung von Bäumen der nächsten Generation oder von Nachbarbäumen getragen werden müssen. Dabei kann es sich um Seilzugarbeiten mit einem Zeitaufwand von 10 bis 15 Minuten pro Baum, um Stehendentkronungen mit einem Zeitaufwand von 1 bis 1,5 Stunden pro Baum oder um Schlagpflegemaßnahmen mit einem Zeitaufwand von 10 bis 15 Minuten pro Klumpen handeln.

3.4 Grundlagen und Perspektiven für Mehrwert

Das Mindestziel des Erzeugungsablaufes ist erreicht, wenn der Mehrwertkörper des Wertbaumes, dessen Länge einem Viertel der Baumhöhe abzüglich 0,5 m für die Stockhöhe und den Fallkorb entspricht, einen 20 cm breiten astfreien Holzmantel enthält.

In Tabelle 4 sind die wesentlichen Kennwerte aufgeführt, die Grundlage der Mehrerlöserwartungen für die Wertholzkörper darstellen. Die

Tab. 4: Kennwerte der Wertholzkörper

Kennwerte	Einheit	Var. 1	Var. 2
BHD	cm	60	65
Baumhöhe	m	22	42
Kronenansatzhöhe	m	5,5	10,5
Wertstammlänge	m	5	10
Mittendurchmesser 1	cm o. R.	56	56
Wertstammvolumen 1	m^3 o.R.	1,23	2,46
Mittendurchmesser 2	cm o. R.	80	80
Wertstammvolumen 2	m^3 o. R.	2,51	5,03
Volumen 2 / 1	Verhältnis	2,0	
Zeit 1–2, ir = 3,3 mm	Jahre	36	
Zins 1–2, ir = 3,3 mm	%	2,0	

Spanne der standortökologischen Wuchsbedingungen findet in den Längen der Mehrwertkörper im Bereich zwischen 5 m und 10 m ihren Ausdruck. Unter Berücksichtung einer Stockhöhe von 0,5 m wird bei einer relativen Kronenlänge von 75 % zum Erntezeitpunkt damit ein Baumhöhenbereich zwischen 22 m und 42 m abgedeckt.

Der Mindestmittendurchmesser wird mit 56 cm ohne Rinde angesetzt. Bei einer zielentsprechenden astfreien Mantelstärke von mindestens 20 cm entspricht dies der Annahme einer Bildung ast- und faserstörungsfreien Holzes ab einem Mittendurchmesser von 16 cm ohne Rinde. Dem entspricht je nach Baumart, Rindenstärke, Splinteinfluss und Länge des Wertholzkörpers ein Mindestzieldurchmesser in Brusthöhe zwischen 60 und 65 cm. Aus diesen Eckwerten errechnen sich für die Wertholzkörper Holzvolumina zwischen rund 1,2 und 2,5 m³.

Dass durch die Erreichung des Mindestmittendurchmessers in der waldwirtschaftlichen Praxis im Regelfall nicht automatisch die Ernte des betreffenden Baumes veranlasst ist, ergibt sich schon daraus, dass mit weiterem Wachstum eine Erhöhung des Durchmessers um 24 cm im oben genannten Wertebereich, das heißt von 56 cm auf 80 cm Mittendurchmesser ohne Rinde, näherungsweise eine Verdopplung des Holzvolumens erbringt.

Wird diese Durchmessererhöhung mit mittleren Jahrringbreiten von 3,3 mm geleistet, so ist dies in dem hierfür insgesamt erforderlichen Zeitraum von 36 Jahren mit einer durchschnittlichen jährlichen Volumenerhöhung der Wertholzkörper von etwas über 2 % verbunden. Dabei wird im Weiteren vereinfachend davon ausgegangen, dass die mit dieser Durchmessererhöhung einhergehende Werterhöhung des festmeterbezogenen erntekostenfreien Erlöses gerade eben ausreicht, um die Wirkung des Ausfallrisikos auszugleichen.

Die konkreten Ernteentscheidungen müssen dann jedoch vor dem Hintergrund einer ganzen Reihe von Faktoren, wie zum Beispiel der weiteren Wachstumsgeschwindigkeit, den Entwertungsrisiken, den Markt-, Preis- und Modebedingungen, aber auch den Wirkungen von Ernten oder Belassen auf das Wachstum und die Wertentwicklung der anderen Bäume getroffen werden (193).

In jedem Fall bietet hierfür die QD-Strategie sehr große Handlungsspielräume, von denen zugunsten der betrieblichen Flexibilität vorteilhafter Gebrauch gemacht werden kann.

In der waldwirtschaftlichen Vergleichskalkulation steht der mutmaßliche erntekostenfreie Erlös des Mehrwertkörpers abzüglich des zu seiner Erzeugung erforderlichen spezifischen Mehraufwands auf der einen Seite und auf der anderen Seite der mögliche erntekostenfreie Erlös aus der nutzbaren Holzmenge unbehandelter Bäume oder auch waldwirtschaftlich anders behandelter Bäume. Als Bezugsfläche dient dabei der Bereich, den der Wertbaum als seine Standfläche in Anspruch nimmt.

Im Folgenden wird davon ausgegangen, dass der Wertholzkörper lediglich 25 % der Gesamtwuchsleistung, die auf der Standfläche des Wertbaumes erzeugt wurde, beinhaltet. Das verbleibende Volumen von 75 % der Gesamtwuchsleistung, das sich auf das Volumen des grünastbesetzten Stammes und der Krone des Wertbaumes, aber auch der entnommenen Bedränger bezieht, wird nach dem wirtschaftlichen Vorsichtsgrundsatz im Folgenden nicht weiter berücksichtigt, das heißt, es wird davon ausgegangen, dass dessen erntekostenfreier Erlös gleich null sei.

Bei der Gegenüberstellung der Verkaufsmengen an Derbholz*, die in den Holzverkaufsstatistiken großer öffentlicher Forstverwaltungen dokumentiert sind, mit den Ergebnissen der Forstinventuren in Frankreich und in Deutschland zum tatsächlichen Abgang an Derbholz, ergibt sich eine Differenz von durchweg deutlich über 20 %. Dabei handelt es sich um eine erhebliche Derbholzmenge, die außerhalb der betrieblichen Erfassung ungenutzt im Ökosystem verbleibt.

Man wird also auf jeden Fall ganz auf der sicheren Seite sein, stellt man einem bestimmten Wertholzvolumen, das nach der QD-Strategie erzeugt wurde, die dreifache Menge aus herkömmlicher Bewirtschaftung bereitgestellten Holzes gegenüber.

Eine Mehrwerterzeugung der QD-Strategie aus dem Rohstoff Holz ist demzufolge dann zu erwarten, wenn der festmeterbezogene erntekostenfreie Erlös aus dem Verkauf der Mehrwertkörper abzüglich des festmeterbezogenen Mehraufwandes, der weiter oben in Zeitbedarfswerten umrissen wurde, das Dreifache des festmeterbezogenen erntekostenfreien Erlöses der bestandesorientierten alternativen Bewirtschaftungsweise mit großer Wahrscheinlichkeit übertrifft.

Die Angabe aufgezinster Zeitbedarfswerte mag Anregungen zur Berücksichtigung von Zinserwartungen an die getätigten spezifischen Mehrinvestitionen der QD-Strategie geben. Auf die Darstellung monetärer Kennwerte der statischen und der dynamischen Investitionsrechnung wurde hier aber bewusst verzichtet.

Immerhin sei darauf hingewiesen, dass gerade die Kennwerte der dynamischen Investitionsrechnung besonders klar aufzeigen, wie wichtig es für den waldwirtschaftlichen Erfolg ist, aus solchen Wäldern heraus Ziele anstreben zu können, die über ein hohes Maß an Selbstorganisationsvermögen verfügen.

Renditen von zum Teil weit über 5 % sind aus mehrwertorientierten Investitionen dann zu erwarten, wenn unter mindestens durchschnittlichen Standortbedingungen und Holzpreisen die Investitionen im Wesentlichen auf die Fachintelligenz beschränkt werden können. Unter diesen Verhältnissen leisten nicht speziell entwertungsgefährdete Wertbäume nach Erreichen des Mindestdimensionszieles weiterhin sehr hohe laufende Wertzuwächse, während der interne Zinsfuß der Investitionen bereits sinkt.

3.5 Risikohöhe, Risikofolgen und waldwirtschaftliche Flexibilität

Im Weiteren interessiert natürlich, welche Folgen mit Blick auf die Waldwirtschaft, aber auch auf die Waldökologie und die Waldästhetik zu erwarten sind, wenn sich das Entwertungs- oder Totalausfallrisiko an Auslesebäumen realisiert. Dabei sind vor allem die waldökologischen Kompensationsmöglichkeiten, die ökonomischen Auswirkungen und die waldwirtschaftliche Flexibilität von Bedeutung.

Vergleiche werden in erster Linie zu waldwirtschaftlichen Strategien gezogen, die Auslesebäume in einer hohen Zahl eher schwach fördern, gleichzeitig aber auch bestandesweise eingreifen und dies unter anderem in der Erwartung, auf diese Weise mit den Unwägbarkeiten von Ausfällen besser zurechtzukommen.

Eher selten kommt es bei Anwendung der QD-Strategie in der frühen Dimensionierungsphase zu entwertenden Schädigungen oder gar Abgängen von Auslesebäumen. Unter Umständen erweisen sich selbst so spektakuläre Ereignisse, wie zum Beispiel Schneebruch an Stieleichen-Auslesebäumen, als nicht substanziell zielgefährdend (218). Die Unwägbarkeiten tatsächlicher Ausfälle können im Übrigen in der Regel durch Auswahl von Ersatz-Auslesebäumen ohne wesentliche Folgen kompensiert werden und zwar umso leichter, wenn zuvor Auslesebäume in großen Abständen markiert wurden.

In der fortgeschrittenen Dimensionierungsphase sind nach drei oder mehr Dimensionierungseingriffen allerdings die Bereiche zwischen den Auslesebäumen bereits durch Bedrängerentnahmen soweit reduziert, dass hier ein Ersatzbaum kaum je sinnvoll rekrutierbar ist.

Entwertete Auslesebäume wird man meist zur Erfüllung waldökologischer Ziele belassen. Aufgrund biotischer oder abiotischer Ursachen gänzlich abgegangene Auslesebäume werden unterdessen oft einen Durchmesser erreicht haben, der bei rascher Aufarbeitung die Aushaltung eines Stammabschnittes der Güteklasse B zulässt. Dies ist zum Beispiel bei über 55-jährigen Eichen-Auslesebäumen zu erwarten, die inzwischen bereits regelmäßig einen Stammabschnitt der Stärkeklasse 3 a entwickelt haben.

Dessen ungeachtet bestehen dann zwei Möglichkeiten: Entweder die benachbarten Auslesebäume übernehmen auf kurz oder lang den frei gewordenen Standraum ähnlich wie dies nach der zielentsprechenden Ernteentnahme von Zeitmischungsbäumen der Fall ist oder aber es wird ein vorzeitiger Generationenwechsel eingeleitet. Hierzu bestehen in Anbetracht der frühzeitig und reichlich fruchtenden verbliebenen Auslesebäume günstige Voraussetzungen, dies ohne wesentlichen Aufwand im Wege der Naturverjüngung zu erreichen.

Sowohl der verzögerte Lückenschluss durch Bäume der gleichen Generation als auch die Zeitdauer bis zur Etablierung einer weitgehend kompletten Folgegeneration sind mit Holzzuwachseinbußen verbunden, deren Eintritt am Aufkommen von Bodenpflanzen erkennbar wird, deren Abklingen sich aber auch mit der Ausdunkelung dieser Pflanzen bemerkbar macht.

Abgänge potenzieller Wertbäume in der Reifung führen immer in einen vorgezogenen Generationenwechsel. Sie sind in den meisten Fällen, sofern es nämlich nicht zu einer völligen Zerstörung des Stammkörpers etwa durch Blitzschlag gekommen ist, mit der Erntemöglichkeit eines Stammteiles verbunden, der zwar nach Volumen und Festmeterpreis sein Ziel nicht erreicht hat, aber bereits einen erheblichen Beitrag zum waldwirtschaftlichen Erfolg erbringen kann. Oft steht jedoch die waldökogische Bedeutung als im Ökosystem verbleibendes Totholz im Vordergrund.

Unter günstigen Bedingungen stehen nach dem Ausfall eines Baumes in der Reifung schon Jungbäume in fortgeschrittener Qualifizierung bereit. Ohne nennenswerte Holzzuwachseinbußen kann die Mehrwertentwicklung dann nach wenigen Jahren erneut in Gang kommen.

Ungünstiger sind die Ausgangsverhältnisse, wenn unter dem ausgefallenen potenziellen Wertbaum unterständige Bäume schattentoleranter Arten ohne Mehrwertpotenzial vorhanden waren, so dass sich noch kein Nachwuchs einstellen konnte. Unter diesen Bedingungen müssen die Lichtfresser zur Einleitung der Verjüngung entnommen werden. Im Übrigen gilt das bereits weiter oben zu Ausfällen in der fortgeschrittenen Dimensionierungsphase Dargestellte.

Welche Gesichtspunkte sind nun im Vergleich zu einer flächenweisen Bewirtschaftung mit einer hohen Auslesebaumzahl wesentlich? Zunächst einmal spricht nichts dafür, dass bei einer solchen flächenweisen Wirtschaft im Falle der gleichen schadenauslösenden Ursachen das Schadenausmaß nach dem Holzvolumen oder nach dem Standflächenanteil der ausgefallenen Bäume geringer sein könnte.

In Anbetracht der vergleichsweise zunehmend vorteilhafteren Einzelbaumstabilität der nach der QD-Strategie behandelten wenigen Auslesebäume ist tendenziell eher ein etwas geringeres Schadenausmaß wahrscheinlich. Jedenfalls ist kein Risikofaktor bekannt, der eine spezifisch höhere volumenbezogene Schadengefährdung der konsequent begünstigten Bäume herbeiführte.

Hinsichtlich möglicher Zuwachseinbußen ist es günstiger, wenn sich die Ausfälle frühzeitig in kleineren Einzelstandflächen manifestieren, die rascher geschlossen werden können. Soweit dies im Kontakt zwischen Auslesebäumen geschieht, sind dann auch nur bemessene Wertleistungseinbußen zu befürchten.

Unter allen anderen Umständen ist die Folgeentwicklung bei Ausfällen in flächenweise bewirtschafteten Wäldern problematischer. Die wichtigsten Begleiterscheinungen von Ausfällen in solchen flächenweise bewirtschafteten Wäldern sind der geringe wirtschaftliche Wert vorzeitig ausfallender Auslesebäume, die fehlende, späte oder geringe Samenerzeugung, die fehlenden oder ungünstigeren Möglichkeiten zur

Einleitung eines Generationenwechsels wegen Lichtmangels, die Störung der weiteren Auslesebaumförderung durch schadenbedingt vergrößerte Bedrängerkronen.

Ausfälle sind im Waldökosystem nicht die Ausnahme, sondern die Regel. Man muss mit ihnen rechnen. Nahezu alles spricht aber dafür, dass die Ausfallmengen bei vergleichsweise wenigen Auslesebäumen nicht höher sind, die Ausfallfolgen aber waldwirtschaftlich weitaus unproblematischer, es sei denn, man ist auf eine strikt altersklassenweise Bewirtschaftung reiner oder kaum gemischter Bestockungen festgelegt.

So wie die methodische Ernte von Wertbäumen und der Generationenwechsel mit einer geringen Zahl an wesentlich größerkronigen und stärkeren Bäumen waldwirtschaftlich weitaus flexibeler und unaufwändiger gestaltbar sind, so gilt dies auch für die waldwirtschaftlichen Reaktionsmöglichkeiten auf Ausfälle.

Nicht zuletzt spricht unter Risikoaspekten für die QD-Strategie, dass ihre Anwendung für gleiche Durchmesser die Risikoexpositionszeit vergleichsweise reduziert. Schließlich darf bei vergleichsweisen Risikobewertungen die Zeitdauer keinesfalls außer Betracht bleiben, in der Bäume der Gefahr von Wertminderung oder völligem Ausfall ausgesetzt sind. Diese Zeitdauer ist bei Anwendung der QD-Strategie für die Erreichung gleicher Stammdurchmesser gegenüber anderen waldwirtschaftlichen Vorgehensweisen meist ganz erheblich kürzer. Es gilt dann die banale Feststellung, dass ein Wertbaum, der bei einem bestimmten Durchmesser geerntet wurde, nicht mehr dem Entwertungs- und Ausfallrisiko der weiteren Jahre unterliegt, die er bei weniger konsequenter Förderung zur Erreichung desselben Durchmessers benötigen würde.

Mächtiger Eingriffliger Weißdorn-Oberständer über 8 Meter hohem Haselstockausschlag in Wiltshire, Südwest-England.

4

Qualifizieren Dimensionieren

Spielräume – Leitplanken – Aussichten

Was geht nicht?
Was geht anders?
Was geht besonders gut?

Attraktive Strategien sind weder durch Enge und Starrheit geprägt, noch sind sie mit allzu großer Unbestimmtheit behaftet. Die QD-Strategie weist ganz bestimmte Unvereinbarkeiten, Handlungsgrenzen und -beschränkungen auf, eröffnet aber auch charakteristische Handlungsspielräume und beinhaltet wichtige Elemente der Umsetzungs- und Reaktionsflexibilität und der Dämpfung von Risiken und deren Folgen.

4.1 Unvereinbarkeit flächenwirksamer Eingriffe

Die Natur erzeugt keinen Müll:
Es gibt nichts zu „entrümpeln"!

Wie oft kann man dies beobachten: Die Auslesebäume wurden ausgewählt und gefördert und damit erste Weichen für das Erreichen der Hauptperspektive gestellt (aus der 80 % oder gar 90 % des Reinerlöses möglich sind). Doch die Gier nach noch mehr erwacht!

Unter dem Vorwand, dass es nie verkehrt sein könne, schlechtformige Bäume zu entfernen, wird ohne Bezug auf die Förderung eines Auslesebaumes „entrümpelt", um zusätzlich ein paar schnelle Euro aus dem Verkauf von ein paar Raummetern Brennholz einzustreichen. Dabei wird eine wahllose Begünstigung irgendwelcher nach Qualität und Vitalität mittelmäßiger Bäume gesetzt, deren Kronen sich den freigemachten Raum mehr oder weniger rasch aneignen.

Im ungünstigen Fall muss ein solcher beiläufig begünstigter Baum, noch bevor er den freien Raum besetzen konnte, bereits nach drei oder vier Jahren beim nächstfolgenden Eingriff zugunsten eines Auslesebaumes fallen, um dessen Entwicklung nicht zu beeinträchtigen. Dabei wird „eine Blase geöffnet". Im Gefolge der Beeinträchtigung der Feindosierbarkeit der Standraumübergabe müssen Zuwachsverluste in Kauf genommen werden, um die Mehrwertproduktion nicht zu gefährden.

Dieser Minderzuwachs ist dann, meist nach Ablauf von einigen Jahren und gegen den laienhaften Anschein, gerade nicht der Wertholzerzeugung zuzurechnen, sondern der Brennholzmacherei und der verselbständigten Entrümpelerei. Es bleibt festzuhalten, dass im Interesse einer Mehrwerterzeugung, die gleich-

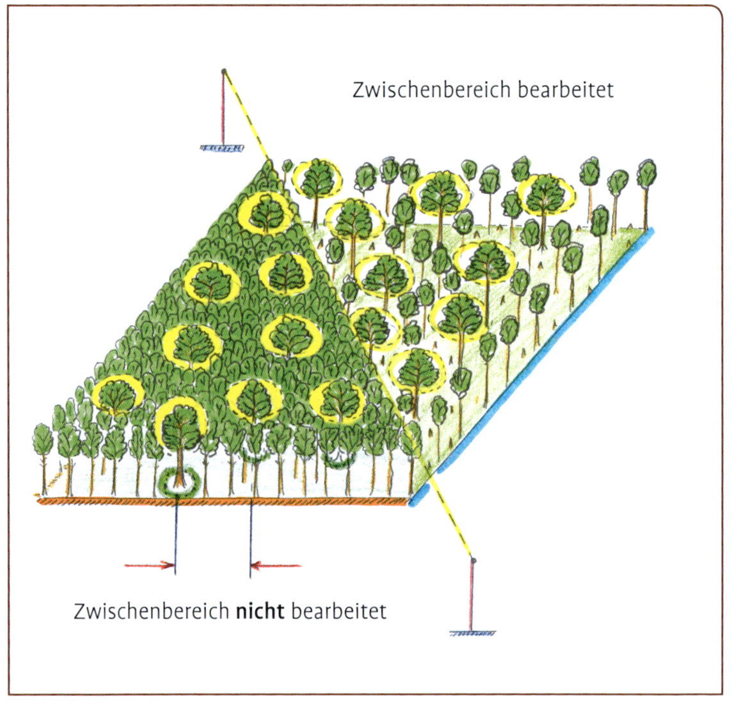

Wirkung von Eingriffen in den Bereichen zwischen den Auslesebäumen.

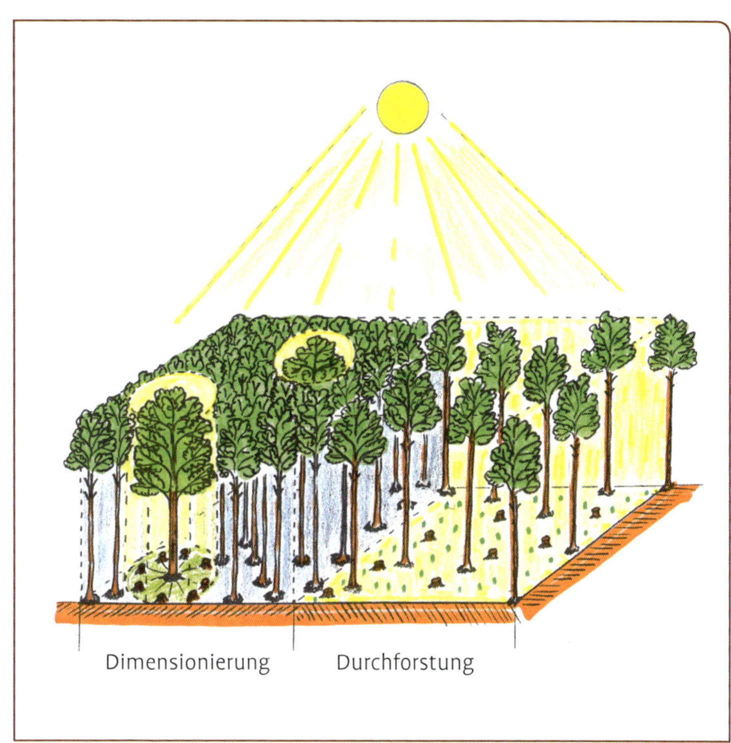

Dimensionierung und Durchforstung sind nach Erscheinungsbild und Wirkungsweise grundverschieden.

zeitig auf die Sicherung einer weitgehend ungeschmälerten Gesamtwuchsleistung Bedacht nimmt, schlechtformige, ja sogar protzige Bäume unbedingt solange belassen werden müssen, bis sie als Auslesebaum-Bedränger an der Reihe sind.

Noch problematischer wirkt sich aus, wenn neben den Auslesebäumen weitere gut veranlagte Bäume durch Entnahme von Nachbarbäumen aktiv in ihrem Kronenausbau gefördert werden. Dies geschieht aus der Erwartung heraus, auf diese Weise den Volumenanteil von Hölzern der Güteklasse B steigern zu können, an diesen Bäumen einen etwas höheren Erntedurchmesser oder eine frühzeitigere Erntemöglichkeit zu erreichen oder Ersatzbäume für den möglichen Ausfall eines Auslesebaumes gewissermaßen schon einmal zu fördern.

Eher auf kurz als auf lang stellt sich dann das Dilemma ein, dass die Reserve in Konkurrenz zum eigentlichen Auslesebaum und bald auch schon zu weiteren Auslesebäumen tritt. Im günstigsten, leider nicht sehr häufigen Fall kann der verhinderte Reservist mit seiner untunlich vergrößerten Krone ohne allzu große Folgeeinbußen hinsichtlich der Gesamtwuchsleistung entnommen werden, freilich ohne die in ihn gesetzten Erntehoffnungen auch nur annähernd erfüllt zu haben.

Wenn durch die Gier nach dem Letzten die Hauptsache entgleitet.

Meist muss er jedoch aus Verhältnismäßigkeitserwägungen heraus belassen werden. Die Hoffnung auf „ein Mehr“ löst sich dann in eine Wirklichkeit auf, die „viele Weniger“ bedeutet, nämlich weniger Dimension in allen beteiligten Bäumen, weniger Stabilität, weniger waldwirtschaftliche Gestaltungsmöglichkeiten, weniger

Nachwuchs an jungen Bäumen, weniger Vielfalt der waldökologischen Bedingungen, weniger ...

Im Wald gibt es nichts „nachzuholen“!

In der anderen Richtung kann aber auch nicht entschieden genug davor gewarnt werden, in Waldbereichen, die durch mehrere Stammzahlverminderungen und flächenwirksame Durchforstungen bereits stark homogenisiert sind, Bäume, und seien sie alters- und entwicklungsbedingt noch so reaktionsfähig, als Auslesebäume in eine konsequent einzelbaumorientierte Dimensionierung zu nehmen. In diesem Fall bleibt unter Vermeidung von Zuwachseinbrüchen und Stabilitätsproblemen nur die Möglichkeit einer waldwirtschaftlichen Eingriffsweise, die etwa derjenigen in der Reifung entspricht.

4.2 Waldwirtschaftlicher Umgang mit gebietsfremden Baumarten

In West- und Mitteleuropa sind heute große Waldflächen von gebietsfremden Baumarten dominiert. Nicht selten liegen nahezu reine Kunstbestockungen solcher Baumarten vor. Die nach ihrer Flächenverbreitung bei Weitem wichtigste gebietsfremde Baumart ist hier derzeit die Fichte.

Mit Abstand folgen die Europäische Lärche und die durch „Anbau“, inzwischen aber auch schon durch Naturverjüngung in starker Expansion begriffene Douglasie. Unter den Laubbäumen ist die bereits im 17. Jahrhundert aus dem östlichen Nordamerika eingeführte und dann ab dem 18. Jahrhundert verstärkt „angebaute“ Robinie die heute am weitesten verbreitete gebietsfremde Baumart.

Je größerflächig und reiner eine gebietsfremde Baumart auftritt, mit desto stärkeren Entkoppelungswirkungen muss in der natürlichen Dynamik des betroffenen Wuchsbereiches gerechnet werden. Die Wege zurück zu waldökologisch ausgewogeneren Bedingungen sind dabei umso schwieriger, je höher die betreffende gebietsfremde Baumart wird, vor allem aber je stärker ihr Beschattungsvermögen ist und je wirkungsvoller ihr natürliches Ausbreitungsvermögen ist. Außerdem können allelopathische Wirkungen eine Rolle spielen.

Besonders herausfordernd ist die Überführung reiner Bestockungen der hochwüchsigen und vergleichsweise stark schattenden Fichte (168). Diese Baumart lässt namentlich in der Tiefland- und in der Hügellandstufe erheblich anwachsende Probleme im Zusammenhang mit dem Klimawandel erwarten. Schon heute zeigt sie, wie kaum ein andere Baumart, ausgeprägte Daseinsprobleme aus einer Vielzahl abiotischer (Sturm, Nassschnee, Sommertrockenheit) und biotischer (Buchdrucker, Kupferstecher, Hallimasch, Wurzelschwamm) Gefährdungen. Nicht selten kommt es zu einem raschen, flächigen Zusammenbruch ganzer Bestockungsbereiche, die zuvor von der Fichte geprägt waren.

Vor allem auf gut wasserversorgten Standorten mit mittlerer bis reicher Nährstoffversorgung muss im Hügelland schon in kaum 50-jährigen, annähernd kompletten Fichtenbestockungen mit dem Auftreten von Brombeeren, Rotem und Schwarzem Holunder als Störungszeigern gerechnet werden. Die Möglichkeit zur spontanen Etablierung von Jungbäumen ist dann erheblich eingeschränkt, so dass dort mit einer spontanen Rückkehr zu Buchen-Mischwäldern auf viele Jahrzehnte hin nicht gerechnet werden kann. Der entscheidende Schlüssel zur Vermeidung der absehbaren Problementwicklungen liegt in der frühzeitigen Vorausverjüngung reiner Fichtenbestockungen (106, 201).

Freilich mag auf den überwiegenden Flächen das Licht am Boden dichter mittelalter Fichtenbestockungen nicht einmal zur Etablierung der schattenertragenden Buche ausreichen. Eine flächige Unterpflanzung der Fichten scheidet allein schon aus diesem Grunde aus. Anderer-

Unter günstigen Bedingungen stellt sich nach dem Zusammenbruch der Fichtenbestockung ein dichter Birken-Pionierwald ein.

seits wäre es völlig verfehlt, zu warten, bis geeignete Lichtverhältnisse flächig eingetreten sind oder diese gar künstlich herbeizuführen. Allzu groß wäre die Gefahr, damit die Wirkung künftiger Störungen zu erhöhen oder diese auszulösen.

Auflichtung ist auch nicht erforderlich, denn meist sind bereits Stellen vorhanden, an denen die zur Etablierung der Buche ausreichenden Lichtverhältnisse längst gegeben sind. Ohne Messungen können diese Stellen sehr leicht und sicher am Vorhandensein von Bodenpflanzen erkannt werden. Über 50-jährige Fichtenbestockungen werden erfahrungsgemäß, selbst wenn keine nennenswerten Schadereignisse auftreten, allmählich heller.

Mit der Zeit werden an immer mehr Stellen die Mindestlichtansprüche der Buche erfüllt, so dass diese etabliert werden kann. Dies geschieht nach sorgfältiger Lokalisierung und Markierung dieser Bereiche durch Pflanzung von Klumpen „im Dunklen an den hellsten Stellen“ (10). Vorzugsweise werden hierzu 20 bis 50 cm hohe Wildlinge verwendet (130, 131, 185). Aber auch die Voraussaat kommt in Frage (103).

Wesentlich unproblematischer ist die Schaffung von Trittsteinen in künftige, ökologisch ausgewogenere Wälder in reinen Bestockungen

Buchenklumpen als Vorausverjüngung in reiner Fichtenbestockung.

der Douglasie, deren Beschattungswirkung im Vergleich zur Fichte weitaus geringer ist. Hier kann schon mit Einsetzen der ersten Dimensionierungseingriffe, in herkömmlich flächenweise durchforsteten Douglasienbestockungen spätestens aber im Alter von 40 Jahren, die Überführung durch klumpenweise Pflanzung von Buchen eingeleitet werden. Oft reichen die Lichtverhältnisse an manchen Stellen sogar aus, um andere Baumarten, wie zum Beispiel Ahorne, mischungsweise in Klumpen einzubringen. Im natürlichen Verbreitungsgebiet der Weißtanne eignet sich auch diese hervorragend zur Vorausverjüngung (90). Wichtige, aber leider oft übersehene Baumarten zur Überführung naturferner Bestockungen sind außerdem die Eibe und in Westeuropa die Stechpalme.

Am einfachsten gestaltet sich die Überführung reiner Bestockungen der Europäischen Lärche, die bereits vor einem Alter von 20 Jahren der Buche genügend Licht bietet. Hier kommt es eher darauf an, rechtzeitig mit der Überführung zu beginnen, bevor sich am Boden eine blockierende Vegetation, etwa in Gestalt eines dichten Brombeerteppichs, einstellen konnte.

Dies gilt umso mehr für die Überführung der ebenso lichtdurchlässigen reinen Robinienbestockungen, zumal sich unter dem Einfluss der Luftstickstoffbindung durch Knöllchenbakterien im Wurzelbereich dieses Schmetterlingsblütlers geschlossene Bodenvegetationen aus hochwüchsigen stickstoffliebenden Arten, vor allem der Großen Brennnessel, frühzeitig einstellen können.

Insgesamt ist davon auszugehen, dass die angesprochenen, bislang auf größter Fläche „gebrachten“ gebietsfremden Baumarten ohne fortgesetztes Einwirken des Menschen nicht dazu in der Lage sind, Buchen- oder auch Weißtannen- und Hainbuchen-Waldgesellschaften dauerhaft zu überprägen. Wohl aber be- und verhindern sie die ökologische Nischenbehauptung in erster Linie solcher Arten, deren regelmäßig geringeres Höhenwachstum nicht durch eine deutlich höhere Schattentoleranz in der Wirkung mindestens teilweise kompensiert wird.

Dies betrifft im Falle der künstlichen Einbringung von Fichten oder Douglasien vor allem unsere europäischen Weißeichenarten. Anlaufende Verdrängungsprozesse können beispielsweise in Eichen-Stockausschlagwäldern beobachtet werden, die von Douglasien aus natürlicher Verjüngung unterwandert werden.

Allgemein kann festgestellt werden, dass waldökologische Störwirkungen der wichtigsten gebietsfremden Baumarten vermutlich umso geringer sein werden, je mehr die Baumarten des Schlusswaldes die Waldzusammensetzung bestimmen. Durch die Wirkung dieser meist schattentoleranten Baumarten wird nämlich die Verjüngungsdynamik der oben genannten gebietsfremden Baumarten gehemmt, wenn nicht sogar blockiert.

Diese Wirkung erstreckt sich im Übrigen auch auf viele unerwünschte, zur Invasivität neigende Neophyten der Kraut- und Strauchschicht, die einen mittleren bis hohen Lichtbedarf haben, wie zum Beispiel das Drüsige Springkraut (*Impatiens glandulifera*), der Japan- und der Sachalin-Staudenknöterich (*Fallopia japonica* und *F. sachalinensis*), die Amerikanische Kermesbeere (*Phytolacca americana*) und andere.

Ob oder in welchem Maße aber auch Buchen-, Weißtannen- und Hainbuchen-Waldgesellschaften durch sehr schattentolerante und gleichzeitig überlegen höhenwüchsige gebietsfremde Baumarten, wie zum Beispiel die Westamerikanische Hemlocktanne (*Tsuga heterophylla*) oder die Küstentanne (*Abies grandis*) überprägt werden können, ist zunächst unklar.

4.3 Perspektiven für Ersatzgesellschaften aus heimischen Lichtbaumarten

Wälder, die bezüglich ihrer waldökologischen Verfassung gewissermaßen „neben sich stehen“, besitzen immerhin oft günstige Voraussetzungen für ihre Rückkehr in den Bereich der ökologischen Selbstorganisation.

4.3.1 Waldkiefern-Ersatzgesellschaften

Über mehrere Jahrhunderte wurde die gebietsheimische Waldkiefer, die in weiten Bereichen West- und Mitteleuropas nach einer nacheiszeitlichen Dominanzperiode von Natur aus auf Extremstandorte in Moorrandbereiche und auf trockene Felsstandorte zurückgedrängt war, benutzt, um devastierte Flächen wieder zu bewalden. Der häufig standorttypischen Pionierbaumart Sandbirke (42) maß man ebenso wenig einen Wert bei wie der Aspe. Diese Arten suchte man in den großen Jungwaldflächen akribisch auszumerzen, zumal die etwas schattentolerantere und von Anfang an im Höhenwachstum überlegene Birke die Etablierung der Kiefer gefährdete, und die Aspe Dikaryontenwirtin* des stammdeformierenden Kieferndrehrostes (*Melampsora populnea*) ist (129).

Die Begründung der Waldkiefer geschah zunächst durch Saat, wobei man der Herkunft des Samens keinerlei Beachtung schenkte. Im letzten Jahrhundert folgte schließlich die Pflanzung von oft über 20.000 Sämlingen pro ha nach großflächigem Kahlschlag und dies in ärmsten Buntsandsteinsteillagen in der Regel nach hangparalleler Beseitigung der Rohhumusauflage in so genannten Riefen.

Immerhin bestand in weiten Bereichen, vor allem auch in der Pfalz, im Elsass und in Lothringen, die Gepflogenheit, Buchen nachträglich in die dann meist 25- bis 50-jährigen Kiefernwälder zu pflanzen. Mit diesem so bezeichneten Unterbau war nicht die Hauptabsicht verbunden, Holz zu erzeugen. Vielmehr war der Buche eine „dienende“ Rolle zugedacht. Sie sollte der Aushagerung, der Ausbreitung von Heidelbeere, Heidekraut und Adlerfarn, der Rohhumusbildung und den Massenvermehrungen der zahlreichen auf die Kiefer spezialisierten Antagonisten, wie Kiefernspanner, Kiefernspinner, Nonne, Kiefernbuschhornblattwespe und einigen mehr, entgegenwirken. Eine Absicht zur Weiterentwicklung der Kiefernbestockungen zu Buchenwäldern wurde bis in jüngste Zeit kaum je kundgetan.

Die Waldkiefer hat sich als Notnagel in misslichen Ausgangssituationen zunächst auf so großer Fläche bewährt, dass sie sich mit ihrem Holz, ihrem Harz und ihren Zapfen (pfälzisch: Hutzel) in den Waldnutzungsgepflogenheiten der Menschen vieler Regionen fest verankert hat.

Diese Vorteilserwartungen des Menschen schwanden dann jedoch in den vergangenen Jahrzehnten (88). Die aktive Förderung der Waldkiefer wider die natürliche Dynamik wurde zwar noch einige Zeit als eingefleischte Gewohnheit fortgeführt. Nunmehr ist aber die Waldkiefer allmählich wieder im Begriff, auf ihren natürlichen waldökologischen Status als Besiedlerin ärmster Extremstandorte zurückzufallen.

In der naturnahen Waldwirtschaft richtet sich in den flächenmäßig bei weitem überwiegenden Kiefernbestockungen, die nicht auf wasserbeeinflussten Standorten wachsen, der Blick vor allem auf die Buche als der bestimmenden Baumart der potenziellen natürlichen Waldgesellschaften. Wo die Buche auf solchen Standorten fehlt, ist es selbst beim Vorhandensein von konkurrierender Bodenvegetation nicht allzu aufwändig, sie im Wege der klumpenweisen Vorausverjüngung zu etablieren.

In vielen Fällen kommen in den Kiefernbestockungen bereits Buchen vor, die unter der mäßigen Beschattung der meist deutlich älteren Kiefern ausgezeichnete Wuchsformen mit weitgehend horizontal abgehenden Ästen ausgebildet haben. In ihrer Durchmesserentwicklung sind sie aufgrund des teilweisen Lichtentgangs gegenüber in vollem Licht erwachsenden Artgenossen am Stamm, damit aber auch an den Ästen zurückgeblieben, kaum aber in ihrem Höhenwachstum.

Unter der Voraussetzung, dass diese Buchen entweder innerartlich so dicht standen, dass es zur Astreinigung gekommen ist und somit ein hinreichend langer unterer Stammabschnitt astfrei ist oder aber, dass die Äste bis zu einer Stammhöhe von mindestens 5 m einen qualitätskritischen Durchmesser von etwa 3 cm nicht überschritten haben, bestehen sehr günstige Voraussetzungen für die Erzeugung hoher Mehrwerte (207).

Das waldwirtschaftliche Vorgehen orientiert sich auch unter diesen Ausgangsbedingungen stets an den Bäumen, die den höchsten Mehrwert aufweisen und sodann an den Bäumen, die ihrer Entwicklung am weitesten vorangeschritten sind. Dies können Kiefern sein, die einen Brusthöhendurchmesser von über 55 cm erreicht haben oder noch erreichen können und in einer verwertbaren Länge von mehr als 4 m Holz der Güteklasse B und besser erwarten lassen. Bei diesen Kiefern kommt es darauf an, durch Entnahme von aufsteigenden, qualitativ geringwertigen Buchen die Kronensubstanz zu wahren, um den Durchmesserzuwachs bis zur Ernte auf möglichst hohen Niveau zu halten.

Der zweite Blick und nicht selten der entscheidende, weil nämlich oft überhaupt keine oder nur wenige mehrwerttauglichen Kiefern vorhanden sind, gilt aber den Buchen, die eine Perspektive hoher Mehrwerterzeugung bieten. Dabei profitiert die Möglichkeit einer Auswahl und Dimensionierung von Auslesebäumen von der bemerkenswerten Entwicklungsplastizität der Buche. Gerade beim Vorhandensein flach abgehender Äste kann selbst noch in einem Alter von 80 Jahren eine erhebliche Kronenexpansion erreicht werden, wenn an Auslesebuchen die Bedränger konsequent entfernt werden.

Die Ernte von reifen Kiefern, die solche Auslesebuchen ganz oder teilweise überschirmen oder in einem Sektor von Südost bis Südwest beschatten, ist eine Frage der Verhältnismäßigkeit, die unter den Gesichtspunkten entgehenden Wertzuwachses, aber auch kurzfristiger Marktbedingungen für die Verwertung von Kiefernstammholz mäßiger Qualität situationsbezogen entschieden werden muss.

Insgesamt erwächst unter und zwischen Waldkiefern aus der Auswahl und Förderung von Buchen, bei sehr viel Licht gelegentlich sogar von Traubeneichen, auf reicheren Standorten schließlich auch von Hainbuchen, Feldahornen, Elsbeeren, Winterlinden und anderen schattentoleranteren Optionen, die gegebenenfalls aufgeästet werden, ein sehr weites Feld waldwirtschaftlicher Handlungsmöglichkeiten.

Überall dort, wo über die ohnehin fortwirkende Massenleistung hinaus nun auch die Wertleistung im Wesentlichen auf die schlusswaldtypischen Baumarten verlagert werden kann, wird der Erntezugriff auf die Pionierbaumart Kiefer weitgehend frei. Die in der konventionellen Flächenwirtschaft bedrückenden Gedanken an einen verhältnismäßig aufwändigen Generationenwechsel, gefolgt von langen Jahren ohne Reinerlöse, werden gegenstandslos.

Ganz im Gegenteil kommt im Umfeld konsequent kronenfrei gehaltener Auslesebäume dort, wo keine Lichtfresser verbleiben, schon nach einigen Jahren selbst auf armen Standorten rein beiläufig Verjüngung auf, deren spontane Etablierung und womöglich sogar Qualifizierung im Sinne der bereits mehrfach dargestellten Prioritätenfolge mit Wohlgefallen aber ohne konkrete Absicht beobachtet werden mag.

Interessant ist schließlich die Beobachtung, die auch in Mittelwäldern und in Plenterwäldern zum festen Erfahrungsschatz gehört, dass im Unterstand erwachsene Bäume nach Erlangung vollständiger Schirmfreiheit einen Grundflächenzuwachs erreichen, der ihrer Kronenschirmfläche entspricht. Ursprünglich kaum 10 cm starke Buchen aus dem Unterstand mit allerdings großen Kronen können dann Jahrringbreiten von 1 cm erreichen. Viele Jahre und Jahrzehnte später ist der Durchmesserunterschied zu freiständig erwachsenen Bäumen von über 10 cm zum Beginn ihrer Dimensionierung auf die geringen Beträge im Zentimeterbereich zusammengeschrumpft, die der Differenz der Ausgangsgrundflächen entspricht.

So wird zu einem Durchmesserunterschied von zunächst 8 cm gegenüber 18 cm schließlich ein solcher von 80 cm gegenüber 81,6 cm, wobei unter sonst gleichen Bedingungen der Mehrwertvorteil ganz beim Baum liegt, dessen Jungbaumentwicklung sich unter Schirm vollzog. Seine astfreie Mantelstärke beträgt in unserem Beispiel etwa 36 cm gegenüber 31,8 cm.

4.3.2 Eichen-Ersatzgesellschaften

Die überaus positive, nutzenbestimmte Einstellung der Menschen in West- und Mitteleuropa zu einer weiteren Lichtbaumart, nämlich zur Eiche, genauer zur Stiel- und zur Traubeneiche, gründet noch weitaus länger und tiefer. Dies führt so weit, dass zur pflanzensoziologischen Stellung zahlreicher Eichenwaldgesellschaften, wie auch überhaupt zur Einnischung der Eichen in vielen Lebensgemeinschaften, bis heute kein klares, geschweige denn einheitliches Bild besteht.

Über einen Zeitraum von über 1.000 Jahren begünstigte der Mensch bis zum gegenwärtigen Zeitpunkt die Eichen unter weitgehender, teilweise sogar vollständiger Verdrängung natürlicher Buchenwaldgesellschaften in einer Vielzahl zweckbestimmter Bewirtschaftungsweisen, vom Waldfeldbau über die Niederwaldwirtschaft, die ziemlich ungeregelte Plenterplackenwirtschaft, den geregelten Mittelwaldbetrieb bis hin zu allen möglichen Hochwaldvarianten und zuletzt zu ungleichaltrigen Hochwaldformen, die wiederum oft in ehemaligen Mittelwäldern ihren Ursprung haben (16, 32, 78, 163).

Aber nicht allein Buchenwaldgesellschaften wurden durch die selektive Bevorzugung der Eichen überprägt. Ähnliches betraf die Wälder auf grund- und stauwasserbestimmten Standorten und die Tonböden mit langandauernder Quellungsphase, in denen die Hainbuche und mit zunehmender Kontinentalität die Winterlinde eine bedeutende Rolle spielen und auch die Auenwälder bis in den für die Stieleichenexistenz maßgeblichen Grenzbereich ihres Überflutungsregimes.

Weithin zu beobachtende Tatsache ist, dass in vielen Bereichen, in denen man der natürlichen Entwicklung in eichengeprägten Wäldern große Spielräume lässt, die Buche mit Macht zurückdrängt. Dabei wird sie durch den selektiv weniger intensiven Verbiss ihrer Jungpflanzen insbesondere dort noch zusätzlich begünstigt, wo sehr hohe Populationsdichten großer Pflanzenfresser wirksam sind. Ähnliche Entwicklungen können im ökologischen Buchenausschlussbereich nicht selten auch zugunsten der Hainbuche festgestellt werden, wobei hier keine vergleichsweise Begünstigung als Nebenwirkung von Pflanzenfressereinflüssen angenommen werden kann.

Die waldwirtschaftlichen Möglichkeiten, im Rahmen der QD-Strategie den Eichen selbst dann, wenn sie einzeln in buchenbestimmten Wäldern auftreten, Lebensbereiche zu gewährleisten, in denen sie hohe Alter, sehr starke Dimensionen und reichliches Fruchten erreichen können, wurden bereits in vorangehenden Abschnitten ausführlich dargelegt.

Es erscheint aber im Sinne einer wohlverstandenen Naturnähe der Waldwirtschaft zweifelhaft, ob der Gebrauch dieser Handlungsmöglichkeiten soweit gehen sollte oder gar darf, dass nahezu reine Eichenwälder gegen eine Buchen- oder Hainbuchendynamik durchgesetzt und durchgehalten werden.

In anderer Richtung bestehen jedenfalls auch sehr breitgefächerte waldwirtschaftliche Möglichkeiten, die Mehrwertentfaltung von Buchen, Hainbuchen und anderen vergleichsweise schattenertragenden Baumarten in eichenbestimmten Wäldern voranzubringen. Hierzu wurde bereits alles Wesentliche weiter oben im Zusammenhang mit der Waldkiefer dargelegt. Selbstverständlich wird dabei angesichts der häufig sehr hohen Mehrwertpotenziale in reifen Eichen die Prioritätenfolge im Vergleich zur Kiefer zu etwas anderen Schwerpunktsetzungen führen.

4.4 Waldwirtschaft mit der gesamten natürlichen Baumartenausstattung

Die Zahl der von Natur aus vorkommenden Baumarten ist in der gemäßigten Zone Europas vergleichsweise gering. Umso wichtiger ist es, in der Waldwirtschaft, allen diesen Baumarten Beachtung zu schenken. Mit der QD-Strategie können auch minderheitliche und weniger wüchsige Baumarten ohne großen Mehraufwand ihr Wuchspotenzial voll entfalten. Dies wird an den Beispielen von Vogelbeere, Stechpalme und Eibe näher dargestellt.

Wer Mehrwert erzeugen möchte, sollte seinen Blick auf die gesamte natürliche Baumartenvielfalt richten. Dann wird deutlich, dass es in unseren Wäldern eine ganze Reihe von minderheitlichen und weniger wüchsigen Arten gibt, für die unsere Vorfahren noch ihre ganz speziellen Verwendungen hatten. Mögen diese Verwendungen heute verschwunden oder bedeutungslos oder auf industriell gefertigte Gegenstände aus Nichtholzmaterialien übergegangen sein, so dürfen doch zwei Gesichtspunkte in der naturnahen Waldwirtschaft nicht übersehen werden.

Viele dieser Baumarten besitzen physische und ästhetische Holzeigenschaften, die ihre Eignung für sehr hochwertige Verwendungen begründen. Jede Baumart besetzt in den Waldökosystemen ihre spezielle ökologische Nische. Zugleich bietet sie selbst auch Nischen für andere Arten, die in mehr oder weniger enger Bindung mit ihr vergesellschaftet sind. Deshalb verdienen die minderheitlichen Baumarten schon im Interesse der vollen Artenvielfalt, in der Waldbewirtschaftung beachtet zu werden.

Minderheitliche und minderwüchsige Baumarten in die Waldwirtschaft einbeziehen.

Immer wieder wird beklagt, dass Mittel- und Westeuropa nur über eine geringe Anzahl natürlich vorkommender Baumarten verfügt und nicht selten werden an diesen Sachverhalt Überlegungen zur künstlichen Erhöhung der Artenzahl geknüpft, zuletzt auch mit Verweis auf die Herausforderungen des Klimawandels. Gleichzeitig aber bleibt eine ganze Reihe von Baumarten der natürlichen Artenpalette in der geläufigen Waldbewirtschaftung oft unberücksichtigt, selbst wenn diese in einem breiten Standortspektrum auftreten und daher keineswegs als Besonderheiten aufzufassen sind.

Drei dieser Baumarten werden mit ihren ökologischen Eigenschaften und ihren waldwirtschaftlichen Möglichkeiten näher vorgestellt. Wie kann man aber angesichts der botanischen Verschiedenartigkeit von Vogelbeere, Stechpalme und Eibe auf die Idee kommen, diese Baumarten hier gemeinsam abzuhandeln? Auf den ersten Blick ist ihnen schließlich kaum mehr als die rote Farbe ihrer Früchte (Scheinfrüchte bei der Eibe) gemeinsam.

Alle drei Baumarten haben einen ausgesprochen breiten Anschluss an die natürlichen Pflanzengesellschaften. Insbesondere stellen sie an die Nährstoffversorgung der Böden keine hohen Ansprüche und kommen auch auf armen Standorten zurecht. So können sie in Westeuropa und im Westteil Mitteleuropas von Natur aus in nahezu allen Buchenwaldgesellschaften auftreten. NATURA 2000 erfasst die „bodensauren atlantischen und subatlantischen Buchen-Eichenwälder mit Stechpalme und gelegentlich Eibe“ als Lebensraumtyp 9120.

Diese Baumarten unterscheiden sich aber hinsichtlich ihrer Langlebigkeit: Die Eibe kann weit über 1.000 Jahre alt werden, die Stechpalme nimmt einen Mittelplatz ein und die Vogelbeere ist angesichts ihrer ausgeprägten Neigung zur Stammfäule eher kurzlebig (71).

Breite Standortamplitude, Fähigkeit zu vegetativer Vermehrung, vor allem aber hohe Schattentoleranz ermöglichen die Behauptung in vielen Buchenwäldern.

Eibe, Stechpalme und Vogelbeere verfügen über Möglichkeiten zur vegetativen Neubildung und zwar durch Stockausschlag (alle drei Baumarten), durch Wurzelbrut (alle drei Baumarten) und durch Ablegerbildung (nur Eibe und Stechpalme).

Eine Schlüsseleigenschaft, um in Buchenwäldern bestehen zu können, ist Schattenerträgnis. Die Stechpalme nimmt die Spitzenposition ein (190): Sie ist dazu in der Lage, selbst unter dem geschlossenen Kronendach der Buche voll vitale, fruktifizierende Exemplare auszubilden und kommt auch noch im tiefsten Dunkel reiner Eibenwälder vor.

Die Reihenfolge der Schattentoleranz dieser Baumarten kann in ehemaligen Mittelwäldern Südenglands besonders gut beobachtet werden, wenn unter der mächtigen Krone einer Buche eine Eibe ihre Krone voll entwickeln konnte und sich dann noch eine Stechpalme in diese Eibenkrone schiebt.

Die Vogelbeere ist eine Halbschattbaumart. Auch sie kommt mit vergleichsweise wenig Licht zurecht, ist in Buchenwäldern aber auf mindestens kleinflächige Störungen angewiesen. Hat sie nach solchen Ereignissen aber erst einmal Fuß gefasst, so kann sie sich gegenüber allen Pionier- und Nachpionierbaumarten gut behaupten.

Alle drei Baumarten liefern sehr hochwertige, schwere, feste Hölzer. Verarbeiter schätzen sie besonders, um Messerfurniere herzustellen. Das helle Holz der Vogelbeere setzt für höchste Wertleistung voraus, dass kein Farbkern ausgebildet ist. Die Stechpalme gehört zu den Arten mit der hellsten Holzfärbung überhaupt. Stechpalmenholz hat zudem einen attraktiven Seidenglanz. Dagegen beeindruckt die Eibe durch die äußerst dekorative, tiefdunkle Farbe ihres harzfreien Kernholzes.

Auf mittleren Standorten erreichen Vogelbeere, Stechpalme (142, 172) und Eibe in supervitalen Exemplaren, und nur diese sind für die Wertholzerzeugung interessant, Baumhöhen von über 16 m. Damit lassen sie im Sinne

Etwa 25 Jahre alte Vogelbeere, über 20 m hoch, mit raumgreifender Kronenentwicklung in einem Wald in den Chilterns, Südost-England.

der QD-Strategie astfreie Stammhöhen von 4 m erwarten, oft aber auch deutlich mehr. Unter günstigen Standortbedingungen können supervitale Exemplare dieser Baumarten mehr als 20 m hoch werden, Eibe gelegentlich und Vogelbeere verbreitet über 25 m.

Mit der QD-Strategie können auch minderwüchsige Baumarten in Mischung höchste Wertentwicklung erreichen.

Die konsequente Anwendung der QD-Strategie ist in ganz besonderer Weise geeignet, die Mehrwertpotenziale dieser minderwüchsigen Mischbaumarten waldwirtschaftlich zur Entfaltung zu bringen. Zur **Etablierung** von Stechpalme und Vogelbeere ist oft kein Aufwand erforderlich, der über die Bemühung fachlichen Sachverstandes hinausgeht. Dort, wo sie hingehören, kommen Stechpalme (134) und Vogelbeere von Natur aus meistens so stark auf, dass sie nicht künstlich eingebracht werden müssen.

Für die Eibe, die Buchen überall begleiten kann, gilt dies bedauerlicherweise nicht mehr. Da sie schon zum Ende des 16. Jahrhundert aus unseren Wäldern herausgenutzt war, kann sie ihren angestammten Platz ohne Unterstützung nicht wieder einnehmen. Immerhin beweist die Eibe auf Grünlandbrachen auf den südostenglischen Downs sehr eindrucksvoll, zu welchen spontanen Besiedlungsleistungen sie unter dem anfänglichen Schutz von Wacholder und Weißdorn in der Lage ist (187).

Zu dieser Unterstützung ist es aber wichtig, Jungeiben aus gesicherten Waldherkünften zu pflanzen. Um die genetische Vielfalt zu sichern, sollten genügend Jungbäume einzeln oder in Klumpen gepflanzt werden. An eine künstliche Einbringung durch klumpenweise Pflanzung ist unter passenden Bedingungen durchaus auch bei der ebenfalls zweihäusigen Stechpalme zu denken, vor allem zu ihrer Beteiligung bei der Vorausverjüngung reiner Nadelbaumbestockungen. Hier kann man von der großen Schattentoleranz der Stechpalme besonders profitieren. Allerdings ist es aktuell schwierig, Stechpalmen aus wüchsigen Waldherkünften zu erwerben.

Verjüngung und Etablierung gelingen meist mit geringem Aufwand, aber Schutz vor großen Pflanzenfressern ist wichtig.

Dort, wo große Pflanzenfresser in großer Zahl vorkommen, ist die Eibe überaus verbiss- und fegegefährdet. Sicheren und anhaltenden Schutz bieten oft nur Drahtgeflechte. Auch

Stechpalmen und Vogelbeeren werden stark verbissen. Gegen Rehverbiss genügt in der Regel aber wiederholter Endknospenschutz.

Alle drei Baumarten sind durch das Schälen des Rothirsches stark und zeitlebens gefährdet. Die Eibe behält ihre dünne Schuppenborke bis ins hohe Alter, die Stechpalme ihr Oberflächenperiderm. Dauerhafter mechanischer Schutz kann also zur sicheren Verhütung von Schälschäden bei allen drei Baumarten erforderlich sein.

In der **Qualifizierung** kommt es dann darauf an, günstige Gelegenheiten, die sich aus der Etablierung dieser Baumarten ergeben, auch tatsächlich zu nutzen. Bei der Vogelbeere vollzieht sich die Qualifizierung meist auf vormaligen Störungsflächen. Supervitale Stechpalmen qualifizieren sich aus vorhandenen Vorkommen im Schatten geschlossener Wälder. Dagegen stammen spontane Jungeiben oft aus Sameneintrag von außerhalb durch Vögel in Waldbereiche, in denen der Einfluss des Wildverbisses gering ist.

Angesichts der Schattentoleranz dieser Arten kommt es in der Qualifizierungsphase im Wesentlichen darauf an, im Einzelfall Konkurrenzdruck durch vorwachsende Buchen zu dämpfen. Außerdem ist es vor allem bei Eiben und Stechpalmen fast immer wichtig, durch die eine oder andere Ausästung die qualitativen Anforderungen an Optionen zu wahren.

Es geht nicht darum, Wälder durch eine übermäßige Begünstigung einzelner Arten zu überprägen, sondern von günstigen Gelegenheiten angemessenen Gebrauch zu machen. Die waldwirtschaftlichen Eingriffe sind dabei immer darauf ausgelegt, ohne großen zusätzlichen Aufwand Optionen zu wahren oder zu stützen. Aus ökologischen und aus waldästhetischen Erwägungen sollte dies insbesondere bei der Eibe auch dann geleistet werden, wenn keine Wertholzerzeugung in Aussicht steht.

Erfolgreiche Qualifizierung mit den üblichen Maßnahmen zur Wahrung von Optionen.

Die zeitgerechte Auswahl der Auslesebäume ist entscheidend für die gezielte Förderung von Eiben, Stechpalmen und Vogelbeeren in der **Dimensionierung**. Herkömmlich flächenweise behandelte, nahezu altersgleiche Hochwälder bieten diesen Baumarten keine Bedingungen, in denen ihr Wuchspotenzial zur Entfaltung kommen kann. Nicht von ungefähr werden stattliche Exemplare dieser Baumarten heute fast nur in Wäldern gefunden, die eine mittelwaldartige Bewirtschaftung erfahren hatten. Waldökologische Erwägungen gebieten bei diesen Baumarten die Auswahl und hinreichende Begünstigung einzelner Auslesebäume selbst dann, wenn diese keine Aussichten für Wertholzerzeugung bieten.

In welchem Alter treten diese Baumarten in ihre Dimensionierungsphase ein? Unter günstigen Lichtbedingungen gewachsene Vogelbeeren schließen ihre Qualifizierung bereits im Alter von etwa 20 Jahren ab. Der zunächst verhaltene Höhenwachstumsverlauf schirmfrei gewachsener supervitaler Stechpalmen ermöglicht ihren Dimensionierungsbeginn mit knapp 30 Jahren, während Eiben etwa 50 Jahre benötigen.

Eiben können jedoch, ähnlich wie Weißtannen, viele Jahrzehnte in tiefem Schatten ausharren, ohne ihre Fähigkeit einzubüßen, nach dem Eintritt günstiger Lichtbedingungen kräftiges Höhenwachstum aufzunehmen. Eine auf den Keimungszeitpunkt bezogene Altersangabe für ihren Dimensionierungsbeginn ist also nur für den besonderen Fall ihrer Jugendentwicklung unter frühzeitig günstigen Lichtverhältnissen sinnvoll.

Konsequenter Kronenausbau und bedarfsweise Ästung sichern volle Wertentwicklung in der Dimensionierung.

Auslesebäume der Vogelbeere und der Stechpalme werden regelmäßig in der Nachbarschaft von Auslesebäumen anderer Arten ausgewählt. Deshalb sollten Mindestabstände von 12 m

Diese Vogelbeere ist 28 Meter hoch und hat einen Brusthöhendurchmesser von 52 Zentimetern. Sie steht in einem Wald in den Chilterns in Oxfordshire.

nicht unterschritten werden. Eiben-Auslesebäume können von Natur aus häufiger in Nachbarschaft zu ihresgleichen stehen, sollten angesichts ihrer Kronenexpansionsfähigkeit aber auch dann in Abständen von über 12 m ausgewählt werden.

Zu Beginn der Dimensionierung ist die Aufästung der unter der größten Kronenbreite zurückgebliebenen Grünäste bei Vogelbeere häufig, bei der Stechpalme regelmäßig und bei der Eibe in Verbindung mit einer Trockenästung immer erforderlich.

Bei Stechpalme und Eibe ist auch die Neigung zur Sekundärastbildung stark ausgeprägt. Mit der Entfernung der sich eventuell herausbildenden Klebäste sollte man sich aber durchaus 10–15 Jahre Zeit lassen. Die bis dahin erreichte Kronenentwicklung sollte so weit fortgeschritten sein, dass selbst im Falle einer erneuten Ausbildung von Sekundärtrieben eine Entwicklung zu Klebästen unwahrscheinlich ist.

In der QD-Strategie sollen Auslesebäume, die Wertholz erwarten lassen, ihr individuelles Wuchspotenzial in der Dimensionierungsphase voll entfalten. Waldwirtschaftlich entscheidend ist hierfür die fortgesetzte Freihaltung der Auslesebaumkronen von seitlichen Bedrängern. Bei Stechpalmen- und Eiben-Auslesebäumen ist es meist nicht schwer, das Aststerben an der Kronenbasis dauerhaft im Stillstand zu halten. Sie sind so schattenertragend, dass mit Aststerben nur bei Kontakt zu benachbarten Exemplaren der eigenen Art und mit Einschränkung zu Buchen und Weißtannen gerechnet werden muss.

Mit kaum mehr als 50 Jahren tritt die Vogelbeere in die **Reifephase**. Da sie durch eine frühzeitige Ausbildung von Stammfäule in ihrer weiteren Wertentwicklung stark gefährdet ist, sollte ihr Erntealter 70 Jahre nicht überschreiten. Das Höhenwachstum der Stechpalme ist nach einem Alter von etwa 75 Jahren nur noch gering. Die Eibe tritt erst mit etwa 90 Jahren in die Reifephase, oft jedoch noch später, wenn sie zuvor längere Zeit in tiefem Schatten zugebracht hatte.

Große Kronen ermöglichen bei geringer Entwertungsgefahr im Alter auch bei Stechpalme und Eibe erstaunlich starke Stammdurchmesser.

Diese Stechpalme ist über 70 Zentimeter stark und mehr als 20 Meter hoch. Sie steht in einem Wald in Suffolk, Ostengland.

Bei der Stechpalme spielen besondere Entwertungsrisiken bis zu Baumaltern von 200 Jahren und bei Eiben noch weit darüber hinaus keine Rolle. Damit ermöglichen hohe Alter nach entschiedenem Kronenausbau in der Dimensionierungsphase auch Durchmesser von über 70 cm bei der Stechpalme und über 100 cm bei der Eibe (72, 108). Bemerkenswert sind übrigens die außerordentlich hohen Grundflächen von mehr als 150 m²/ha, die Stechpalmen aufbauen können, wenn sie nahezu rein auftreten (50).

Wenn großkronige, reichlich Pollen bzw. Samen erzeugende Eiben in den Wäldern verbleiben, ist dies der natürlichen Wiederausbreitung dieser Nadelbaumart förderlich. In Westfrankreich und in England gibt es reichlich Gelegenheit, sich zu vergewissern, wie sicher Stechpalmen und Eiben ihre Kronen gegenüber jeglichen Nachbarn bis in hohe Alter eigenständig behaupten.

Aus diesen Ausführungen mag deutlich werden, dass es eine ganze Reihe weiterer einheimischer Baumarten gibt, die in Anbetracht ihrer ökologischen Eigenschaften bei flächenweisen Verfahren der Waldbewirtschaftung ihre Nische einbüßen und bestenfalls an den Rand gedrängt werden.

Die Anwendung der QD-Strategie geht nicht mit einer flächenweisen Vereinheitlichung der Wachstumsbedingungen von Bäumen einher. Vielmehr eröffnet die QD-Strategie unaufwändige waldwirtschaftliche Möglichkeiten zur situationsangepassten Entfaltung der Wuchsdynamiken gerade auch der minderheitlichen und minderwüchsigen Baumarten. In nahezu beliebig alters- und artengemischten naturnahen Wäldern können so hohe und umfassende Mehrwerte heranwachsen.

4.5 Spielräume für Mischung, Ungleichaltrigkeit und Vertikalstruktur

Aus der Gesamtheit der Ausführungen zu den Hintergründen, zu den Zielen, zur praktischen Umsetzung und zu den Begleitaspekten der QD-Strategie dürfte deutlich geworden sein, dass die Herausforderung einer umfassenden, naturnahen und unaufwändigen Erzeugung von Mehrwert nicht im Sinne einer Intensivierung oder umgekehrt einer Extensivierung aufgefasst wird, wohl aber im Wege einer möglichst diskreten Konzentration auf punktwirksames Einflussnehmen unter uneingeschränkter Achtung der natürlichen Entwicklung.

In diesem Rahmen bietet „Qualifizieren – Dimensionieren“ Handlungsgrundsätze und -verfahren, die in West- und Mitteleuropa in Wäldern aller möglichen Ausgangsverfassungen anwendbar sind. In künstlichen Bestockungen liefert diese Strategie die wesentlichen Elemente für eine geduldige, unaufwändige, aber völlig richtungssichere Weiterentwicklung hin zu allmählich naturnäheren Wäldern.

Qualifizieren – Dimensionieren ist in keiner Weise mit flächenwirksamem Vorgehen vereinbar, kann aber ohne Weiteres in altersgleichen oder -ähnlichen Wäldern ebenso praktiziert werden, wie in ungleichaltrigen Wäldern und in Plenterwäldern. Diese Strategie ist weder an bestimmte Ausgangsstrukturen gebunden noch zielt sie auf eng gefasste Folgestrukturen ab.

Typische strukturelle Merkmale naturnaher west- und mitteleuropäischer Wälder werden sich umso eher, deutlicher und authentischer ausprägen, je sensibler bei der Mehrwerterzeugung die Übereinstimmung mit den Belangen der Lebewelt in ihrer vollen Vielfalt gesucht wird. Unabdingbare Grundlagen dieser Vielfalt in ihrer ganzen Fülle bilden gerade auch Bäume in der Alters- und Zerfallsphase, die im Wald ihren vollständigen Lebenszyklus durchlaufen können.

Wenn in solchen Wäldern Bäume in vielfältiger Arten- und Altersmischung wachsen sollen, so bietet die QD-Strategie aus Wäldern kommend, die heute noch altersgleich oder altersähnlich sind, beste Hinleitungen auf Wege, die begangen werden können, aber nicht unbedingt eingeschlagen werden müssen.

Je mehr Energieeinsatz durch Intelligenz ersetzt wird und je mehr die intuitiven und die instinktiven Komponenten der Intelligenz zur Wirkung kommen, desto passender wird es sich fügen. Vieles von dem, was wir ohne Vermessenheit wollen, mag sich dann zwanglos ergeben.

„Große Dinge können wir nicht tun.
Wir können kleine Dinge tun –
und diese mit sehr viel Liebe."

Anjezë Gonxhe Bojaxhiu (Mutter Theresa)

Nachwort

Viele Menschen bewegen sich heute zur Verwirklichung aller möglichen Bedürfnisse, Wünsche, Triebe und Fantasien in und zwischen weitgehend künstlichen Umgebungen aus Stein, Beton, Asphalt und Stahl. Diese ganz auf den Menschen ausgerichteten Wohn-, Arbeits-, ja sogar Freizeitlandschaften verschlingen einen enormen Einsatz von Energie und Fremdstoffen.

Menschen bezeichnen sich in dieser Hochkultur sehr treffend als Verbraucher. Das passt genau zu der Art und Weise, wie wir Menschen heute mit unseren Lebensgrundlagen umgehen. Wir verbrauchen. Viele andere Lebewesen werden dabei auf ihre Funktionalität reduziert. Zähmung und Zucht haben eine lange Geschichte.

Noch gibt es auf der Erde Wälder in allerletzten Resten, in denen Menschen nicht als Verbraucher, sondern als Gebraucher wirken. Von den Pygmäen im afrikanischen Regenwald sagt man, dass sie den Wald lieben wie den eigenen Körper.

Neben Wäldern gibt es Kunstgebilde, die Menschen mit Bäumen erzeugen. „Sieht aus wie Wald, ist aber keiner", sagte Karl Gayer zu solchen Artefakten, die sich ohne künstliche Energiezufuhr von selbst weder erhalten noch erneuern, und in die man sich daher auch nicht als Gebraucher einfügen kann.

Zum Glück ist aber Waldwerdung, Sylvigenese, bei uns in Mittel- und Westeuropa eine ganz mächtige natürliche Entwicklungstendenz. Der Weg des Menschen vom Gebrauch in den Verbrauch ließ den Wald hinter sich. Der Rückweg vom Verbrauch in den Gebrauch führt zurück in den Wald. Eine erste Herausforderung besteht im Beschreiten der Wege, die aus der Kultursteppe und aus Bestockungen zum Wald führen. Die zweite und beständige Herausforderung liegt darin, den Wald zu gebrauchen ohne sein „Netzwerk des Lebens" zu beschädigen.

„Ab wann und wie weit sind wir jenseits des Selbstregulationsvermögens des authentischen Ökosystems Wald?", lautet die Frage, wenn es um einen künftigen Gebrauch geht. Dabei kommt es nicht auf eine präzise Antwort an. Wichtig ist vielmehr, dass die Richtung stimmt. Die Entfernung soll sich nicht vergrößern. Orientieren kann man sich meist an den Bäumen, die im Waldökosystem eine Schlüsselrolle einnehmen.

Eine einzige Maxime mag genügen, um in der gebrauchenden Waldwirtschaft nicht zu scheitern: Die Ausrichtung jedes einzelnen Eingriffs in den Wald an den Entwicklungsmöglichkeiten der Bäume. Die Reaktionsfähigkeit der Bäume ist das Maß eines jeden ins Auge gefassten Tuns. Wo Veranlassung oder Reaktionsprognose unbestimmt sind, wird nicht eingegriffen.

Die Beschleunigung des weltweiten Artensterbens ist ein Fingerzeig auf die Notwendigkeit einer Erweiterung der Sensibilität des Menschen für die generelle Gefährdung der Lebensgrundlagen und damit für die Gefährdung der eigenen Art.

Der Wald ist der geeignete Ort zur Besinnung des Menschen auf das, was von existenzieller Bedeutung ist für alles, was lebt.

Service

Literaturverzeichnis

(1) Administration Des Eaux Et Forêts Du Grand-Duché De Luxembourg (Hrsg.) (2006): Naturnaher Waldbau. Anregungen zu einer guten forstwirtschaftlichen Praxis (Wald, Holz, Nachhaltigkeit). Luxembourg, 95 S.

(2) Albrecht, L., Abt, A. (2014): Die Bedeutung der Eiche im bäuerlichen Mittelwald. LWF Wissen 75, S. 41–47.

(3) Albrecht, L., Müller, J. (2008): Ökologische Leistungen aktiver Mittelwälder. Schatztruhen für seltene Tier- und Pflanzenarten, aber auch Anschauungsobjekt für Waldbaukonzepte. LWF aktuell 62/2008, S. 36–38.

(4) Ammann, S. L. (2004): Untersuchung der natürlichen Entwicklungsdynamik in Jungwaldbeständen – Biologische Rationalisierung der waldbaulichen Produktion bei Fichte, Esche, Bergahorn und Buche. Dissertation. Eidgenössische Technische Hochschule Zürich, 343 S.

(5) Ammer, U. (1991): Konsequenzen aus den Ergebnissen der Totholzforschung für die forstliche Praxis. Forstwissenschaftliches Centralblatt 110, S. 149–157.

(6) Anderson, M. L. (1930): A new system of planting. Scottish Forestry Journal, Vol. 44 (2), 1930, S. 78–87.

(7) Anderson, M. L. (1932): The Natural Woodlands of Britain and Ireland. Holywell Press, 31 S.

(8) Anderson, M. L. (1953): Spaced-Group planting. Unasylva (1953), Vol. 7, N° 2.

(9) Atkinson, M. D., Atkinson, E. (2002): Sambucus nigra L. Journal of Ecology 90, S. 895–923.

(10) Baar, F. (2010): Synthèse de réflexions sur la sylviculture d'arbres-objectif en peuplement irrégulier ou équienne, mélangé ou non. Service public de Wallonie (SPW). Direction générale opérationnelle de l'Agriculture, des Ressources Naturelles et de l'Environnement, 45 S.

(11) Bachmann, S. (1990): Produktionssteigerung im Wald durch vermehrte Berücksichtigung des Wertzuwachses. Berichte der Eidgenössischen Forschungsanstalt für Wald, Schnee und Landschaft Nr. 327, 1990, S. 23–34.

(12) Bärnthol, R. (2003): Nieder- und Mittelwald in Franken. Waldwirtschaftsformen aus dem Mittelalter. Schriften des Fränkischen Freilandmuseums, Band 40: Verlag Fränkisches Freilandmuseum, Bad Windsheim, 152 S.

(13) Balandier, S., Collet, C., Miller, J. H., Reynolds, S. E., Zedacker, S. M., (2006): Designing forest vegetation management based on the mechanisms and dynamics of crop tree competition by neighbouring vegetation. Forestry, Vol. 79, No. 1, 2011, S. 3–27.

(14) Balleux, S. (2002): Tailles de formation et élagage: manuel pratique. Ministère de la Région wallonne. Fiche technique forêt n° 16–2002, 68 S.

(15) Bartoli, M., Geny, B. (2008): Ernest Guinier (1837–1908): Un forestier éclectique et visionnaire. Revue Forestière Française 60, No. 4, S. 477–486.

(16) Bary-Lenger, A., Nebout, J.-P. (2004): Culture des chênaies irrégulières dans les forêts et les parcs. Éditions du Perron, Alleur-Liège, 355 S.

(17) Beimgraben, T. (2002): Auftreten von Wachstumsspannungen im Stammholz der Buche (Fagus sylvatica L.) und Möglichkeiten zu deren Verminderung. Dissertation, Universität Freiburg, 225 S.

(18) Bergmann, J.-H. (2001): Die natürliche und künstliche Verjüngung der Eichenarten Quercus robur und Quercus petraea (Mattuschka) Liebl. Shaker Verlag Aachen, 131 S.

(19) Bilke, G. (2000): Die Sandbirke als Wirtschaftsbaumart. In: Die Birke im norddeutschen Tiefland; Eberswalder Forschungsergebnisse zum Baum des Jahres 2000; ISBN 3933352304, S. 85–92.

(20) Blossfeld, O., Wonka, R., Haasemann, W. (1967): Farbkern an Roterle (Alnus glutinosa Gaertn.). Archiv für Forstwesen, Band 16, 1967, Heft 6/9, S. 983–988.

(21) Börner, M., Eisenhauer, D. (2003): Zur Holzqualität unterständiger Häher-Eichen in sächsischen Kiefernbeständen. Forst und Holz, 58. Jg., Nr. 5, S. 128–131.

(22) B ezina, I., Dobrovolný, L. (2011): Natural regeneration of sessile oak under different light conditions. Journal of Forest Science, 57, S. 359–368.

(23) Bruciamacchie, M., De Turckheim, B. (2005): La futaie irrégulière – Théorie et pratique de la sylviculture irrégulière, continue et proche de la nature. Éditions Édisud, Aix-en-Provence, 282 S.

(24) Bugmann, H. (2001): A review of forest gap models. Climatic Change 51, S. 259–305.

(25) Burschel, S., Huss, J. (1987): Grundriß des Waldbaus. Ein Leitfaden für Studium und Praxis, Pareys Studientexte Nr. 49, Verlag Paul Parey, Hamburg, Berlin, 352 S.

(26) Cinotti, B. (1991): Tranchage et fibre torse. Revue Forestière Française 43, No. 6, S. 514–517.

(27) Claessens, H. (2005) : L'aulne glutineux, ses stations et sa sylviculture. Forêt Wallonne asbl, Belgique, 197 S.

(28) Claessens, H., Oosterbaan, A., Savill, S., Rondeux, J. (2010): A review of the characteristics of black alder (Alnus glutinosa (L.) Gaertn.) and their implications for silvicultural practices. Forestry, Vol. 83, No. 2, 2010, S. 163–175.

(29) Colin, F., Fontaine, F., Verger, S., François, D. (2010): Gourmands et autres épicormiques du chêne sessile. Mise en place sur les troncs, dynamique et contrôle sylvicole. Rendez-vous techniques n° 5 (2010), S. 45–55.

(30) Constant, T., Nepveu, G., Becker, G. (2007): Les contraintes de croissance et le hêtre: état des connaissances et perspectives. Rendez-vous techniques, hors-série n°2–2007, Office National des Forêts, S. 76–84.

(31) Czudek, R. (1998): Modélisation de la croissance individuelle du hêtre (Fagus sylvatica L.) dans différentes conditions de densité locale et de milieu. Applications à la sylviculture sélective par détourage. Thèse de doctorat. Unité associée ENGREF-INRA, Nancy, 116 S.

(32) Dannecker, K. (1962): Urwüchsige Laubholzplenterwälder in Mitteldeutschland. In: Ausgewählte Schriften von Karl Dannecker. Schriftenreihe der Landesforstverwaltung Baden-Württemberg, Band 74. Ergänzter Nachdruck durch die Arbeitsgemeinschaft Naturgemäße Waldwirtschaft, 2007, S. 173–178.

(33) De Boutray, A. (2004): Effets de la mise en lumière sur la croissance et la forme de semis préexistants de hêtre (Fagus sylvatica L.). Mémoire de fin d'études. ENGREF Nancy, 58 S.

(34) Decuyper, M., Cornelissen, S., Sass-Klaassen, U. (2014): Establishment and growth of hawthorn in floodplains in the Netherlands. Dendrochronologia 32 (2014), S. 173–180.

(35) DENGLER, K. (2004): Forschungen zur kambiophagen Gallmücke Resseliella quercivora. Teil I: Biologie/Ökologie/Verbreitung/Schädlichkeit. Schriftenreihe der Hochschule für Forstwirtschaft Rottenburg, Nr. 19, 132 S.
(36) DENGLER, K. (2006): Flächenkallus oder...? Nachrichtenblatt des Deutschen Pflanzenschutzdienstes 58 (7), S. 181–185.
(37) DEWASMES, G., LEMPEREUR, D. (2005): Bottage et éhouppage, du pourquoi au comment. Forêt Wallonne n° 76, S. 34–38.
(38) DIACI, J., GYOEREK, N., GLIHA, J., NAGEL, T. A. (2008): Response of Quercus robur L. seedlings to north-south asymmetry of light within gaps in floodplain forests of Slovenia. Annals of Forest Science 65, S. 1–8.
(39) DIETZ, J. (2011): Lokalisierung und Monitoring von Wertbäumen. AFZ/DER Wald 2/2011, S. 20, 21.
(40) DOBLER, G. (2004): Der philosophische Blick. Waldbau-wenn Menschen Wälder zurichten. LWF aktuell 46/2004, S. 44, 45.
(41) DRÉNOU, Ch., BOUVIER, M., LEMAIRE, J. (2011) : La méthode de diagnostic ARCHI. Application aux chênes pédonculés dépérissants. Forêt-entreprise n° 200 – septembre 2011, S. 4–15.
(42) DUBOIS, H., LATTE, N., LECOMTE, H., CLAESSENS, H., (2016): Le bouleau, une essence qui s'impose. Forêt Nature 140, S. 44–58.
(43) EBERT, H. H. (1987): Waldnutzung und Forstwirtschaft in ihrer Wirkung auf das Waldbild dargestellt an Beispielen aus dem Saarland. Schriftenreihe „Aus Natur und Landschaft im Saarland", zugleich Abhandlungen der DELATTINIA 16/1987, Saarbrücken, 143 S.
(44) EBERT, H.-P. (1997): Die Zielbaum-Erziehung. Schriftenreihe der Fachhochschule für Forstwirtschaft Rottenburg Nr. 07-97, S. 167-182.
(45) EGLI, S., BRUNNER, I. (2002) : Mykorrhiza. Eine faszinierende Lebensgemeinschaft im Wald. Eidgenössische Forschungsanstalt WSL, Birmensdorf, Merkblatt 35, 2002, 8 S.
(46) EPPINGER, M., SCHACK-KIRCHNER, H., HILDEBRAND, E. E. (2002): Rückegassen als Wurzelraum? AFZ/DER Wald 10/2002, S. 489–491.
(47) FRANK, A. (2006): Strategie einer zielgerechten Produktion von Qualitätsholz. AFZ-DERWALD 19, S. 1026–1029.
(48) FRANK, G. (2008): Wozu noch auszeigen? Österreichische Forstzeitung 119/7, S. 30, 31
(49) FREIST, H. (1999): Waren die Waldnutzungen in Mitteleuropa vom Mittelalter bis zur Industrialisierung regellos? Der Mittelwald als Lebensgrundlage. In: Natur- und Kulturlandschaft, Band 3. Gerken & Görner Eds., Höxter, Jena 1999, S. 187–190.
(50) GARCÍA GONZÁLES, M. D. (2001): Aprovechamiento sostenible de las acebedas del Sistema Ibérico Norte : Caracterización, crecimiento, propagación, conservación, tratamientos selvícolas y producción de ramilla con fines ornamentales. Universidad Politécnica de Madrid. Tesis doctoral, 268 S. + Anh.
(51) GAYER, K. (1886): Der gemischte Wald, seine Begründung und Pflege, insbesondere durch Horst- und Gruppenwirtschaft. Verlag Paul Parey, Berlin, 168 S.
(52) GÉNOT, J.-C. (2003): Quelle éthique pour la nature? Édisud, Aix-en-Provence, 191 S.
(53) GÉNOT, J.-C., SCHNITZLER, A. (2007): Les boisements spontanés: hauts lieux de la naturalité. Naturalité. La lettre de Forêts sauvages N°3, décembre 2007, S. 2, 3.
(54) GIBAUD, G., COLIN, F., REISSER, A., MARTIN, R., MORISSET, J.-B., MOTHE, F., GARNIER, B., SONG, J., WRIGHT, J., MAUVEZIN, M., RAKOTOARISON, H. (2015): L'émondage-ébourgeonnage des chênes: bases botaniques, mode opératoire et calcul de rentabilité. Rendez-vous techniques n° 48-49 (2015), S. 3–16.
(55) GIBBS, J. N. (1982): An oak canker caused by a gall midge. Forestry, Vol. 55, No. 1, 1982, S. 67–78.
(56) GIULIETTI, V., PELLERI, F. (2009): Caratterizzazione di un giovane ceduo di cerro ad elevate presenza rosacea arboree. Forest@ 6, S. 289–298.
(57) GOBIN, R., BALANDIER, Ph., KORBOULEWSKY, N., DUMAS, Y., SEIGNIER, V., RICHTER, C. (2015): Une strate herbacée monopoliste: quelle concurrence vis-à-vis de l'eau pour le peuplement. Rendez-vous techniques n° 48-49 (2015), S. 17–22.
(58) GOCKEL, H. A., ROCK, J., SCHULTE, A. (2001): Aufforsten mit Eichen-Trupppflanzungen. AFZ/DER Wald 5/2001, S. 223–226.
(59) GUILLEY, E. (2000): La densité du bois de chêne sessile (Quercus petraea Liebl.): Élaboration d'un modèle pour l'analyse des variabilités intra- et inter-arbre; Origine et évaluation non destructive de l'effet „arbre"; Interprétation anatomique du modèle proposé. Thèse. Nancy: ENGREF, 216 S.
(60) GUTSCHICK, V. (1959): Möglichkeiten der Rationalisierung im Forstbetrieb (II): Pflege von Jungbeständen nach wirtschaftlichen Grundsätzen. Allgemeine Forstzeitschrift, 14. Jg., Nr. 16/1959, S. 317–323.
(61) HACHENBERG, F. (1992): 2000 Jahre Waldwirtschaft am Mittelrhein. Selbstverlag des Landesmuseums Koblenz, 214 S.
(62) HÄRDTLE, W., OHEIMB, G., von (2009): Beziehungen zwischen Struktur und Kryptogamenflora von unbewirtschafteten und bewirtschafteten Buchenwäldern im nordostdeutschen Tiefland. Drosera 2009, S. 45–53.
(63) HANEWINKEL, M., KUHN, Th., BUGMANN, H., LANZ, A., BRANG, S. (2014): Vulnerability of uneven-aged forests to storm damage. Forestry, 2014, 87 (4), S. 525–534.
(64) HARMER, R. (1999): Using Natural Colinisation to Create or Expand New Woodlands. Forestry Commission, Edinburgh : Information Note, 6 S.
(65) HASSLER-SCHWARZ, J. (2015): Die Eibe Taxus baccata L. Eine Beschreibung der physischen und mythischen Eigenschaften sowie der kulturellen Bedeutung in Graubünden. Calven Verlag, Chur, 60 S.
(66) HATTON, J., KORYSKO, F., VIVET, B. (2010): Künstliche Fichtenbestockungen im Bliesgau: Orientierende Aufnahmen in störungsanfälligen Beständen. AFZ/DER Wald 12/2010, S. 6-9.
(67) HEIN, S., WINTERHALTER, D., WILHELM, G. J., KOHNLE, U. (2009): Wertholzproduktion mit der Sandbirke (Betula pendula Roth): waldbauliche Möglichkeiten und Grenzen. Allgemeine Forst- und Jagdzeitung, 180, S. 206–219.
(68) HERTEL, D. (2011): Tree roots in canopy soils of old European beech trees – an ecological reassessment of a forgotten phenomenon. Pedobiologia 54 (2011), S. 119–125.
(69) HEURICH, M. (2015): Welche Effekte haben große Beutegreifer auf Huftierpopulationen und Ökosystem? Naturschutz und Landschaftsplanung 47 (11), S. 337–345.
(70) HILDEBRAND, E. E. (2010): Nachhaltigkeit durch partizipative Beteiligung. In: Helmholtz-Zentrum für Umweltforschung GmbH – UFZ, Leipzig (Hrsg.): Nachhaltige Waldwirtschaft. Ein Förderschwerpunkt des Bundesministeriums für Bildung und Forschung in der Bilanz; ISBN 978-3-00-031643-2, S. 109.
(71) HILLEBRAND, K. (1998): Vogelbeere im Westfälischen Bergland. Schriftenreihe der Landesanstalt für Ökologie,

Bodenordnung und Forsten / Landesamt für Agrarordnung Nordrhein-Westfalen, Band 15, 184 S.
(72) HINDSON, T. (2007): The growth rate of Taxus baccata: an empirically generated growth curve. The Alan Mitchell Memorial Lecture 2000, revised 2007, 14 S.
(73) HOCHBICHLER; E. (2008): Fallstudien zur Struktur, Produktion und Bewirtschaftung von Mittelwäldern im Osten Österreichs (Weinviertel). Forstliche Schriftenreihe, Universität für Bodenkultur, Wien; Band 20, 246 S.
(74) HOHLFELD, F. (2001): Efeulianen in den Rheinauen – Gefahr oder Naturschutzziel? AFZ/DER Wald 56/2001, S. 188-190.
(75) Institut für Dauerhaft Umweltgerechte Entwicklung von Naturräumen der Erde (DUENE) e.V. (Hrsg.) (2005): Erstaufforstung auf wiedervernässten Niedermooren. ALNUS-LEITFADEN. Greifswald, 68 S.
(76) JACOBÉE, F. (2004): Le renouvellement des chênes en futaie irrégulière. Forêt-Entreprise n° 155, S. 45–49.
(77) JACQUOT, M., GÉNOT, J.-C., SCHNITZLER, A. (2008): Boisements spontanés du Parc Naturel Régional des Vosges du Nord. Ann. Sci. Rés. Trans. Vosges du Nord-Pfälzerwald – 14 (2008), S. 135–155.
(78) JARRET, S. (2004): Chênaie atlantique. Guide des sylvicultures. Office National des Forêts, 335 S.
(79) JASSER, Ch. (2011): Laubholz – Der richtige Weg zum Erfolg. Amt der Oberösterreichischen Landesregierung, Abteilung Land- und Forstwirtschaft. 5. Auflage, 31 S.
(80) JASSER, Ch., SCHUSTER, A., RIEDL, M. (2017): Eiche – Was bestimmt den Preis? Bäuerlicher Waldverband Oberösterreich, Waldverband aktuell, April 2017, S. 6 -7.
(81) JENSSEN, M., HOFMANN, G. (1996): Der natürliche Entwicklungszyklus des baltischen Perlgras-Buchenwaldes (Melico-Fagetum). Anregung für naturnahes Wirtschaften. Beiträge für Forstwirtschaft und Landschaftsökologie 30 (1996) 3, S. 114–124.
(82) JOBLING, J., PEARCE, M. L. (1977): Free Growth of Oak. Forestry Commission Forest Record 113, 17 S.
(83) JÜTTNER, O. (1955): Ertragstafeln für Eichen. In: Ertragstafeln wichtiger Baumarten, neubearbeitet von R. SCHOBER, J. D. Sauerländer's Verlag, Frankfurt am Main, 3. Auflage 1987, 166 S.
(84) KÄTZEL, R. (2003): Zum physiologischen Anpassungspotenzial der Schwarzerle (Alnus glutinosa [L.] GAERTN.). Eberswalder Forstliche Schriftenreihe, Band XVII, S. 39–45.
(85) KATÓ, F., MÜLDER, D. (1979): Qualitative Gruppendurchforstung der Buche. Grundsätze, Wertentwicklung nach 10 Jahren, praktische Anleitung. Allgemeine Forst- und Jagdzeitung, 150, S. 105–111.
(86) KAUSCH-BLECKEN VON SCHMELING, W. (1994): Die Elsbeere. ISBN 3-88452-925-0, 263 S.
(87) KERR, G. (1996): The effect of heavy or „free growth" thinning on oak (Quercus petraea and Quercus robur). Forestry, Vol. 69, No. 4, 1996, S. 303–317.
(88) KINT, V., GEUDENS, G., MOHREN, G. M. J., LUST, N. (2006) : Silvicultural interpretation of natural vegetation dynamics in ageing Scots pine stands for their conversion into mixed broadleaved stands. Forest Ecology and Management 223 (2006), S. 363–370.
(89) KLEIN, E. (2014): Wege zum Laubholz-Dauerwald. Die Gruppenpflege im Laubholz. Shaker Verlag, Aachen, 144 S.
(90) KNOKE, Th. (2008): Überführung in Plenterwald durch früh einsetzende Tannenvorausverjüngung: Strategie für Idealisten oder rentables Konzept. LWF Wissen 45, S. 61–65.
(91) KOMPA, T. (2004): Die Initialphase der Vegetationsentwicklung nach Windwurf in Buchen-Wäldern auf Zechstein- und Buntsandstein-Standorten des südwestlichen Harzvorlandes. Dissertation, Universität Göttingen, 189 S. + Anh.
(92) KOOCH, Y., ZACCHONE, Cl., LAMERSDORF, N., TONON, G. (2014): Pit and mound influence on soil features in an Oriental beech (Fagus orientalis Lipsky) forest. European Journal of Forest Research, 2014, Vol. 133, S. 347–354.
(93) KORPEL, S. (1997): Totholz in Naturwäldern und Konsequenzen für Naturschutz- und Forstwirtschaft. Forst und Holz, 52. Jg. Nr. 21, S. 619–624.
(94) KRAMER, H. (1988) : Waldwachstumslehre. Verlag Paul Parey, Hamburg und Berlin, 374 S.
(95) KUPKA, I. (2007): Growth reaction of young wild cherry (Prunus avium L.) trees to pruning. Journal of Forest Science, 53, 2007 (12), S. 555–560.
(96) LANGSHAUSEN, J. (2009): Optionen der Wachstumssteuerung zur Produktion von Wertholz bei der Baumart Buche (Fagus sylvatica L.). Dissertation. Fakultät für Forst- und Umweltwissenschaften der Universität Freiburg i. Br., 291 S.
(97) LANIER, L. (1986): Précis de sylviculture. ENGREF Nancy, 468 S.
(98) LAUNDRÉ, J. W., HERNANDEZ, L., RIPPLE, W. J. (2010): The landscape of fear: Ecological Implications of Being Afraid. The Open Ecology Journal, 2013, 3, S. 1–7.
(99) LAYON, J., DUBOIS, H. (2015): „D'ombre et de lumière". Récit d'une régénération réussie en chênaie ardennaise. Forêt Nature n° 137 (2015), S. 38–47.
(100) LEBOURGEOIS, F. (1999): Les chênes sessile et pédonculé (Quercus petraea Liebl. et Quercus robur L.) dans les réseau RENECOFOR: rythme de croissance radiale, anatomie du bois, de l'aubier et de l'écorce. Revue Forestière Française LI – 4-1999, S. 522–536.
(101) LEDER, B. (1992): Weichlaubhölzer. Verjüngungsökologie, Jugendwachstum und Bedeutung in Jungbeständen der Hauptbaumarten Buche und Eiche. Schriftenreihe der Landesanstalt für Forstwirtschaft Nordrhein-Westfalen, Sonderband, 413 S.
(102) LEDER, B. (1995): Jugendwachstum und waldbauliche Behandlung von natürlich angesamten Weichlaubhölzern in Laubholzjungwüchsen. In: Weichlaubhölzer und Sukzessionsdynamik in der naturnahen Waldwirtschaft. Schriftenreihe der Landesanstalt für Ökologie, Bodenordnung und Forsten / Landesamt für Agrarordnung Nordrhein-Westfalen, Band 4, S. 29–41.
(103) LEDER, B. (1997): Die Bucheckern-Voraussaat. In: Waldumbau von Nadelholzreinbeständen in Mischbestände. Schriftenreihe der Landesanstalt für Ökologie, Bodenordnung und Forsten / Landesamt für Agrarordnung Nordrhein-Westfalen, Band 13, S. 68–88.
(104) LEIBUNDGUT, H. (1984): Die natürliche Waldverjüngung. 2. überarbeitete und erweiterte Auflage, Verlag Paul Haupt, Bern und Stuttgart, 115 S.
(105) LENZEN, H. (2011): Erst die Jagd und dann der Waldbau oder wie? Der Dauerwald 44, August 2011, S. 38–42.
(106) LEONHARDT, B., WAGNER, S. (2006) : Qualitative Entwicklung von Buchen-Voranbauten unter Fichtenschirm. Forst und Holz 41, Heft 11, S. 454–457.
(107) LEUTHOLD, Ch. (1998): Die pflanzensoziologische und ökologische Stellung der Eibe (Taxus baccata L.) in der Schweiz – ein Beitrag zur Wesenscharakterisierung des „Ur-Baumes" Europas. Schweizerische Zeitschrift für Forstwesen 149. S. 349–371.
(108) LOWE, J. (1897): The Yew-Trees of Great Britain and Ireland. Macmillan and Co., Limited, London, 265 S.

(109) LOYKE, H. J. (1958): Die Ringelung von Protzen und Zwieseln im angehenden Stangenholz der Rotbuche. Der Forst- und Holzwirt 12/1958, S. 217–222.
(110) MAYER, H. (1984): Waldbau auf soziologisch-ökologischer Grundlage. 3. Auflage: Fischer, Stuttgart, 514 S.
(111) MEIER, A., SAUNDERS, M. R. (2016): Epicormic development in pole-size white oak (*Quercus alba* L.) progeny tests three years following crown release. In: Proceedings of the 18th biennial southern silvicultural research conference. U.S. Department of Agriculture, Forest Service, Southern Research Station, S. 395–404.
(112) MELIS, C., BASILLE, M., HERFINDAL, I., LINNELL, J. D. C., ODDEN, J., GAILLARD, J.-M., HØGDA, K.-A., ANDERSEN, R. (2010): Roe deer population growth and lynx predation along a gradient of environmental productivity and climate in Norway. Écoscience 17 (2), S. 166–174.
(113) MERGNER, U. (2014): Small is beautiful. Ein Plädoyer für die kleinflächige Stilllegung in Wäldern. AFZ/DER Wald 3/2014, S. 7–9.
(114) METCLAFE, D. J. (2005): Hedera helix L. Journal of Ecology, Vol. 93, Issue 3, S. 632–648.
(115) MEYER, S., MENKE, N., NAGEL, J., HANSEN, J., KAWALETZ, H., PAAR, U., EVERS, J. (2009): Entwicklung eines Managementmoduls für Totholz im Forstbetrieb. Abschlussbericht des von der Bundesstiftung Umwelt geförderten Projekts, Göttingen, 106 S.
(116) MEYER, S. (2013): Rationaler Waldnaturschutz – Waldkonzepte können für die Naturgemäße Waldwirtschaft Erfolg versprechend sein? Dauerwald 48, August 2013, S. 10–15.
(117) MICHAELIS, K.-A. (1907): Wie bringt Durchforsten die größere Stärke- und Wertzunahme des Holzes. Verlag von J. Neumann-Neudamm, 43 S.
(118) MILLER, A. D. (1953): Factors affecting the growth and form of young beech at Gardiner Forest, Wiltshire. Forestry (1953), 26 (2), S. 111–122.
(119) MINCKLER, L. S. (1987): Whatever happened to site-specific, goal-oriented silvicultural prescriptions? Paper presented at the Sixth Central Hardwood Forest Congress, Knoxville, S. 17–20.
(120) MITCHELL, S. J. (2013): Wind as a natural disturbance agent in forests: a synthesis. Forestry 2013, 86, S. 147–157.
(121) MÖHRING, B., STAUPENDAHL, K., LEEFKEN, G. (2010): Modellierung und Bewertung naturaler forstlicher Risiken mit Hilfe von Überlebensfunktionen. Forst und Holz 65, Heft 4, S. 26–30.
(122) MOLINARI-JOBIN, A., MOLINARI, S., BREITENMOSER-WÜRSTEN, C., BREITENMOSER, U. (2002): Significance of lynx Lynx lynx predation for roe deer Capreolus capreolus and chamois Rupicapra rupicapra mortality in the Swiss Jura Mountains. Wildlife Biology 8:2 (2002), S. 109–115.
(123) MONK, K., HEMERY, G. (2013): Cord-forming fungi in British woodlands. What they are and what they do. Quarterly Journal of Forestry 2013, S. 197–202.
(124) MORI, S., BRUSCHINI, S., BURESTI LATTES, E., GIULIETTI, V., GRIFONI, F., PELLERI, F., RAVAGNI, S., BERTI, St., CRIVELLARO, A. (2007). La selvicoltura delle specie sporadiche in Toscana. ARSIA Regione Toscana, Firenze. ISBN 88-8295-091-3, 352 S.
(125) MORTIER, F., REY, B. (2002): L'Office National des Forêts guide la reconstitution des forêts publiques. Revue Forestière Française 54, numéro spécial 2002, S. 190–203.
(126) MOYSES, F. (2016): La régénération naturelle de chêne sessile et pédonculé: les conditions de son succès. 1ère partie : Approches environnementales et fonctions biologiques fondamentales. La Forêt Privée n° 348, mars – avril 2016, S. 37–46.
(127) MÜLLER, F. (2003): Waldbaustrategie für Laubbäume. BFW-PRAXISINFORMATION, Wien, 2, S. 5–7.
(128) MÜLLER, J., STRÄTZ, Chr., HOTHORN, T. (2005): Habitat factors for land snails in European beech forests with a special focus on coarse woody debris. European Journal of Forest Research 124, S. 233–242.
(129) MYKING, T., BØHLER, F., AUSTRHEIM, G., SOLBERG, E. J. (2011): Life history strategies of aspen (Populus tremula L.) and browsing effects: a literature review. Forestry, Vol. 84, No. 1, 2011, S. 1–11.
(130) NÖRR, R. (2002): Wildlinge – richtig eingesetzt! LWF-MERKBLATT Nr. 8, 4 S.
(131) NÖRR, R. (2006): Wildlinge erneut auf dem Prüfstand. LWF aktuell 53, S. 44–47.
(132) OHEIMB, G., von,, FRIEDEL, A., BERTSCH, A., HÄRDTLE, W. (2006): The effects of windthrow on plant species richness in a Central European beech forest. Plant Ecology, Vol. 191, Issue 1, S. 47–65.
(133) OOSTERBAAN, A., HOCHBICHLER, E., NICOLESCU, V.-N., SPIECKER, H. (2009): Silvicultural principles, goals and measures in growing valuable broadleaved tree species. Die Bodenkultur 60 (3), S. 45–51.
(134) ORÍA DE RUEDA, J. A. (1992) : Las acebedas de Castilla y León y La Rioja : Origen, composición y dinámica. Ecología, N.° 6, 1992, S. 79–91.
(135) OTTO, H.-J. (1994): Waldökologie. Verlag Eugen Ulmer, Stuttgart, 391 S.
(136) PALUCH, J. G., KOLODZIEJ, Z., PACH, M., JASTRZEBSKI, R. (2015): Spatial variability of close-to-primeval Fagus-Abies-Picea forests in the Western Carpathians (Central Europe): A step towards a generalized pattern. European Journal of Forest Research, 2015, Vol. 134, Issue 2, S. 235–246.
(137) PARDÉ, J. (1981): De 1882 à 1976/80, les places d'expérience de sylviculture du hêtre en forêt domaniale de Haye (Meurthe-et-Moselle). Revue Forestière Française 33, No. Spécial, S. 41-64.
(138) PERKEY, A. W., WILKINS, B. L. SMITH, C. (1994): Crop Tree Management in Eastern Hardwoods. USDA Forest Service, Morgantown, NA-TP-19-93, 57 S. + Anh.
(139) PERPEET, M. (1999): Über Sukzession im Waldbau. Allgemeine Forst- und Jagdzeitung, 170, S. 98–106.
(140) PERRIN, H. (1946): Études statistiques sur les taillis-sous-futaie. Annales de l'École nationale des Eaux et Forêts, tome X, fasc. 1, 1946, 102 S.
(141) PERRIN, J. (2011): Quelle forêt voulons-nous? Forêt-Entreprise n° 200 – sept. 2001, S. 38.
(142) PETERKEN, G. F. (1969): Development of vegetation in Staverton Park, Suffolk. Field Studies 3, S. 1–39.
(143) PHARES, R. E., WILLIAMS, R. D. (1971): Crown release promotes faster diameter growth of pole-size black walnut. U.S. Department of Agriculture, North Central Forest Experiment Station, Research Note Nc-124, 4 pp.
(144) PICHARD, G. (2000): À la découverte des fruitiers forestiers en Bretagne. Centre Régional de la Propriété Forestière de Bretagne, 20 S.
(145) PISOKE, T., SPIECKER, H. (1997): Eichenwertholz aus ungleichaltrigen Beständen. AFZ/DER Wald 4/1997, S. 208–210.
(146) POLGE, H. (1973): Qualité du bois et largeur d'accroissements en Forêt de Tronçais. Revue Forestière Française Xxv – 5-1973, S. 361–370.

(147) POLGE, H. (1984): Essai de caractérisation de la veine verte du merisier. Annales des Sciences Forestières 41 (1), S. 45–57.

(148) POLGE, H., KELLER, R. (1973): Qualité du bois et largeur d'accroissements en Forêt de Tronçais. Annales des Sciences Forestières 30 (2), S. 91–125.

(149) POUDEROUX, S., DELEUZE, C., DHÔTE, J.-F. (2001): Analyse du rendement des houppiers dans un essai d'éclaircie de hêtre grâce à un modèle à base écophysiologique. Annales des Sciences Forestières 58, S. 261–275.

(150) PUETTMANN, K. J. (2015): Silviculture to enhance the adaptive capacity of forests. In: Proceedings of the Second International Congress od Silviculture, Florence, November 26th – 29th, 2014., S. 1157–1161.

(151) PYTTEL, P., KUNZ, J., BAUHUS, J. (2013): Growth, regeneration and shade tolerance of the Wild Service Tree (Sorbus torminalis (L.) Crantz) in aged oak coppice forests. Trees (2013) 27, S. 1609–1619.

(152) RACKHAM, O. (2006) : Woodlands. Collins, London, 508 S. + Anh.

(153) RAMEAU, J. C., MANSION, D., DUMÉ, G., TIMBAL, J., LECOINTE, A., DUPONT, S., KELLER, R. (1989): Flore forestière française. Guide écologique illustré, tome 1: plaines et collines. Institut pour le développement forestier, Paris, 1785 S.

(154) REBEL, K. (1922): Waldbauliches aus Bayern. I. Band. Jos. C. Huber's Verlag, Diessen vor München, 293 S.

(155) REBEL, K. (1924): Waldbauliches aus Bayern, II. Band. Jos. C. Hubers Verlag, Diessen vor München, 1924, 228 S.

(156) REIF, A., GÄRTNER, St. (2007): Die natürliche Verjüngung der laubabwerfenden Eichenarten Stieleiche (Quercus robur L.) und Traubeneiche (Quercus petraea Liebl.) – eine Literaturstudie mit besonderer Berücksichtigung der Waldweide. Waldoekologie online, Heft 5, S. 79–116.

(157) RIPPLE, W. J., BESCHTA, R. L., PAINTER, L. E. (2015): Trophic cascades from wolves to alders in Yellowstone. Forest Ecology and Management, Vol. 354, S. 254–260.

(158) ROCK, J., PUETTMANN, K. J., GOCKEL, H. A., SCHULTE, A. (2004): Spatial aspects of the influence of silver birch (Betula pendula L.) on growth and quality of young oaks (Quercus spp.) in central Germany. Forestry, Vol. 77, No. 3, 2004, S. 235–247.

(159) SAHA, S., KÜHNE, C., KOHNLE, U., BAUHUS, J. (2013): Eignung von Nester- und Trupppflanzungen für die Begründung von Eichenbeständen. AFZ/DER Wald 2/2013, S. 39–41.

(160) SAINT-VAULRY, M., de, (1969): À la recherche d'une autre sylviculture: l'individualisation précoce des arbres d'avenir. Revue Forestière Française 21, No. 2, S. 83–100.

(161) SAMONIL, S., KRAL, K., HORT, L. (2010): The role of tree uprooting in soil formation: A critical literature review. Geoderma, Vol. 157, Issue 3–4, S. 65–79.

(162) SANCHEZ, C., AUQUIÈRE, S. (2015): La gestion du chêne en couvert continu. Retour de formation en Alsace. Forêt Nature n° 137 (2015), S. 48–60.

(163) SARDIN, Th. (2008): Chênaies continentales. Guide des sylvicultures. Office National des Forêts, 455 S.

(164) SAUR, H. (1951): Une méthode locale de conversion des taillis-sous-futaie en futaie. Mémoires de l'Académie nationale de Metz, S. 51–66.

(165) SAVILL, S. S., KANOWSKI, S. J., GOURLAY, I. D., JARVIS, A. R. (1993) : Short Note : Genetic and Intra-Tree Variation in the Number of Sapwood Rings in Quercus robur and Q. petraea. Silvae Genetica 42, 6 (1993), S. 371–375.

(166) SCHAETZL, R., BURNS, S. F., JOHNSON, D. L., SMALL, T. W. (1989): Tree uprooting: review of impacts on forest ecology. Vegetatio. 1989; 79 (3), S. 165–176.

(167) SCHNITZLER, A., GÉNOT, J.-C. (2012): La France des friches. De la ruralité à la féralité. Editions Quae, Versailles, 186 S.

(168) SCHÖLCH, M. (2009): Der Vorbau als schneller Weg zum Waldumbau in Fichtenbeständen. Lwf Wissen 63, S. 40–43.

(169) SCHULZ, H. (1960): Der Phänotyp von Furniereichen und die Beziehungen zur Holzfarbe. AFZ Nr. 50, S. 866–869.

(170) SCHUSTER, K. (2009): Laubholz: Qualität ist alles. Wald und Holz 10/2009, S. 33–36.

(171) SHORT, I. (2013): The potential for using a free-growth system in the rehabilitation of poorly performing pole-stage broadleaf stands. Irish Forestry, December 2013, S. 157–171.

(172) SIBBETT, N. (1999): Ancient tree survey of Staverton Park and The Thicks Sssi, Suffolk. English Nature Research Reports, 30 S.

(173) SKOVSGAARD, J. P, VANCLAY, J. K. (2008): Forest site productivity: a review of the evolution of dendrometric concepts for even-aged stands. Forestry, 2008, 81/1, S. 13–31.

(174) SMIT, R., BOKDAM, J., OLFF, H., DEN OUDEN, J., SCHOT-OPSCHOOR, H., SCHRIJVERS, M. (2001): Introduction and exclusion effects of large herbivores on small rodent communities. Plant ecology 155, S. 119–127.

(175) SOHAR, K., VITAS, A., LÄÄNELEID, A. (2012): Sapwood estimates of pedunculate oak (Quercus robur L.) in eastern Baltic. Dendrochronologia 30 (2012), S. 49–56.

(176) SOUTRENON, A. (1991): Élagage artificiel et risques phytosanitaires chez les feuillus. CEMAGREF Grenoble, 103 S.

(177) SPIECKER, H. (2003): Laubholzerziehung und Wertleistungsgrundsätze. Österreichische Forstzeitung 114, S. 10, 11.

(178) SPIECKER, M., SPIECKER, H. (1988): Erziehung von Kirschenwertholz. Allgemeine Forstzeitschrift 20/1988, S. 562–565.

(179) SPRINGMANN, S., ROGERS, R., SPIECKER, H. (2011): Impact of artificial pruning on growth and secondary shoot development of wild cherry (Prunus avium L.). Forest Ecology and Management 261, S. 764–769.

(180) STIMM, B., BLASCHKE, H., ROTHKEGEL, W., RUPPERT, O. (2013): Die ideale Forstpflanze: Stabilität hat tiefe Wurzeln. AFZ/DER Wald 20/2013, S. 8–12.

(181) STIMM, B., BÖSWALD, K. (1994): Die Häher im Visier. Zur Ökologie und waldbaulichen Bedeutung der Samenausbreitung durch Vögel. Forstwissenschaftliches Centralblatt 113, S. 204–223.

(182) STIMM, B., KNOKE, Th. (2004): Hähersaaten: Ein Literaturüberblick zu waldbaulichen und ökonomischen Aspekten. Forst und Holz, 59. Jahrgang, Nr. 11, S. 531–534.

(183) STEINER, D. (2003): Humanökologie und nachhaltige Entwicklung. Vierteljahresschrift der Naturforschenden Gesellschaft in Zürich, 2003, 148/2, S. 55–64.

(184) STUBER, M., BÜRGI, M. (2011): Hüeterbueb und Heitisträhl. Traditionelle Formen der Waldnutzung in der Schweiz 1800 bis 2000. Zürich, Bristol-Stiftung; Bern, Stuttgart, Wien, Haupt. 302 S.

(185) SUCHANT, R., BARITZ, R., ARMBRUSTER, F. (2000): Werden Wildlinge weniger verbissen? AFZ/DER Wald 5/2000, S. 251–254.

(186) TOQUARD, N. (2016): Leçon de sylviculture aux Bois Henrys. Forêt Magazine n° 103, juillet 2016–6, S. 6–8.

(187) TITTENSOR, R. M. (1980): Ecological history of yew Taxus baccata L. in Soutern England. Biological Conservation 17 (1980), S. 243–265.

(188) TIXIER, H., DUNCAN, S., SCEHOVIC, J., YANT, A., GLEIZES, M., LILA, M. (1997): Food selection by European roe deer (Capreolus capreolus): effects of plant chemistry, and conse-

quences for nutritional value of their diets. Journal of Zoology, Vol. 242, Issue 2, S. 229–245.

(189) VABOSCHEK, A. (2012): Laubholzbewirtschaftung. Arbeitskreis Mischwald des Kärntner Landesforstdienstes, 16 S.

(190) VALLADARES, F., ARRIETA, S., ARANDA, I., LORENZO, D., SÁNCHEZ-GOMEZ, D., TENA, D., SUÁREZ, F., PARDOS, J. A. (2005): Shade tolerance, photoinhibition sensitivity and phenotypic plasticity of Ilex aquifolium in continental Mediterranean sites. Tree Physiology 25, S. 1041–1052.

(191) VANCK, Th., SPIECKER, H. (2004): Rekonstruktion der Kronenentwicklung von Mittelwaldbuchen. Allgemeine Forst- und Jagdzeitung, 175. Jg., 9, S. 182–188.

(192) VAN DOREN, B., BAAR, F. (2001): Les hêtraies jardinées de Gaume. Exemple de la forêt communale de Rouvroy. Partie 1. Forêt Wallonne n° 52, Cahier technique n° 15, 3 S.

(193) VANSTAEVEL, B. (2009): Jusqu'où peut-on laisser grossir les bois? Forêt-Entreprise n°189, S. 37.

(194) VILHAR, U., ROZENBERGAR, D., SIMONCIC, S., DIACI, J. (2015) : Variation in irradiance, soil features and regeneration patterns in experimental forest canopy gaps. Annals of Forest Science, 2015, 72, S. 253–266.

(195) VINKLER, I. (2006): Gestion du couvert et régénération de la hêtraie : Les intérêts d'un abri léger. Forêt Wallonne n° 82, S. 28–44.

(196) VON DER GOLTZ, H. (2004): Anw und Betriebswirtschaft – der naturgemäße Wald als Chance für alle Waldbesitzarten. Der Dauerwald 30, S. 4–6.

(197) WALENTOWSKI, H., EWALD, J. (2003): Die Rolle der Schwarzerle in den Pflanzengesellschaften Mitteleuropas. Lwf Wissen 42, S. 11–19.

(198) WALENTOWSKI, H., WINTER, S. (2013): Phytodiversitätsmuster in mitteldeutschen Buchenwäldern. Waldökologie, Landschaftsforschung und Naturschutz, Heft 13 (2013), S. 33–55.

(199) WASEM, U., HÄNE, K. (2006): Natürlich verjüngte Stieleichen. Einflüsse von Mäusen, Rehen und Brombeeren. Wald und Holz 3/06, S. 49–51.

(200) WEHRLEN, L. (1985): La ronce (Rubus fruticosus L. agg.) en forêt. Revue Forestière Française 37, 4-1985, S. 288–304.

(201) WEIDIG, J., ARENHÖVEL, W., EISENHAUER, D.-R., WAGNER, S. (2015): Qualität von Buchen-Voranbau nach Schirmverlust. AFZ/DER Wald 5/2015, S. 37–40.

(202) WENK, G., ANTANAITIS, V., ŠMELKO, Š. (1990): Waldertragslehre. Deutscher Landwirtschaftsverlag Berlin, 448 p

(203) WERNSDÖRFER, H., CONSTANT, T., LE MOGUÉDEC, G., MOTHE, F., NEPVEU, G., SEELING, U. (2007): Le cœur rouge du hêtre est-il détectable sur pied? Rendez-vous techniques, hors-série n° 2-2007, Office National des Forêts, S. 85–91.

(204) WILBRAND, W. (1920): Eichenhochwald. Forstwissenschaftliches Zentralblatt 1920, S. 183–189.

(205) WILHELM, G. (2010): Efeu an Bäumen – ein Problem? Was wir über die Wirkungen einer außergewöhnlichen Pflanze wissen. Bund für Umwelt und Naturschutz Deutschland, Kreisgruppe Region Hannover, 19 S.

(206) WILHELM, G. J. (2004): Beobachtungen zum natürlichen Behauptungsvermögen der Elsbeere: waldbauliche Spielräume erkennen und nutzen. Corminaria Nr. 21, Mai 2004, S. 11–14.

(207) WILHELM, G. J. (2008): Aspects financiers et perspectives économiques de la méthode „Qualification – Dimensionnement". Forêt Wallonne n° 93, S. 25–33.

(208) WILHELM, G. J. (2009): Gérer l'alisier dans les peuplements mélangés. Forêt-entreprise n° 184, janvier 2009, S. 31–35.

(209) WILHELM, G. J. (2012): Von der Altersklassenbestockung zum Dauerwald. Der Dauerwald 45, Februar 2012, S. 26–31.

(210) WILHELM, G. J. (2014): Traubeneiche im Pfälzerwald und in den Nordvogesen. Qualitativ hochwertige Bäume aus ungleichaltrigen Beständen. Holzzentralblatt Nr. 46/2014, S. 1136–1137.

(211) WILHELM, G. J., EGIDI, H., WILHELM, M.-E. (2010): Künstliche Fichtenbestockungen im Bliesgau: Schritte aus labilen Fichtenbeständen in leistungsfähige Laubmischwälder. AFZ/DER Wald 12/2010, S. 10-13.

(212) WILHELM, G. J., LETTER, H.-A., EDER, W. (1999): Qualifizieren – Dimensionieren: Konzeption einer naturnahen Erzeugung von starkem Wertholz. AFZ/DER Wald 5/1999, S. 232–240.

(213) WILHELM, G. J., LETTER, H.-A., EDER, W. (2001): Starker Drehwuchs und Wertholzeignung der Buche. AFZ/DER Wald 8/2001: S. 428–429.

(214) WILHELM, G. J., MATHEIS, W. (2005): Première évaluation sylvicole d'une régénération spontanée après la tempête de 1990. Forêt Wallonne n° 78 – septembre/octobre 2005, S. 47–56.

(215) WILHELM, G. J., RAFFEL, D. (1993): La sylviculture du mélange temporaire Hêtre-Merisier sur le Plateau lorrain. Revue Forestière Française XLV – 6-1993: S. 651–668.

(216) WILPERT, K., von, et al. (2011): Biomasse-Aufkommensprognose und Kreislaufkonzept für den Einsatz von Holzaschen in der Bodenschutzkalkung in Oberschwaben. Berichte Freiburger Forstliche Forschung, Heft 87, 155 S.

(217) WINTER, S. (2005): Ermittlung von Struktur-Indikatoren zur Abschätzung des Einflusses forstlicher Bewirtschaftung auf die Biozönosen von Tiefland-Buchenwäldern. Dissertation, TU Dresden, 322 S. + Anh.

(218) WITZ, M., FRORATH, B. (2009): Ein Alptraum: Schneebruch in der Demofläche. Eichen vertragen mehr als man ihnen zutraut. AFZ/DER Wald 17/2009, S. 928–930.

(219) WOLF, H. (2010): Die lokale Waldgeschichte der Biosphärenregion Bliesgau als Baustein einer Bildung für Nachhaltige Entwicklung. Dissertation. Universität Rostock, 1028 S.

(220) WOLYNSKI, A., BERRETTI, R., MOTTA, R. (2006): Selvicoltura multifunzionale orientata alla qualità. Caratterizzazione di una faggetta in provincia di Trento. Sherwood n. 118, S. 1–8.

(221) WORRELL, R., HAMPSON, A. (1997): The influence of some forest operations on the sustainable management of forest soils – a review. Forestry, Vol. 70, No. 1, 1997, S. 61–85.

(222) ZACHARIAS, D. (1994): Bindung von Gefäßpflanzen an Wälder alter Waldstandorte im nördlichen Harzvorland Niedersachsens – ein Beispiel für die Bedeutung des Alters von Biotopen für den Pflanzenartenschutz. Nna-Bericht 3/94, S. 76–88.

(223) ZYCHA, H. (1948): Über die Kernbildung und verwandte Vorgänge im Holz der Rotbuche. Forstwissenschaftliches Centralblatt 67 p. 80–109.

Glossar der Fachbegriffe

(Begriffe sind im Text mit * markiert)

Aerenchym luftleitendes Gewebe
Allelopathie Abgabe biochemischer Stoffe zur Beeinflussung von Wachstum, Überleben oder Vermehrung anderer Organismen
Allometrie Verhältnis zwischen Bezugsgrößen eines Organismus im Wachsen
Apikaldominanz Hemmung des Seitentriebwachstums durch den Gipfeltrieb
Assimilat Substanz, die in einer Pflanze durch Umwandlung körperfremder Stoffe erzeugt wurde
Astreinigung Absterben und vollständiges Abfallen von Ästen
Aufästung Entfernung aller nach einer Ausästung verbliebenen Äste bis in eine bestimmte Stammhöhe
Aufzinsung Zinseszinsrechnung zur Ermittlung des zukünftigen Wertes eines Ausgangsbetrags
Ausästung Entfernung einzelner Äste mit bestimmten, qualitätsgefährdenden Merkmalen
Ausdifferenzierung Veränderungen in einer Pflanzengemeinschaft mit einer zunehmenden Aufgliederung sozialer Positionen
Auszeichnung Markierung von Bäumen, die entfernt werden sollen
Autökologie Gesamtheit der Abhängigkeiten einer Art von Merkmalen der unbelebten Umwelt
Aushagerung Verminderung der Nährstoffausstattung von Böden
Bast Lebendes Gewebe unter der Borke zur Nährstoffleitung zwischen Krone und Wurzel
Biodiversität Biologische Vielfalt innerhalb und zwischen den Arten und Vielfalt der Ökosysteme*
Biotop Lebensraum einer bestimmten Lebensgemeinschaft
Biozönose Lebensgemeinschaft verschiedener Arten in einem Lebensraum
Boden Belebter oder belebbarer oberer Teil der Erdkruste im Kontakt zur Atmosphäre
Bodenreaktion Säure- und Basenwirkung der Bodenlösung
Derbholz Oberirdische Holzmasse ab 7 cm Durchmesser in Rinde
Dikaryontenwirt Wirtspflanze, auf der sich die geschlechtliche Form des Pilzes vermehrt
Drehwuchs Holzfehler in Form einer Verdrillung des Faserverlaufes
Eichelhäher Mittelgroßer, farbenprächtiger Rabenvogel mit großer Bedeutung für die Verbreitung der Eichen
Energie-Investition Eintrag von Fremdenergie in das Waldökosystem
Erdstamm Unterer, ast- und beulenfreier Stammbereich
Farbkern Verfärbungen des inneren Stammquerschnittsbereiches durch physiologische, biologische oder chemische Reaktionen
Feinerschließung Anlage von Rückewegen, Maschinenwegen und Seillinien zur Ermöglichung des Zugangs von Maschinen oder Seilanlagen
Festmeter Raummaß für Holz, das einem Kubikmeter fester Holzmasse entspricht
Flammung Wellenartiger Holzfaserverlauf
Gesamtwuchsleistung Summierung des Holzzuwachses bis zu einem bestimmten Zeitpunkt
Grünästung Entfernung von lebenden Ästen
Herbizid Chemikalie zur Abtötung von Pflanzen
Höhenstufe Ausprägung der Flora und Fauna eines Gebietes in Abhängigkeit von der Meereshöhe und der Hangausrichtung
Hohlkehle Rinne, die unterhalb von lebenden Ästen beginnend zum Stammfuß läuft, wenn diese Äste unter der größten Kronenbreite zurückgeblieben sind
Holzbereitstellung Gesamtvorgang der Fällung, Aufarbeitung und Bringung
Homogenisierung Entwicklung hin zu Gleichwüchsigkeit
Humifizierung Zersetzung toten organischen Materials unter Mitwirkung von Bodenorganismen und Bildung schwer abbaubarer organischer Stoffe
Hybride Kreuzungsprodukt von Eltern verschiedener Arten oder Unterarten, das keine stabile Generationenfolge ermöglicht
Hydra-Effekt Entstehung mehrfacher Ausschläge nach dem Abhieb
Intelligenz-Investition Einbringung von Fachwissen, Beobachtungs-, Bewertungs- und Beurteilungsleistung
Kallus Undifferenzierte Zellkomplexe zum Wundverschluss
Kambium Hohlzylinderförmige Wachstumsschicht, die nach innen Holz, nach außen Bast bildet

Kernholz Innere Zone des Stammquerschnittes, der meist dunkel gefärbt ist nicht mehr physiologisch aktiv ist
Klebast Sekundär (nachträglich) gebildeter, mehrjähriger Ast
Klumpen Runde, quadratische, meist aber unregelmäßig geformte Fläche mit 5–7 m Durchmesser
Koevolution Ablauf der gegenseitigen Anpassung zweier Arten, die über sehr lange Zeiträume in starker Wechselwirkung stehen
Lentizelle Öffnung im Abschlussgewebe einer Pflanze, über die Luft zum darunterliegenden Gewebe dringt
Lichtfresser Baum oder Strauch mit einer starken Beschattungswirkung
Lohwaldbetrieb Waldbewirtschaftung zur Erzeugung von Gerbstoffen, die sich vor allem in der Rinde befinden
Mantelstärke Breite des Hohlzylinders (astfreien Wertholzes)
Maserung Holzstruktur, die durch unregelmäßigen Jahrringverlauf, unregelmäßigen Verlauf der Holzfasern oder Häufung schlafender Knospen in bestimmten Ebenen deutlich in Erscheinung tritt
Messerfurnier Spanfreies Aufschneiden von Holz in einer Ebene zur Herstellung von Blattdicken im Submillimeterbereich
Mineralboden Teil des Bodens, der sämtliche mineralischen Horizonte unterhalb einer eventuell vorhandenen organischen Auflage und oberhalb des Ausgangsgesteins umfasst
Mineralisierung Endgültiger Abbau der toten organischen Substanz im Boden zu mineralischen Endprodukten
Minimalitätsprinzip Beschränkung auf das unbedingt notwendige hinreichende Mindestmaß
Mittelwald Waldbewirtschaftungsform mit einer Unterschicht aus kurzlebigen Stockausschlägen und einer Oberschicht aus Bäumen, die zur Werkholzerzeugung erst in einem Mehrfachen des Erntealters der Unterschicht genutzt werden
Mortalität Sterblichkeit, Absterberate
Mykorrhiza Symbiose zwischen Pilz und Pflanzenwurzel
Nachpionierbaumart Baumart, die in einer Vegetationsfolge (Sukzession) schwerpunktmäßig nach den Erstbesiedlern auftreten
Nekrose Absterben von Zellen oder Zellgruppen am lebenden Organismus
Oberständer Oberschichtbaum des Mittelwaldes
Ökophysiologie Lehre von den Eigenschaften von Lebewesen in ihrer Wechselwirkung zur Umwelt und von den Anpassungen der Lebewesen an ihre Lebensräume
Ökosystem Räumlich abgegrenzter Bereich der Biosphäre, in dem Lebewesen und Lebensraum in einer funktionalen Wechselwirkung stehen
Option Jungbaum in Qualifizierung, der nach Vitalität und Qualität als späterer Auslesebaum in Betracht kommt
Parasit Spezialisiertes Lebewesen, das Lebensgrundlagen aus einem anderen Lebewesens (Wirt) schöpft (syn.: Schmarotzer)
Pflanzenfresser Tiere, die sich hauptsächlich von Pflanzen ernähren
Pionierbaumart Erstbesiedelnde Art in einer Vegetationsfolge (Sukzession)
Porenkontinuität Ununterbrochene Verbindungen zwischen den Poren in einem intakten Boden mit großer Bedeutung für den Gasaustausch und den Wassergehalt
Porenvolumen Gesamtvolumen aller Poren eines Bodens
Protz Supervitaler Jungbaum mit so ungünstigen Qualitätseigenschaften, dass seine spätere Verwendung als Auslesebaum ausgeschlossen ist (syn.: Wolf)
Reifholz Innerer Bereich des Stammquerschnitts bestimmter Baumarten, der sich farblich vom Splintholz* nicht unterscheidet, jedoch einen geringeren Wassergehalt als dieses aufweist
Reservestoffe Stoffe, die von Lebewesen gespeichert werden, um später wieder in den Stoffwechsel einbezogen zu werden
Resilienz Fähigkeit, Störungen auszugleichen oder zu ertragen, ohne dass die Lebensgemeinschaft zusammenbricht
Riegelung Wellenförmige Abweichung der Holzfasern von der Senkrechten
Rückegassen Fahrlinie im Wald, über die das Holz zu den Waldwegen befördert wird
Sämling Aus Samen entstandene Pflanze
Saprophyt Von totem organischem Material lebende Pflanze

Sau Baum der Vorgeneration ohne eigene Wertperspektive, der sich unter schwerer Beeinträchtigung der Wertentwicklungsmöglichkeiten in der Qualifizierungsphase breit macht
Schatter Baum, der durch seine starke Beschattungswirkung die Verjüngung verhindert oder die Etablierung behindert oder die Kronen lichtbedürftiger Bäume in der Reifephase reduziert
Sekundärtrieb Aus einer schlafenden Knospe hervorgegangener Trieb
Selbstorganisation Ablauf, der in Anpassung an geänderte Rahmenbedingungen aus Unordnung spontan zu Ordnungsstrukturen führt
Selektion Wahrscheinlichkeit, mit der ein Lebewesen seine Erbanlagen an die Folgegeneration weitergibt
Schirm Überdeckung durch Baumkronen
Schneitelung Rückschnitt von Bäumen zur Gewinnung von Tierfutter
Spannrückigkeit Jahrringentwicklung mit erheblichen Ein- und Ausbuchtungen, die einen sternförmigen Stammquerschnitt ergeben
Sphäroblast Kugelförmige Anhäufung schlafender Knospen
Splint Junges, physiologisch aktives Holz, das an der Wasserleitung und an der Stoffspeicherung beteiligt ist
Sprossachse Verbindung zwischen Wurzel und Blatt
Sprossausläufer Ober- oder unterirdisch horizontal wachsende, lange Sprosse, die sich bewurzeln
Standortkunde Lehre von den Umweltbedingungen, die auf ein Lebewesen in einem Lebensraum einwirken
Standraum Raum, der einem Baum zu seiner Entwicklung zur Verfügung steht und ihm in waldwachstumskundlichen Untersuchungen zugerechnet wird
Stockausschlag Aus dem Stock von gefällten Bäumen ausschlagende Triebe
Störung Ereignisse, die Veränderungen in Lebensgemeinschaften und Auslenkungen von Energie- und Stoffflüssen bewirken
Streuauflage Weitgehend unzersetzte Pflanzenreste, die der Bodenoberfläche aufliegen
Streunutzung Entnahme von herabgefallenen Blättern und Nadeln zur Nutzung, vor allem zur Einstreu in Viehställen
Sukzession Gerichtete Abfolge von Pflanzengesellschaften
Supervitaler Jungbaum in der Qualifizierungsphase mit Merkmalen erheblich überdurchschnittlicher Wuchskraft insbesondere bezüglich des Höhenwachstums
Sylvigenese Spontane Entstehung von Wald
Synökologie Wissenschaft von den Wechselbeziehungen und -wirkungen innerhalb einer Lebensgemeinschaft in einem Lebensraum
Trockenästung Entfernung von toten Ästen bzw. Astresten
Unterschneiden Kappen der Wurzeln in einer bestimmten Bodentiefe
Verdichtung Erhöhung der Lagerungsdichte von Böden, die mit der Minderung des Porenvolumens einhergeht
Verwendungssorte Ausscheidung einer Holzsorte, die auf eine bestimmte Holzverwendung gerichtet ist
Waldbau Zielgerichtet gestaltende Behandlung des Waldes
Waldgebrauch Schonende Schöpfung von Erzeugnissen und Leistungen des Waldes ohne Beeinträchtigung der Lebensgrundlagen
Waldökologie Wissenschaft von den Beziehungen der Lebewesen untereinander und mit ihrer Umwelt im Wald
Waldweide Waldnutzungsform, die mit der Viehhaltung im Wald einhergeht
Wasserreiser Einjähriger Trieb, der aus einer schlafenden Knospe hervorging
Wertästung Entfernung von Ästen zur Bildung astfreien Holzes
Wildling Jungbaum aus Naturverjüngung, der verpflanzt wird
Wimmerwuchs Jahrringverlauf, der in der Senkrechten nicht geradlinig ist und eine waschbrettartige Stammoberfläche ergibt
Wurzelbrut Pflanzentriebe, sog. Wurzelschösslinge, die aus Knospen flachstreichender Wurzeln hervorgehen
Zeitmischung Baum, dessen Ernte zu einem Zeitpunkt vorgesehen ist, an dem altersähnliche Nachbarbäume noch in Dimensionierung sind
Zopf Dünnes Stammende, an dem der Trennschnitt geführt wird
Zwiesel Fortführung der Stammachse in zwei Stämmen ähnlichen Durchmessers

Verzeichnis der wissenschaftlichen Namen der Pflanzen, Pilze und Tiere

Adlerfarn	Pteridium aquilinum (L.) Kuhn
Ahorne	Acer spec.
Aspe	Populus tremula L.
Bärlauch	Allium ursinum L.
Bergahorn	Acer pseudoplatanus L.
Bilche	Gliridae
Birken	Betula spec.
Blaustern, Zweiblättriger	Scilla bifolia L.
Brennnessel, Große	Urtica dioica L.
Brombeeren	Rubus fruticosus spec. L.
Buchdrucker	Ips typographus L.
Buche	Fagus silvatica L.
Buchfink	Fringilla coelebs L.
Damhirsch	Dama dama L.
Douglasie	Pseudotsuga menziesii (Mirbel) Franco
Drahtschmiele	Deschampsia flexuosa (L.) Trin.
Efeu	Hedera helix L.
Eibe	Taxus baccata L.
Eichelhäher	Garrulus glandarius L.
Eichen-Mehltau	Microsphaera alphitoides
Eichhörnchen	Sciurus vulgaris L.
Eichen	Quercus spec.
Elsbeere	Sorbus torminalis (L.) Crantz
Erlenzeisig	Carduelis spinus L.
Esche, Gemeine	Fraxinus excelsior L.
Feldahorn	Acer campestre L.
Fichte	Picea abies L.
Fingerhut, Roter	Digitalis purpurea L.
Gallmücke, kambiophage	Resseliella quercivora Mamaev (1965)
Hainbuche	Carpinus betulus L.
Hallimasch	Armillaria spec.
Hartriegel, Roter	Cornus sanguinea L.
Hasel	Corylus avellana L.
Haselbohrer	Curculio nucum L.
Heidekraut	Calluna vulgaris (L.) Hull.
Heidelbeere	Vaccinium myrtillus L.
Hemlocktanne, Westamerikanische	Tsuga heterophylla (Raf.) Sarg.
Himbeere	Rubus idaeus L.
Holunder, Roter	Sambucus racemosa L.
Holunder, Schwarzer	Sambucus nigra L.
Japan-Staudenknöterich	Fallopia japonica (Houtt.) Ronse Decr.
Kastanie	Castanea sativa Mill.
Kermesbeere, Amerikanische	Phytolacca americana L.
Kiefern	Pinus spec.
Kiefernbuschhorn-blattwespe	Diprion pini L.
Kieferndrehrost	Melampsora populnea (Pers.) P. Karst
Kiefernspanner	Bupalus piniaria L.
Kiefernspinner	Dendrolimus pini L.
Küstentanne, Große	Abies grandis Lindley et Gordon
Kupferstecher	Pityogenes chalcographus L.
Lärche, Europäische	Larix decidua Mill.
Liguster	Ligustrum vulgare L.
Linden	Tilia spec.
Luchs	Lynx lynx L.
Mäuse	Mus
Mehlbeere	Sorbus aria L.
Muffel	Ovis orientalis musimon Pallas

Nonne	Lymantria monacha L.
Ordenskissen (Echtes Weißmoos)	Leucobryum glaucum (Hedw.) Angstr.
Reh	Capreolus capreolus L.
Rentierflechte, Ebenästige	Cladonia portentosa (Dufour) Coem.
Robinie	Robinia pseudoacacia L.
Rothirsch	Cervus elaphus L.
Sachalin-Staudenknöterich	Fallopia sachalinensis (F. Schmidt ex Maxim.) Nakai
Salweide	Salix caprea L.
Sandbirke	Betula pendula Roth
Sauerampfer	Rumex acetosa L.
Scharbockskraut	Ranunculus ficaria L.
Schlehe	Prunus spinosa L.
Schwarzerle	Alnus glutinosa (L.) Gaertner
Schwarzspecht	Dryocopus martius L.
Sikahirsch	Cervus nippon Temminck
Spechte	Picidae
Speierling	Sorbus domestica L.
Springkraut, Drüsiges	Impatiens glandulifera Royle
Stechpalme	Ilex aquifolium L.
Stieleiche	Quercus robur L.
Traubeneiche	Quercus petraea (Mattuschka) Lieblein
Ulmen	Ulmus spec.
Vogelbeere	Sorbus aucuparia L.
Vogelkirsche	Prunus avium L.
Wacholder	Juniperus communis L.
Walderdbeere	Fragaria vesca L.
Waldgeißblatt	Lonicera periclymenum L.
Waldrebe	Clematis vitalba L.
Waldkiefer	Pinus silvestris L.
Walnuss	Juglans regia L.
Weißdorn	Crataegus spec.
Weißtanne	Abies alba Mill.
Wildbirne	Pyrus pyraster (L.) Burgsdorf
Wurzelschwamm, Gemeiner	Heterobasidion annosum (Fr.) Bref.
Zirbe	Pinus cembra L.
Zunderschwamm	Fomes fomentarius (L ex Fr.) Fr.

Sachregister

T

U

V

Bildquellen

Becker & Bredel GbR: Seite 13
Bernhard Hettesheimer: Seite 19, 38, 40, 64, 98
Ingrid Lamour: Seite 69, 113
Alle anderen Abbildungen stammen von den Autoren, die Grafiken von Helmut Rieger.

Die in diesem Buch enthaltenen Empfehlungen und Angaben sind von den Autoren mit größter Sorgfalt zusammengestellt und geprüft worden. Eine Garantie für die Richtigkeit der Angaben kann aber nicht gegeben werden. Autoren und Verlag übernehmen keinerlei Haftung für Schäden und Unfälle.

Die Autoren bedanken sich ganz herzlich für die gründliche Durchsicht des Manuskripts bei Bernhard Hettesheimer, Olaf Böhmer, Manfred Witz, Martin Löschmann, Christoph Schneider und Michael Johannes Wilhelm. Ein besonderer Dank gilt Eduard von Bombard, einem frühen Impulsgeber der QD-Strategie.

Bibliografische Information der Deutschen Nationalbibliothek
Die Deutsche Nationalbibliothek verzeichnet diese Publikation in der Deutschen Nationalbibliografie; detaillierte bibliografische Daten sind im Internet über http://dnb.d-nb.de abrufbar.

Wollgrasweg 41, 70599 Stuttgart (Hohenheim)
E-Mail: info@ulmer.de
Internet: www.ulmer.de
Lektorat: Anna Häusler, Sabine Grobis
Umschlagentwurf: Atelier Reichert, Stuttgart
Satz: r&p digitale medien, Echterdingen
Druck und Bindung: Friedrich Pustet, Regensburg
Printed in Germany

ISBN 978-3-8186-0354-0

Hier können Sie weiterlesen:

Baum und Mensch.
Heilkraft, Mythen und Kulturgeschichte unserer Bäume.
Rudi Beiser. 2017.
224 Seiten, 138 Farbfotos, geb.
ISBN 978-3-8186-0072-3

Menschen und Bäume – sie pflegen seit Jahrtausenden eine Beziehung der besonderen Art. Bäume waren nicht nur Bau- und Brennholz. Sie spendeten Medizin, Nahrung, Schutz, Zuflucht. Rudi Beiser lässt Sie an seinem unvergleichlichen Wissensschatz teilhaben und nimmt Sie mit auf eine spannende Reise durch Wald- und Kulturgeschichte, Mythen und Legenden, Brauchtum und Heilkunde. Er beleuchtet 34 unserer wichtigsten Baumarten und verrät besondere Rezepte zu Baum-Heilmitteln und Baum-Genüssen.

Der richtige Umgang mit der Motorsäge

Sachkundenachweis Motorsäge.
Ralf Grießer, Michael Neub.
2., überarbeitete Auflage 2017.
126 Seiten, 270 Farbfotos,
15 Zeichnungen, kart.
ISBN 978-3-8186-0096-9

Dieses Buch zeigt Ihnen alles, was Sie zum Sachkundenachweis Motorsäge wissen müssen: Die Motorsäge – Technik, Aufbau und Funktion sowie Anleitungen zum richtigen Praxiseinsatz der Motorsäge. Mit ausführlichen Hinweisen zu Wartung und Pflege der Motorsäge. Mit über 200 Fotos bebildert bleiben keine Fragen offen. Am Ende sind Sie selbst Motorsägen-Profi.

Waldschäden erkennen und bestimmen

Farbatlas Waldschäden.
Diagnose von Baumkrankheiten.
Günter Hartmann, Heinz Butin.
4., aktualisierte Auflage 2017.
272 Seiten, 705 Farbfotos, geb.
ISBN 978-3-8001-5833-1

Der Farbatlas Waldschäden ermöglicht das Erkennen und Unterscheiden von Schadbildern verschiedenster Ursachen an 16 Gattungen bzw. Arten von Waldbäumen, meist anhand einfacher, äußerlich sichtbarer Schadensmerkmale. Zum systematischen Auffinden von Schadbildern ist jeder Baumart ein Schlüssel vorangestellt. Das Buch dient einem breiten Benutzerkreis aus Praxis, Forschung, Lehre und Verwaltung in den Bereichen Forstwirtschaft, Umweltschutz und Ökologie als Hilfsmittel zur Beurteilung im Wald vorkommender Schadbilder.

Köstliches aus Wald und Wiese

Wild- und Heilkräuter, Beeren und Pilze finden.
Der Blitzkurs für Einsteiger.
Christine Schneider, Rudi Beiser, Maurice Gliem. 2016. 464 Seiten, 470 Farbfotos, 50 Zeichnungen, kart. ISBN 978-3-8001-1291-3

Wildkräuter, Heilkräuter, wilde Beeren, Nüsse und Pilze – all diese Köstlichkeiten können Sie mit diesem Buch einfach und sicher draußen finden und bestimmen. Ob Bärlauch oder Thymian, ob Himbeere, Schlehe, Steinpilz oder Pfifferling – die 110 besten und leckersten Klassiker unter den Wildpflanzen und Waldpilzen werden leicht verständlich erklärt, so dass Sie gleich loslegen können. Feine Rezepte zum Genießen und gesunde Tees aus selbst gesammelten Heilpflanzen ergänzen das Buch kulinarisch.